JN169049

Minerva Shobo Librairie

「新しい戦争」とは何か

方法と戦略

川上高司
[編著]

ミネルヴァ書房

まえがき

戦後70年を迎え我々人類は再び未曾有の時代に突入した。国際社会におけるプレイヤーは多様化し，国家のみならず宗教，民族，テロ組織といった非政府主体も加わった新たな世界システムが誕生してきているといえるだろう。

我々の今いる世界をステファン・ウオルトは「それぞれの国家は何世紀に生きているのか――。ある国家は21世紀の考えを持つが，数世紀も前の考えを持つ国もいる」(Stephen Walt, Back to the Future, July 8, 2015, *Foreign Policy*) との問いを投げかけている。そして，EU はパワー・ポリティクスではなくリベラルな21世紀に生き，アメリカは21世紀的イデオロギーを持ちながら19世紀的なパワー・ポリティクスに生きる。ロシア，中国，イスラエルは19世紀の外交政策を追求する。そして日本と南北朝鮮は日本の植民地時代から脱却できず20世紀に生きると論じる。つまり，現在の世界には中世と現世，未来の社会が混在して存在すると述べているのである。

グローバル化が進展し国家主権の相対化が進み，主権国家体制が成立する以前の，複数の権威が領域横断的に並存する状況はこれまでにも予兆があった。ヘドリー・ブルや田中明彦らはこの状況を，ヨーロッパ中世とのアナロジーでとらえて「新しい中世」として論じた。

ヘドリー・ブルは，国際システムの構成要因は主権国家であるが国際社会は消滅するとしその状況を「新中世主義」として論じた。ここでは様々な主体が群雄割拠し，その相互関係が複雑で，主体の構成員の帰属意識が希薄で「公」が存在しない。領土も流動的であるため，国内問題と国際問題との区別がつきにくい反面，宗教的紐帯が存在するという特徴を指摘した (Hedley Bull, *The Anarchical Society*, 1977)。田中昭彦は，ブルの論議を発展させ主体の多様性，主体関係の複雑性，イデオロギーの同一性を軸に，世界を「新中世圏」,「近代圏」,「混沌圏」の３つに分け論じた。「新中世圏」は民主主義も市場経済も成熟し国家間紛争が起こらない北米，西欧，日本，オセアニア。「近代圏」は民主主義も市場経済も不安定で国家間紛争が起こりうる中国，ロシア，インド。「混沌圏」は秩序が崩壊した場所で，主権国家は名目ばかりで恒常的な内乱と飢饉があるサハラ砂漠以南のアフリカ，中央アジアとした（田中昭彦『新しい中世』1996年）。まさに現在，「近代圏」にあるロシアはウクライナ，中国は東シナ海と南シナ海へとパワーを拡大させている。

その他，サミュエル・ハンチントンは，今後世界は，西洋文明，イスラム文明，儒教文明など8大文明に多極化されるとし，テクノロジーの発展が地球を小さくし異文明の接触が増え文明間の相違が先鋭化する。また，世界的な経済近代化は国民国家を単位とするアイデンティティーを弱体化させ，宗教が台頭する。そして宗教の復活は，「イデオロギーの境界線」から「文明上の境界線」に紛争の可能性があるとした（Samuel Huntington, *The Clash of Civilizations*, 1993）。正に現在の中東における IS（イスラム国）の台頭を予見しているのである。

このような過去と現在が交錯する「新しい世界」は，未曾有の技術力の進化，社会変動，気候変動，パンデミックなどの様々な変数により世界のパワーバランスを変化させ，これまで過去の経験値からは予測不可能な状況が「新しい時代」を出現させているといえよう。

この「新しい時代」をリチャード・ハスは「無極化の時代」として定義した。無極化とは「数十のアクターが様々なパワーを持ち，それを行使することで期待される秩序」のことであり，それぞれのパワー・センターは経済的繁栄と政治的安定を国際システムに依存するため，大国間の紛争が起こりにくいが，一方，大国と中小国（あるいは IS などの非国家主体）との間の紛争の機会は増えることが予想される（Richard Hass, *The Age of Nonpolarity*, 2008）。

そして，「新しい世界」の出現に備えて，各国の戦争のやり方が異なってくる。それぞれの世紀に生きる国々がどのように戦うのかという「新たな戦争方法」を分析することが我々には必要となる。それぞれの世界に生きる国家が出現し，それと同時に国際的，国内的に様々なアクターが国家の独占してきた役割を引き受けている。そしてそれぞれのアクターは生き残りをかけてそれぞれの「戦争方法」を模索する。

また，サイバー，ドローン，レーザー，ロボット，ステルスといった軍事技術の急速な革新は戦争形態を著しく変化させるとともに，スピン・オフした軍事技術が社会の変革をもたらす。軍事は技術を求め，技術は兵器を生み，兵器は戦争の形態を変え，戦争が社会を変革していくといえよう。そして，再び，変化した社会はさらなる技術革新を求め，新たな技術は新たな兵器を生む。そして，それが新たな戦争形態をもたらし，次の社会が現れるといったスパイラル構造がみられる。

「無極化の世界」においては大国間の紛争は回避され，パワー・ポリティクスが展開されることとなる。従来，戦争とは，国家間の直接的，物理的な暴力行為であったが（Graham Evans, *Dictionary of International Relations*, 1998），各国はハードパワーとソフトパワーを駆使した総合国力で力の優劣を競うことになる。また，両者のグレイゾーン（ハードとソフトの中間）での戦いが従来の戦争なのか戦争ではないのかの区別が難しくなり，「戦争のグレーゾーン化」が起こってきている。

また一方，技術革新を行い軍事力の進化が継続する21世紀に生きるヨーロッパ，米国，中国，ロシアなどの国家と，その技術をもたない古典的な戦い方をする19世紀に生きる国家の戦い方は根本的に異なる。前者は近代的な戦い方をし，後者は非対象戦（あるいは近代戦とのハイブリッド戦）を行うことになる。さらには，戦争がいつ開始したのか，戦争状態なのかという戦争と平時の間の「時空のグレーゾーン」も出現し始めている。

2011年の米国同時多発テロ（9.11テロ）以降，国家と非国家主体（国家に準ずる組織）間での軍事的衝突も戦争と見なされるようになり「戦争の主体の変化」がみられ始めた。そして，最近の米国のアルカイダやIS（イスラム国）に対する戦闘手段は，ターゲットのみを破壊するドローンや特殊部隊による攻撃主流となり「戦争形態の変化」が顕著になってきた。そのことはまた，どの状態が戦争状態なのかそうでないかの定義があいまいになってきている。

また，米国は「距離の専制」を克服した。米本土もしくは前方展開基地から地球の裏側まで瞬時にして到達するサイバー，ドローン，レーザー，ミサイルを備えた戦力投射を行う「オフ・ショアー戦略」をとるようになってきているため，「空間」がフラット化する戦争に変化している。それは同時に戦争における「時間」の観念も変化し最もよいタイミングで攻撃することが可能となってきている。さらにサイバー攻撃はそれを加速化している。国家の中枢部を狙ったサイバー上の攻撃は戦争行為と見なされるのかが論議となる。

それに加え，米国は最近レーザー兵器を核兵器や通常型兵器にとってかわるものとして採用する傾向すら見せている。核兵器がもはや無用の産物となったときには，根底的な戦争形態の転換や核による抑止体系が崩壊することになる。そうなれば，安全保障はどのようになるのか。

本書では，このような問題意識をもとに各国別にもしくは安全保障のイシュー毎に「新しい時代の戦争方法」をマクロ的にまたミクロ的に論じるものである。

なお，末筆ながら，本書の刊行に尽力をしていただいたミネルヴァ書房の杉田啓三社長と浅井久仁人編集員，また特に石井貫太郎先生（共著者）にこの場を借りて御礼申し上げたい。

2015年９月

川上高司

「新しい戦争」とは何か　目　次

まえがき

第Ⅰ部　新しい時代の戦争方法

第Ⅱ部　各国の「新しい戦争」観と戦略

第Ⅰ部
新しい時代の戦争方法

第1章
「混迷するアメリカ」と世界
——新たな戦いの始まり——

川上高司

1　はじめに

世界の「混迷」はオバマ大統領の「世界の警察官から降りる」との表明で始まった[1]。オバマ大統領は「建国の父」を信奉するジェファーソニアン（孤立主義者）であり米国の国益を優先させる。米国の外交政策はワシントン初代大統領が「世界のいずれの国家とも永久的な同盟を結ばない」と宣言した「告別演説」（1796年9月）で指針が示された[2]。そしてジェファーソン第3代大統領も「どの国とも錯綜した同盟を結ぶべきではない」と「就任演説」（1801年3月）で述べている[3]。

アメリカの外交政策は孤立主義と国際主義の間を振り子のように揺れる[4]。オバマ大統領は2009年1月の大統領就任演説で合衆国再生を訴えたようにアメリカの Revitalize（活性化）を目指した。そのため現在は孤立主義に舵をとり当分は国力を蓄え，数年後に米国の覇者としての地位を取り戻すことを考えていたに違いない。そのため，オバマ大統領はリーマン・ショックで巨額の赤字を抱えた米国経済を立ち直らせるべく議会の包括的予算削減案[5]にサインをし，聖域であった国防費の大幅削減をすることとした[6]。米国が世界への軍事的関与の低下を決意した瞬間であった。

オバマ大統領の任期は残りわずかでありアメリカでは大統領選挙が本格的にスタートした。次期大統領の筆頭候補に民主党のヒラリー・クリントン元国務長官があり，それを共和党のジェブ・ブッシュたちが競い合う。もし，民主党候補が継続した場合はオバマ大統領の政策を踏襲する可能性が高く，世界情勢は米国の行方を，息を潜めて見守る。今後の世界情勢の成り行きは米国次第である。ここで我々は，もう一度アメリカの外交政策を歴史的に俯瞰し，オバマ大統領の外交政策の本質に迫る必要がある。それにより今後の世界情勢は全く未知の領域に踏み込み，その変質により世界各国の「戦い方」の変容も予測されるからである。

2 アメリカの作り上げた世界

アメリカの作り上げてきた世界が今，崩壊しようとしている。アメリカは1783年９月に独立を獲得してから200年あまりで超大国となり世界の覇者となった。特に，ウッドロー・ウィルソン第28代大統領が国際連盟を提唱し，国連の名の下にアメリカのアイデンティティである民主主義を世界のスタンダードとした。そして，アメリカは第二次世界大戦後，その圧倒的な軍事力と経済力のもとに覇者となった。また，アメリカはそのパワーの元に現在のノーム（規範）と国際社会のルールを設定した。それと同時に経済・交易関係のルールを形成した。しかも自由民主主義という名のもとに人権尊重や，思想や信条の分野にわたる普遍的価値観をスタンダード化した[7)]。

その結果，自由貿易と市場を基礎とする経済秩序が形成され世界は繁栄し，民主主義体制の普及で人類は圧政から開放されたかに見えた。そして，第二次世界大戦後，ベトナム戦争や湾岸戦争など局地戦はあったものの長期間にわたる平和を享受してきた。そして，その平和は米国が直接，間接的に軍事力と影響力を行使することにより維持されてきた。歴史上，アメリカほど世界に影響力を行使してきた国家は存在しなかった[8)]。アメリカは第二次世界大戦後，世界の警察官として国際社会に君臨した。特に冷戦期間はソ連とはりあったが米ソの大国間の熱戦は回避された，そして1991年にソ連が崩壊することにより冷戦は終了した。その状況をみてフランシス・フクヤマは「民主主義国家が社会主義国家に勝利を収めた」ことを称して「歴史は終わり」を論じた[9)]。しかし，現状は，勝利者である民主主義国家の代表であり，世界秩序というノームを作り維持してきたアメリカがその役目を放棄することを宣言したため，今，その秩序が崩壊しつつある。この状況をウォルター・ミードは『フォーリン・アフェアーズ』に「地政学の復活――リビジョニスト・パワーの復讐」と題して，アメリカの作り上げた国際秩序をリビジョニスト・パワーであるロシアや中国が変革を促そうとしていると警鐘を鳴らしている[10)]。また，ラリー・ダイヤモンドは，北朝鮮などの独裁政権はロシアや中国などの権威主義政権から支援を受けることで，欧米からの圧力を逃れることが可能になると述べている[11)]。

そのことはまた，欧米を中心とする民主主義国家の作った現在の秩序に対するロシアや中国といった権威主義国家との争いにもなる。リビジョニストの強硬策は逆に，民主主義同士の結束を深めアメリカの支援を求めることとなる。問題はアメリカがそれに対して立ち上がるかどうかであるが米国は民主主義国家の盟主としての地位から降り，共存を求めるバランサーになったと考えるべきであろう。米国が覇者から降りその外交政策の転換がなされたのである。

3　アメリカが作り上げてきた世界の崩壊とその後

アメリカが覇権国の座から降りたため世界各地に「力の真空」が生まれ，世界は不安定化している。ロシアはウクライナのクリミア半島を強制統合し，中国は南シナ海に強引に進出し南沙諸島のいくつかを埋め立て，軍事基地建設をして海洋進出を着々とすすめ海洋覇権を目指す。一方，中東では米軍撤退後のイラクからシリアにかけてテロ組織であるイスラーム国（IS）が勢力を伸ばし地域情勢はますます不安定化している。しかもシリアなど不安定化した地域からの難民が大挙してヨーロッパにおしよせ，ヨーロッパが不安定化している。

さらに，米国の相対的パワーの低下は主要国首脳会議（G8）の機能不全をもたらしている。世界情勢はもはや経済大国である中国やインドなどを抜きにしてはまとまりがつかなくなった。むしろ BRICs[12)] や Next11[13)] を加えた G20が発言権をもってきている。しかもウクライナ問題が発生してから G8 からロシアは排除されたため G8 は一層機能しなくなった。

この点，ロバート・ギルピンは「リベラルな国際経済はそのシステムの裏に最強国（覇権国）が存在しなければ，生まれないし維持されることもない」と述べる[14)]。つまりアメリカという覇権国が不在となれば国際秩序は維持されなくなる。その「ノーム」への参加国がその強化を望み，技術革新と社会秩序を維持利用することにより保たれるわけであるが，特に覇権国がいなければ国際秩序は破綻するのである[15)]。

それに加え NATO の影響力の低下もみられる。NATO はロシアのウクライナのクリミア半島の強制統合に対して制裁は一時的に課したが軍事的行動はとっていない。NATO の欧州諸国は，予算削減により能力を格段に低下させている上，脅威認識もバラバラである。ロシアへのエネルギー供給や経済的依存関係から強硬姿勢をとれず，話し合いによる解決を目指す国も多い。そこでNATOは米国のNATOへの関与を確保したいところであるが米国も軍事予算削減やロシアに対する強硬姿勢に踏み切れない。その結果NATOの形骸化もみられる。つまり，秩序を形成した多国間の枠組みも中核の国家アメリカの撤退により崩壊の危機にあるのである。

4 無極化世界の登場

このように第二次世界大戦後にアメリカが作った秩序が今崩壊しつつある。その後はどのような形態の世界へと移行するのか，あるいはこの状況は一時的なものでアメリカは数年後に復活して覇権を取り戻すのであろうか。

もし，新たな形態の世界へ移行するならば，第一はロシア，中国，インド，EU，トルコといった諸国が形成する「多極化（multipolar）」か，第二はこういった大国に非国家主体であるISや多国籍企業やサイバー上のアノニマス（Anonymous）等のプレイヤーなどを入れた「無極化（nonpolar）」の世界へ移行するであろう。この新たな世界では「大国間（アクター）の協調（Concert of Power）」が展開されることとなり，パワーは集中ではなく分散化される。この状況は，かつてナポレオン戦争後の数十年間継続した「ヨーロッパの協調（Concert of Europe）」に類似したものとなるであろう。リチャード・ハスによれば，この状況下では各パワーは経済的繁栄と政治的安定をめぐり国際システムに多くを依存しているため，大国間の紛争は起こりにくいとする[16)]。この論議に対して，「力の均衡」状態では不確実性が生まれるため戦争が勃発しやすいとロバート・ケーガンは論じる[17)]。ジョフリー・ブレニーは，その状況下で戦争を回避するためには，圧倒的軍事力の差を示すことであると述べる[18)]。この点，2015年１月20日，オバマ大統領は一般教書演説（State of Union）のスピーチで「イスラーム国を最終的に破壊する」と述べたことはそれを示唆する[19)]。ただ，世界で大国間が戦争を行わないためには軍事的に卓越した国家の存在が必要であり，アメリカは軍事力において他の追随を許さなかった。圧倒的な軍事力の優位のもと大国間の戦争は回避されてきたのである。この状況は少なくとも今後十数年継続することは間違いない。

しかしながら抑止力は軍事的な「能力」と「意志」により成り立つ。先述したようにオバマ大統領は米国の財政回復のために国防費を今後10年間は削減することを決定した。そのため「能力」に関しては今までより，その行使が限られたものになるであろう。そのために削減される国防費に対応し米軍戦略の徹底的な見直しが国防総省で行われた。その結果，2013年7月にSCMR（Strategic Choice and Management Review，戦略的選択と管理レビュー）[20]で「戦力規模の削減」か「戦力の質の削減」かの二者選択を提示し，その結論を2014年3月のQDR（Quadrennial Defense Review，4年毎の国防戦略の見直し）で後者を選択した[21]。このことから前方展開兵力は削減され米国の軍事力は今後約10年間温存されることとなった。そして軍事力行使は控えられ，行使されたとしてもその方法は変容し効率的に限られたものになると考えられる。

一方「意志」に関しては，オバマ大統領が「世界の警察官ではない」と宣言をしたことから，それは対外的に「宥和」となる。したがって，自国への基本抑止は継続するものの，同盟国や友好国に対する拡大抑止力の低下は免れないかもしれない。

そうであるならば，米国が作り上げてきた「秩序」は維持されるのであろうか。この点，ロバート・コヘインはアメリカが作った「覇権システム」ができあがればアメリカが覇権の座から降りても存続すると述べている[22]。しかしながら米国により作られた秩序の維持を考えた場合，新たなアクター（大国）が国際公共財を進んで提供するとは考えにくい[23]。それよりも，アクターが群雄割拠する世界ではアクター間の争いは軍事的なものよりも準軍事的なサイバー，エネルギー，あるいは三戦（世論戦，心理戦，法律戦）といった手段による影響力の行使によりパワー・ゲームを展開するようになるであろう。そして，伝統的な「勢力均衡（Balance of Power）」よりも，より複合的な「影響力の均衡（Balance of Influence）」により「大国間の協調」が保たれることになるであろうとジョン・ショシャリーは論じる。「影響力の均衡」とは，軍事，経済，制度，観念的な次元で複合的に影響力の行使の均衡が保たれることを言う[24]。

5　なぜ，アメリカは覇者から降りるのか

アメリカが覇者の座を降りるにはいくつか理由がある。先ず，米国国内の人口

統計学的属性上（デモグラフィク）の変化である。

アメリカにおける白人は2004年時点で1.96億人と総人口の69.5％と約7割を占めているが，出生率が低い[25]。そのため2050年には2.1億人となり，その割合は50.1％と約半分にまで低下すると推計される。一方，ヒスパニック系人口は高い出生率や移民増加率により，同じ期間に2.8倍に増加すると考えられる。黒人は1.7倍となりヒスパニック系の方が人口増加率は高い[26]。また，「ミレニアルズ」と呼ばれる2000年代に幼青年期を過ごした世代の人口に占める非白人の割合が4割に及んでいる。したがって，アメリカでは世代によっては，もはや白人をマジョリティとは簡単に呼べない状況となっている。

また，有色人種の増大はアメリカの宗教上の変化をもたらす。2015年1月のJETRO 統計では，米国ではプロテスタント諸派（55％），ローマカトリック教会（28％），ユダヤ教（2％），その他（6％），無宗教（8％）となっている[27]。ヒスパニック系の人口の増加はカトリック教徒の増加となる。したがって，今世紀半ばに非白人が半分以上となるアメリカは，いわゆる WASP（White Anglo-Saxons Protestant）の国家ではなくなり非白人優位の社会となる。この変化はアメリカの国内政治のみならず外交政策にも大きな変化を及ぼすことが考えられる。

それを見越したかのようにオバマ大統領は，先ず，2014年11月20日に大統領令で不法移民制度改革を発表し，ヒスパニックを多く含む約500万人の不法移民を強制送還の対象外とした[28]。米国内の不法移民は2012年推計約1,120万人で，そのうち成人の約3分の2が米国に10年以上居住する[29]。オバマ大統領は不法移民に関し2015年5月に「21世紀の移民システムの構築」の報告書を出し移民問題の解決が政権発足当時からの課題であった[30]。続いて，12月17日にキューバとの国交正常化開始を発表した。これは今後，増え続けるキューバをはじめとするプエルトリカンを率先して米国に移民として受け入れることにより米国内の宥和を図ることをオバマ大統領は目指したのである。しかも，オバマの属する民主党はヒスパニック系住民の圧倒的支持を各州で得ていて移民が増えればその分民主党が有利となることを見込んだ政策であるとも考えられる[31]。

6　全く価値観の違うオバマ大統領

このような米国内の変動が顕在化して黒人の大統領が誕生したわけである。オバマはアメリカ合衆国の歴史上，全く違う価値観をもった大統領であることを想起せねばならない。

ブッシュ前大統領は「アメリカは神に選ばれた国で，歴史的に世界のモデルとなる役割を担っている」と述べ[32)]，それを外交政策の基礎とした。この「神に選ばれた国」とは，ジョン・ウィンスロップが1630年に移民船での説法で述べた「丘の上の町」のことであり，キリストの「山上の説教」の言葉である。「丘の上の町」は常に四方八方からみられるためキリスト教徒は模範的な「地の塩・世の光」になるように教えた[33)]。したがって，「神に選ばれた国」であるアメリカの価値観である民主主義を世界に普及することがブッシュの「使命（calling)」であった。そして「民主主義を世界に流布すれば世界から戦争はなくなる」というブルース・ラセットに代表されるパックス・デモクラティアの考えにつながる[34)]。この考えに立ったブッシュ前大統領は2001年９月11日の米国同時多発テロ（9.11テロ）の後にアフガニスタンおよびイラクを先制攻撃し国家創造活動（Nation Building）を行い，これらの国を民主化することを目指した。つまり，ブッシュ大統領時代のアメリカは国益よりも宗教を優先させる「Church-State」（国家より宗教重視）の外交政策を展開したのである[35)]。

一方，オバマ大統領はリンカーンやジェファーソンといった「建国の父」達が目指した「State-Church（宗教より国家重視)」の再現を目指す。建国の父達は啓蒙主義に基づいた新たな国家をアメリカ大陸に建設しようとした。18世紀の啓蒙運動は絶対的権威であったキリスト教および聖書を否定する手段となり，当時の政治を否定する根拠となった。やがてそれは政治の変革をもたらし，イギリスでは現体制を維持しながら変革し，ドイツなど中央ヨーロッパでは君主自らが啓蒙思想を取り入れて政治改革を行った。後のフランスでは啓蒙思想が現体制を否定する過激なものとなり革命が起こった。その意味で建国の父達が闘ったアメリカ独立戦争はそれまでのキリスト教に基礎を置く旧世界に対する革命と位置づけることができる。幸いアメリカには既存の国家がなかったので旧体制を打ち壊す必要がなかった。彼らの啓蒙思想は独立宣言に明確に反映されている。理神論者でもあったジェファーソンが起草した独立宣言は「自然法則の神にのっとって」と述べてキリスト教社会から決別している[36)]。

ジェファーソンは理神論者であり，啓蒙思想と密接に関係していた。理神論とは，「世界を創造したのは神であるが神は去っていった。残された人間の営みは人間が決め実践する」という考え方である[37]。三位一体を否定し，奇跡はあり得ず，神は人の姿をしていないし聖書のすべてが正しいわけではない，道徳は理性から生まれ，人間は原罪を背負ってはおらず，高い道徳性は教育と学問で身につけることができる，世界は自然の法則に従っているのであり神が支配しているのではない，何を信じるかは自由であるという考えである。つまり，ジェファーソンは「理（ことわり）」により人間社会は営まれると考え，それは建国の父達に共通する思想でもあった。このような建国の父達の思想がジェファーソンによって独立宣言，合衆国憲法へと注ぎ込まれてアメリカの国家の土台を作ったのである。

そういった意味から，独立戦争以前の植民地時代のアメリカは，「Church-State」的色彩が強かった，それを建国の父達は啓蒙思想に立ち，「State-Church」の国家建設を行ったのである。その観点からすれば，ブッシュ前大統領の外交政策は，「神の国」であるアメリカの宗教的価値観をより重んじる「Church-State」に基づいたものであったが，オバマ大統領の外交政策は，アメリカの国家を宗教よりも重んじる「State-Church」に基づくものになるであろう。そういったアメリカ大統領個人の宗教と国家の価値観の相違からも外交政策は相違する。

したがってアメリカの外交政策は，アメリカ流の民衆主義を世界に流布することで世界は平和になる。それがアメリカの使命であると考える「ウィルソン主義」（国際主義）と，アメリカの国内の平和と繁栄を優先する「ジェファーソン主義」（孤立主義）の二大潮流が存在する[38]。

7 モンロー宣言――アメリカ外交政策の基礎

アメリカの外交政策はもともと，1796年９月17日のジョージ・ワシントン初代大統領の「世界のいずれの国家とも永久的同盟を結ばない」とする「告別演説」でその指針が示された[39]。その後，トマス・ジェファーソン第３代大統領も1801年の就任演説で「どの国とも錯綜した同盟を結ぶべきではない」とヨーロッパ諸国とは一線を画し欧州大陸での戦争に対しては中立策をとる孤立主義を訴えた[40]。それは，1823年のモンロー主義で明確にされ，以後のアメリカ合衆国の外交姿勢の基本となった。そこでモンロー主義を読み解くことがアメリカ外交の潮流の理解となる[41]。

モンロー主義は米議会に送付された1823年の「第７年次教書」で示されたが，その内容は，①ヨーロッパ列強による植民地建設を西半球では認めない，②合衆国はヨーロッパの政治に干渉しないのでヨーロッパも西半球には干渉すべきでないとするものである[42)]。これは，西半球からヨーロッパの勢力を排除してアメリカの勢力下におくことを狙ったもので，第二次世界大戦前までアメリカ合衆国が原則とした外交政策であるが，モンロー主義は孤立主義（ジェファーソン主義）政策と同時に，後にアメリカの民主主義を世界に流布することを目指した国際主義（ウィルソン主義）政策を根拠づけるものとなった[43)]。モンロー主義を草稿したジョン・クインシー・アダムズ第６代大統領[44)]は，「米国は海外に進出すべきではない」と述べた。しかし一方で，アダムズは，「世界のすべての非民主政治体制について，正当性がないので体制を転換せねばならない」と考えた。このことはやがて，アメリカ外交の二大潮流となっていく。アメリカの外交政策は孤立主義と国際主義の間を振り子のように揺れてきたと言えよう。

モンロー主義が出される前，アメリカはイギリスとの二度目の戦争（1812～14年）を戦った[45)]。そして，ヨーロッパ大陸ではフランス革命が進行する中，南米の植民地は独立の気運が高まっていた。この動きをフランス，スペインの宗主国はイギリスを除く欧州列強（オーストリア，ロシア，プロシア）の支持を得て抑えようとしていた。この状況をイギリスは好ましく思わず，ジョージ・カニング英外相はモンロー大統領に，「ヨーロッパ列強が画策する新大陸への介入に共に反対しよう」と提案した[46)]。イギリスは大西洋を圧倒的な海軍力で制圧をしていたためイギリスの容認なしにはヨーロッパ列強は新大陸に軍隊派遣は不可能であった。

この提案を受けたモンロー大統領はジェファーソン元大統領（当時80歳）に助言を請う。ジェファーソンは「英国との協力は，力，米国国益，理念の三本柱が成立」するので受諾すべきだとアドバイスをし，モンロー大統領はイギリスの提案受諾へ考えが傾いた。

ところが，モンロー政権の「革命第二世代」と呼ばれるクインシー・アダムズ国務長官，ジョン・カルフーン陸軍長官，ヘンリー・クレイ，ウェブスター下院議員らが，もしイギリスと共に反対すれば将来の米国の発展と膨張を拘束する，と猛烈に反対した。将来の米国の国家発展の可能性を確保しようとしたのである。その結果，モンロー宣言はイギリス抜きでイギリスより先に出され，それをイギリスは黙認したのである。他の列強には米国の後ろにはイギリスがついていると考え，モンロー宣言は成功した。その結果，モンロー宣言は，表面的には「孤立主義」宣言であるが，「膨張主義」の要素を入れたものとなった。そして，1820年代，アルゼンチン，コロンビア，ベネズエラ，チリの中南米諸国はスペインから独立を獲得したのである。

8 米墨戦争から米西戦争へ——アジアへの侵出

モンロー・ドクトリンで南米大陸を傘下に収めたアメリカは続いて合衆国の領土的膨張を「天命（calling)」とする「マニフェスト・デスティニー（明白なる運命)」を標語し[47]，米大陸の西斬運動を開始する。その頂点が1846年からの米墨戦争であり，ジェームズ・ポーク第11代大統領はメキシコを瞬く間に撃破し，テキサス共和国など南西部の大部分を獲得し，独立戦争当時の14州から現在の50州まで領土を一気に拡大する。すなわち，トマス・ジェファーソン第３代大統領はフランスからルイジアナ購入（1803年)，モンロー第５代大統領はスペインからフロリダを割譲（1819年）し，アンドリュー・ジャクソン第７代大統領はテキサスを併合（1845年)，ジェームズ・ポーク第11代大統領は1846年に米墨戦争に勝利を収めオレゴン，カリフォルニア，ニューメキシコを獲得した。ジョンソン第17代大統領は1867年にロシアよりアラスカを買収した。

そして，1898年のウィリアム・マッキンレー第25代大統領が米西戦争を勝利し，米国は初めて海外に領土を獲得する。米国はフィリピンでスペインの無敵艦隊を撃破し1898年12月にプエルト・リコ，グアム，フィリピンを領土に収め一気に太平洋に進出を果たす。また，同年ハワイも併合した。その後，米国は中国への植民地支配を目論む列強の仲間入りをすべく「門戸開放政策」(1889年）や「義和団事件へのアメリカ参加の覚え書き」(1900年）をだし膨張政策で中国市場を狙いはじめたのである。

そして，アメリカが南米大陸で影響力を拡大したのが，1903年のパナマ運河地帯の領有権の獲得であり，軍事的にも経済的にも巨大な利益を生み出すラテンアメリカ地域を影響下に置いた。翌年の1904年12月にセオドア・ローズヴェルト第26代大統領は年次教書で，「西半球では，モンロー主義を堅持する合衆国が……国際警察力の行使を強いられることになろう」と「ローズヴェルト・コロラリー」を発表した[48]。モンロー・ドクトリンを下敷きとし[49]，西半球へ「警察力の行使」を謳い覇権拡大を宣言したものであった。また，ローズベルト大統領のこういった「ラージ・ポリシー（拡大政策）」のバックボーンとなったのが「海を制するものは世界を制す」といったアルフレッド・マハンの「シーパワー論」である。これに基づき，米国の国家戦略は海軍力を増強しグローバル・パワーとなっていくのである。

9　国際主義政策への転換

そして，米国がモンロー・ドクトリンをアメリカ大陸から一気にグローバルに拡大した結節点がウッドロー・ウィルソン第28代大統領の1917年1月の米議会での「勝利なき平和」演説である。1914年7月の第一次世界大戦の勃発後，ウィルソン大統領は「He kept us out of war（彼は米国の参戦を回避した）」とのスローガンの下で再選を果たした[50]。そして，1917年1月22日の上院演説で交戦諸国に「勝利なき平和」を受け入れるよう促した。ここでは米国が「モンロー大統領の原則を世界の原則として採用」することを訴え「中立」の立場をとること，さらにモンロー主義を西半球からグローバルに拡大することを訴えたのである[51]。それから約3ヵ月後の4月には「民主主義のための戦争」を訴え西半球の平和の秩序を乱すドイツに対し参戦した。さらに1918年1月には「14箇条の平和原則」を出し，外交の公開，航行・通商の自由，軍縮，民族自決，国際機構の設立など法と道徳が支配する自由主義的国際秩序を謳った。それをドイツは受け入れ(1918年11月)，ベルサイユ講話条約が成立し（1919年6月）第一次大戦は終了した。「14箇条の平和原則」の要は国際機構である国際連盟（League of Nations）の創設である[52]。これは，勢力均衡（balance-of-power）に基づく国際政治の原則を改め集団的安全保障を謳うものであり，モンロー主義をグローバルに制度化し，国際的にアメリカの君臨する共和国を創るとの理想を制度化したものであり，アメリカが国際主義へ舵をきる転換点となった。

しかしながら連盟への加入は米議会の承認が得られず，国際連盟は機能せずに終わり第二次世界大戦が勃発した。フランクリン・ローズベルト第32代大統領はアメリカが第二次世界大戦に参戦する前の1941年8月に「大西洋憲章」をウィンストン・チャーチル英首相と発表した。ここで，領土拡大の意思の否定，人民の権利，航海の自由，経済協力の発展など米国の伝統的価値観を述べて戦後の世界構想とした。その構想に基づき，第二次世界大戦後，アメリカは経済では1944年７月にブレトン・ウッズ体制，政治では1945年４月に国際連合を作りパックス・アメリカーナ（アメリカによる平和）を築く。特に国際連合の成立は，一つの国際社会の組織化を希求したウィルソン大統領の夢であった[53)]。

しかしながら，冷戦がスタートしウィルソン大統領の夢は砕かれる。ローズヴェルトを引き継いだハリー・トルーマン第33代大統領は「トルーマン・ドクトリン」（1947年３月）を出し共産主義との戦いを鮮明にした。「トルーマン・ドクトリン」のレトリックは，モンロー宣言を冷戦の文脈で捉え直したものである。モンロー大統領は世界を「絶対王政のヨーロッパ」と「共和制のアメリカ」に二分したが，トルーマン大統領は「共産主義（圧政）」と「自由主義（自由）」との世界に二分したのである。そこでは，世界を自由主義の名の元に一つにするのがアメリカの使命であるという「明白なる運命」の考えが根底に流れていたのである。また，ジョージ・ケナンにより立案された対ソ「封じ込め」はその具体的な政策であった。かつてアメリカの建国の父の一人であるベンジャミン・フランクリンは民主主義体制こそが「全人類の大義」だとの確信に基づく[54)]，民主主義体制の大義を信奉し，それをグローバル化することこそ米国人の使命であると述べた。また，トルーマン大統領はアメリカの核保有を「神聖な委託によるものと考える」とし，アメリカが「明白な運命」（オサリヴァン）をつかさどる「神の摂理」と説明し原爆の使用を正当化する根拠とした。

そして冷戦がソ連の崩壊とともに終了すると，アメリカは世界の創生者としての役割を再び覚醒した。冷戦崩壊直前に起こった1990年の湾岸戦争で勝利を収めたジョージ・ブッシュ第41代大統領は「新しい世界秩序」のグランド・デザインを提示した。その世界は国際協調や国連中心主義であり，その盟主にアメリカが君臨するというものであった。その有様はフランシス・フクヤマが「歴史の終焉」でアメリカの民主主義が勝利を収めたと著し，パックス・アメリカーナの時代の再来を思わせた。そして，クリントン第42代大統領の時にアメリカ的民主主義を基礎とするデモクラティック・ピースの全盛期が訪れる。

10　アメリカ衰退の神話——ブッシュ・ドクトリンからオバマ・ドクトリンへ

ところが，冷戦後のパックス・アメリカーナは2001年９月11日の米国多発テロ（9.11テロ）が起きたため長く続かなかった。9.11テロ後すぐに第43代ブッシュ大統領はテロへの宣戦布告を行った。そして「単独で，もし必要であれば自衛権に基づき先制攻撃を行う」というブッシュ・ドクトリンに基づきアフガニスタンおよびイラクのテロリストの殲滅を図った。その戦いは10年間にもおよび米国を疲弊させてしまった[55)]。

オバマは大統領選での公約の「テロとの戦い」を終わらせるためアフガニスタンとイラクからの米軍の撤退を行った。また，「合衆国再生」を果たすため，経済の立て直しを最優先課題とし所得格差を是正する。2015年１月20日の一般教書演説では，「危機の影を通り過ぎ，国の現状は堅調である」「我々は景気後退局面から立ち上がった」と述べ，経済の好調ぶりを報告した。また，改めてオバマ大統領が内政重視を印象づけるスピーチであった。特にテロリスト集団のイスラーム国（IS）に対して「最終的に破壊する」と強く警告を発したが，ブッシュ政権のように単独行動主義（先制攻撃）はしないことを明言した。

このことは先制攻撃を明確にしたブッシュ・ドクトリン[56)]とは真逆である。オバマ・ドクトリンとはノーム（規範）の遵守であり，ノームの違反国に対しては軍事力行使よりも経済的制裁などの懲罰的手段で臨む。もし軍事力行使が伴う際には，そのレッド・ラインは核心的利益（米国民や同盟国）が危機に脅かされたときであり，行使に際しては同盟国や友好国との集団的行動をとるものである[57)]。

そして，オバマ大統領は一般教書演説でもイスラーム国との戦いにおいてオバマ・ドクトリンに従って行動することを明言している。すなわち「米国は中東での新たな地上戦に引きずりこまれるのではなく，有志連合を率いる」とし，シリアでの地上戦を行ったとしてもアメリカ単独では行動せずに有志連合を編成し，大統領の決断ではなく議会の承認を得るとした[58)]。

オバマ大統領は，2013年９月にシリアのアサド政権に「懲罰的軍事行動を行使する」と言いながら，米議会にその決断を委ねた。結果的には軍事力行使を行わずに「我々はミサイル一発すら発射することなく，化学兵器の87％を処理することができた」と成果を誇示している。また，南シナ海でベトナムの巡視船が中国の公船による衝突を受けた際にもケリー国務長官は中国とベトナムに対し,「海上での航行の安全を保証し,国際法に基づいて平和的に問題を解決するよう」促している。オバマ政権の立場は一貫して国家の紛争には国際法(ノーム)で対処することを宣言している。これは,アメリカがバランサーとなったという証であり,化学兵器禁止条約(Chemical Weapons Convention:CWC)や海上事故防止協定もしくは核兵器不拡散条約(Treaty on the Non-Proliferation of Nuclear Weapons:NPT)などの種々のノームを守ることが米国の外交政策の基本であるということを示唆している。そして,中国やロシアなどの諸国とはノームを形成する際に,「利益を共有(shared interests)」することがポイントとなる。ノームに参加する各国の損得を決めてそのルール作り(たとえば,あるノームでは中国優位,その他のノームではアメリカ優位)をすることになるものと考えられる。米国は衰退していなし,オバマ大統領は将来の米国の復活を目指し当面の間孤立主義に舵を切り,力を蓄えると分析するのが順当であろう。

ヘンドリー・ブルは,「世界には秩序を模索する勢力と秩序の解体を試みる勢力があり」「両者のパワー・バランスがそれぞれの時代の特質を規定してきた」と述べている[59)]。第二次世界大戦後70年間はアメリカを中心とする連合国が「秩序」を形成してきたが,秩序を形成する中核となったアメリカが一時的にせよその役割を放棄した現在,その秩序はリビジョニスト国家やテロリスト集団により解体されようとしている。

このような状況下で中東地域やアジア地域において「地政学が復活」し,新たな「歴史の始まり」となるかもしれない。国境なきイスラーム国などのテロリスト,エボラ熱などのウイルスの拡散,温室効果ガスなど,新たな危機がグローバル化する。フラット化した世界では地球の裏側のことが瞬時にして自国に影響する「複雑系の世界」が誕生してきている[60)]。その原因は混迷するかに見えるアメリカにあるが,淡々と国力を蓄え覇権の復活をみるのか,それとも混迷する世界が継続するのであろうか,その分水嶺に我々は立っている。

11 「古い戦争」の終了と「新たな戦争」の始まり

それとともに「古い戦争」は終了し「新たな戦争」が始まった。つまりブッシュ大統領時代の「テロとの戦争」は終了し,オバマ大統領のISとの戦いが始まった。同じテロとの戦いでも今回は全く異なる。シリア内戦で台頭したISはイラクでも勢力を強め，そう簡単には消滅しない。ISは資金力があり，組織化され，戦い方もジハードのような自爆テロから通常型戦闘まで，武装強化をしている。さらに，なんといっても海外から若い戦闘員がどんどんISへの戦闘に参加している。特にヨーロッパ各国から若者が参加していることにヨーロッパ諸国は危機感を高めている。ISで戦闘訓練を受けた者が自国に帰ってきて自国内でテロを実行する恐れがあるからだ。アメリカはそのISと闘う新たな戦争へとはじめの一歩を踏み出しつつある。IS対策のオバマ大統領のジョン・アレン特使は「勝利するのに数十年かかるだろう」と覚悟を決めている。アレンは，アフガニスタンでも駐留部隊の副司令官を務めたベテランである。

テロリスト集団の「戦い方の変化」は変化自在であり，新たなテロと戦う各国の戦争形態も変化する。また，欧米の秩序へ挑戦するリビジョニスト国家の「戦い方」もハード・パワーからソフト・パワーを用いたマルチな手段へと変化する。そういった意味で，「新たな戦争」へ向けての世界各国の「戦い方の変化」は絶えず変容するし「巧み」となるのは間違いない。そういった意味で，国際政治学上の新たな分野の開拓も必要となろう。

さらに，もう一つの「新たな戦争」の「新たな戦い方」の変化は中国やロシアというリビジョニスト国家に対して起きている。今後の世界システムが「無極化の時代」あるいは「複雑系の時代」へと移行している現在，国家対国家の全面戦争はもはや考えられない。国家にとっての至上命題は，潜在敵国からの比較優位に自国のパワーを維持することによりその影響力を確保することになる。アメリカにとっては主に中国を対象としたものであるがそれをどのような手段で確保するのであろうか。

この方針をオバマ政権二期目になり2012年１月に「国防戦略の指針（Defense Strategic Guidance：DSG）」でリバランス（対中宥和）を示した。その後，2012年４月に強制削減措置に伴う国防費の削減を決定する中，2013年７月に「戦略的選択と管理レビュー（SCMR）」で戦力の「規模」か「質」の二者選択をすべしという提言書を出し，後者をとることを2014年５月の「４年毎の国防戦略（QDR2014）」で発表した。すなわち「戦力の質は切らずに戦力規模を切る」（チャック・ヘーゲル国防長官）とし，米国は前方展開兵力を削減し米本土からバランシングするオフショアー戦略[61]に転換したのである。この米軍の「戦力の質」を重視する戦略は，2014年８月にボブ・ワーク国防副長官[62]により，「オフセット戦略（Offset Strategy）」として発表された。オフセット戦略とは「他国の戦力優位を相殺し弱める戦略」であり，技術力を優位に保ちアメリカでは来るべき新たな戦争に備えるものである[63]。11月になるとヘーゲル国防長官は「防衛革新イニシアティブ（Defense Innovation Initiative：DII）」を発表し「今後数十年にわたり米国の戦力投射能力の比較優位を確保するオフセット戦略を明らかにする」と述べている[64]。

すなわち，国防費を削減し自国の復活を目指すアメリカは今後10年間にわたりバランサーとなることを選択し，その「新たな戦い方」は中国等のリビジョニスト国家に対しては技術優位で抑止力を確保すること，また，ISのような文明的チャレンジャーに対しては地域の同盟国・友好国にバック・パッシングする地域抑止で対処する。このような米国の「新たな戦い方」が始まったことにより，各国もそれぞれの「新たな戦い方」をみつけねばならない時代に突入することになったと言えよう。

注

1）Remarks by the President in Adress to the Nation on Syria, September 10, 2013. <http://www.whitehouse.gov/the-press-office/2013/09/10/remarks-president-adress-nation-syria>

2）William A. DeGregorio, *The Complete Book of U.S. Presidents*, New York, Random House Value Publishing, Inc, 1984, pp. 11-12.

3）George C. Herring, *From Colony to Superpower: U.S. Foreign Relations since 1776*, Oxford, Oxford University Press, 2008, p. 83 and pp. 95-96; <http://aboutusa.japan.usembassy.gov/j/jusaj-jeffersonfirstinaugural.html>

4）Geoffrey Levin, "From Isolationism to Internationalism: The Foreign Policy Shift in Republican Presidential Politics, 1940-1968," *Politics and Politics of American Emergency State*, December 9, 2011.

5）"Congress Passes FY 2014 Omnibus Appropriations Bill," NCSHA, January 17, 2014. <http://www.ncsha.org/blog/congress-passes-fy-2014-omnibus-appropriations-bill>

6）Budget Control Act で今後10年間に２兆４千億ドル削減されることとなり，2013年以降国防費は10年間で4,720億ドル削減となった。

7）Robert Kagan, *The World America Made*, New York, Alfred A. Knopf, 2012, pp. 7-20.

8）Eugene Wittkopf, Christopher Jones, Charles Kegley, "American Foreign Policy," Thomson Warsworth, 2008, p. 3.

9）Francis Fukuyama, *The end of the History and the Last Man*, New York, Free Press, January 1992.

10）Walter Russell Mead, "The Return of Geopolitics: The Revenge of the Revisionist Powers," *Foreign Affairs*, May/June Issue.

11）Larry Diamond, *The Spirit of Democracy: The struggle to Build Free Societies throughout the World*, New York, Henry Holt and Company, LLC, 2008.

12）Brazil, Russia, India and China <http://www.goldmansachs.com/our-thinking/archive/archive-pdfs/build-better-brics.pdf>

13）Bangladesh, Egypt, Indonesia, Iran, Korea, Mexico, Nigeria, Pakistan, Philippines, Turkey and Vietnam <http://www.chicagobooth.edu/~/media/E60BDCEB6C5245E59B7ADA7C6B1B6F2B.pdf>

14）Robert Gilpin, *War and Change in World Politics*, Cambridge, Cambridge University Press, 1981, p. 157.

15）拙著，『米軍の前方展開と日米同盟』同文舘出版，2004年，p. 159。

16）Richard Hass, "The Age of Nonpolarity," *Foreign Affairs*, Vol. 87, No. 3（May/June), 2008.

17）Kagan, *op. cit.*, pp. 101-114.

18）Geoffrey Blainey, *The Causes of War*, New York, 1988, pp. 113-114.

19）http://www.whitehouse.gov/sotu

20）Memorandum from Secretary of Defense Chuck Hagel, Strategic Choices and Management Review, March15, 2013.
<http://docs.house. <gov/meetings/AS/AS00/20130801/101242/HHRG-113 -AS00-Wstate-C arterA-20130801.pdf#search=・Hagel+DOD+SCMR%28Strategic+Choices+and+Management+Review%29>.

21）Department of Defense, Quadrennial Defense Review 2014, March4, 2014.
<http://www.defense.gov/pubs/2014_Quadrennial_Defense_Review.pdf#search=・QDR2014%28 Quadrennial+Defense+Reew>

22）Robert Keohane, *After Hegemony: Cooperation and Discord in the World Political Economy*, Princeton, Princeton Univ. Press, 1984.

23）これらの論者に Bruce Russett，Duncan Snidal，Rochard Rosecrane らがいる。詳しくは拙著『米国の対日政策——覇権システムと日米関係』同文舘出版，1996年，17-18頁。

24）John David Ciorciari, "The Balance of great-power influence in contemporary Southeast Asia," *International Relations of the Asia-Pacific,* Vol. 9, No. 1, pp. 157-196.

25）国の将来人口推計は，出生死亡の将来推計と合法・非合法の国際人口移動（移民）の流出入の将来推計から算出される。

26）Government Documents & Information: Statistical Abstract of the United States 2013, Duquesne University. <http://guides.library.duq.edu/c.php?g=232748p>

27）JETRO 統計，2015年１月。<http://www.jetro.go.jp/world/n_america/us/basic_01/>

28）Justin Sink, "Obama moves to give legal status to 5 million illegal immigrants," THE HILL, November 20, 2014. <http://thehill.com/news/administration/224955-obama-moves-to-give-legal-status-to-5-million-illegal-immigrants>

29）米調査期間ピュー・リサーチ・センターの2012年調査。不法移民の約75%がヒスパニック系で，その出産する新生児は全米不法移民が出産する新生児の約85%をしめる。

30) White House, Building A 21st Century Immigration System, May 2011.
31) Interviews with Frank Zannuzi, President and CEO of the Maureen and Mike Mansfield Foundation, September 9, 2014.
32) 1999年12月のアイオワ州党員集会での記者からの質問に対する答え。American Atheist website, posted December 23, 1999. <http://www.americanatheist.org>, accessed on January 29, 2009.
33) 「山の上の町は，隠れられないし，ともし火は升の下ではなく燭台の上に置くことで家の中はすべて照らされる」（マタイによる福音書，第5章14，15節）Joyce Appliby ed., *Thomas Jefferson: Political Writings*, U.P. Press, 1999, pp. 392-396.
34) Bruce Rusett, *Grasping the Democratic Peace: Principles for a Post-Cold War World*, Princeton, New Jersey, Princeton University Press, 1993.
35) 拙著『アメリカ世界を読む』創成社，2009年9月，pp. 14-15。
36) http://www.archives.gov/exhibits/charters/declaration.html
37) Richard V. Pierard & Robert D.Linder, *Civil Religion the Presidency*, Michigan, Academic Books, 1988.
38) ヘンリー・キッシンジャー著，岡崎久彦監訳『外交』日本経済新聞社，1996年。
39) Charles W. Kegley, Eugene R. Wittkorf, *American Foreign Policy*, New York, St. Martin's Press, 1996, p. 33.
40) *Ibid.*, p. 4.
41) 西崎文子『アメリカ外交とは何か』岩波新書，2006年1月，31頁。中嶋啓雄『モンロー・ドクトリンとアメリカ外交の基礎』ミネルヴァ書房，2002年2月，11頁。
42) http://www.ourdocuments.gov/doc.php?flash=true&doc=23
43) Walter Russell Mead, *Special Providence: American Foreign Policy and How it Changed the World*, Alfred A. Knopf, New York, 2001, pp. 87-89.
44) モンロー主義を草稿したときはモンロー政権の国務長官であった。
45) 野村達朗『アメリカ合衆国の歴史』ミネルヴァ書房，2000年9月，52-53頁。
46) Harlow Unger, *James Monroe: The Last Founding Father*, Philadelphia, Da Cao Press, 2009.
47) 1845年，ジョン・オサリヴァンが述べたもので，19世紀末に北米大陸の「フロンティア」が事実上消滅すると，合衆国の帝国主義的な領土拡大（米西戦争やハワイ併合など）や覇権主義を正当化するための言葉となった。
48) Robert J. Art, *A Grand Strategy for America*, Cornell University Press, London, 2004, p. 183.
49) モンロー宣言は西半球にヨーロッパ列強の干渉を許さないとしたものでその意味では「地理的境界」を示したものであったが，その境界はウィルソンによりグローバル化された。
50) Woodrow Wilson, the White House. <http://www.whitehouse.gov/1600/presidents/woodrowwilson>
51) Uthara Srinivasan, Woodrow Wilson's "Peace Without Victory" Address, January 22, 1917, The Concord Review, Inc. 1991. <http://www.tcr.org/tcr/essays/CB_Wilson.

pdf>

52）その要は第10条「加盟国は相互の領土保全と政治的独立とを尊重し，外からの攻撃に対してこれを擁護すること」であった。

53）国連憲章の前文冒頭の文言（We the people of the United Nations）は合衆国憲法の前文（We the people of the United States）から取られている。

54）Robert Kagan, *The World America Made*, Knopf, Borzoi Books, 2012, p. 11.

55）拙著『アメリカ政治を読む』創成社，208-209頁。

56）ブッシュ・ドクトリンは2002年の国家安全保障戦略で「アメリカは大量破壊兵器をアメリカまたはその同盟国に対して使用するような敵に対して予防するために先制攻撃をする準備ができている」という単独での先制攻撃を辞さないとするもの。（小生は拙著『アメリカ世界を読む』創成社，2009年，297頁。）

57）Remarks by the President at the United States Military Academy Commencement Ceremony, The White House, Office of the Press Secretary, May 28, 2014. <http://www.whitehouse.gov/the-press-office/2014/05/28/remarks-president-west-point-academy-commencement-ceremony>

58）State of the Union, January 28, 2014. <http://www.whitehouse.gov/state-of-the-union-2014>

59）Hendley Bull, *The Anarchical Society: A study of Order in World Politics*, New York, Columbia University Press, 1978.

60）Melanie Michell, *Complexity: A guide tour*, London, Oxford University Press, 2009.

61）平山茂敏「２つのオフショア戦略」海上自衛隊幹部学校。<http://www.mod.go.jp/msdf/navcol/SSG/topics-column/col-049.html>

62）Bob Work, "National Defense University convocation," As Prepared for delivery by Deputy of Defense Bob Work, National Defense University, Washington DC., August 5, 2014.

63）Ben FitzGerald, "Why It's Time for a Third Offset Strategy," *National Interest*, August 13, 2014.

64）Chuck Hagel, Secretary of Defense, Memorandum; "The Defense Innovation Initiative," November 15, 2014.

第２章
新時代の核戦略
――「一般抑止」と「核のノーム」――

有江浩一

1　はじめに

冷戦終結後四半世紀を経た現在，核戦略をめぐる環境要因が大きく変化し，冷戦期とは全く異なる様相を示していることは言うまでもないであろう。とりわけ，核戦略の問題領域が冷戦期の米ソを主体としたものから，北朝鮮やイランなどの地域的核疑惑国あるいは国際テロ組織による核テロリズムの脅威へと拡大したことは，抑止を中心とした冷戦期の核戦略の再検討を促すものとなった。特に9.11事件を経験したアメリカは，核の脅しに基づく従来の抑止戦略への関心を失い，2002年にいわゆるブッシュ・ドクトリンを発表して「先制（preemption）」を中心とする戦略へ大きく転換したと見なされた[1)]。2009年に発足したオバマ政権は，核テロリズムと核拡散を国家安全保障上の喫緊かつ最大の脅威とみなし，「核兵器のない世界」の実現に向けて核軍縮・不拡散と抑止とのバランスをとった政策方針を打ち出している[2)]。

北朝鮮とイランは依然として核開発努力を続けており，核テロリズムの脅威も低減してはいない。これらの脅威に対しては抑止が有効でないとする議論も多くみられるが[3)]，これまで核使用の事態には至っていない限りにおいて，核軍縮・不拡散とともに抑止の政策が功を奏していると解釈することは可能であろう。また，ウクライナ危機でアメリカはロシアによるクリミア併合を阻止できなかったものの，米ロの核による直接対峙状況には至っていないことに鑑みれば，核兵器国間の抑止はなお有効であるとも考えられる。冷戦後に抑止が有効であるとする議論にも，核抑止を含む軍事的抑止の有用性を強調するものと，冷戦後の抑止関係の複雑化・多様化に対応して軍事的抑止のみならず様々な手段も含めた抑止の概念を提唱するものがある[4)]。特に後者の議論に鑑みれば，今後の核戦略の方向性を考える上で，核抑止をめぐる主要なアクター間の関係，さらには核抑止と核軍縮・不拡散との関係をいかに捉えるか整理しておく必要があろう。

本章では，モーガン（Patrick Morgan）が提唱した「一般抑止」の概念を用いて，まず核抑止をめぐる核保有国間の関係を検討し，次いで核疑惑国および国際テロ組織の脅威と核保有国の対応について概観する。これらを踏まえて，フリードマン（Lawrence Freedman）の「核のノーム（nuclear norms）」[5]論に基づき，核抑止と核軍縮・不拡散との関係を整理することにより，今後の核戦略の方向性を考えてみたい。

本章に示された見解は筆者個人のものであり，防衛省および防衛研究所の公式見解ではないことをお断りしておく。

2　「一般抑止」の概念

ここで，本章で使用する抑止の概念，特に「一般抑止」「直接抑止」について説明しておきたい。

抑止とは，相手が攻撃してきた場合，軍事的対応を行って損害を与える姿勢を示すことで攻撃そのものを思いとどまらせる軍事力の役割とされる。二国間の場合に抑止が機能するためには，抑止を企図する側に軍事的対応を実行する意図と能力があり，かつ，それが相手に正しく認識されなければならない。抑止側は，相手に対して軍事力の使用を思いとどまるよう説得するために脅し（threat）を用いる。軍事力により報復するとの脅しによって，軍事力の使用のコストが利益を上回ることを相手に納得させようと試みるのである。脅しは明示的に用いられることもあるが，暗示的なものにとどまる場合もある[6]。

「一般抑止（general deterrence）」とは，二国間の場合，両国ともにまたはいずれか一方が他方に対して，もし機会があれば軍事力を使用することを考えている状況を指す。これに対して，「直接抑止（immediate deterrence）」は少なくとも一方が他方に対する軍事力行使を真剣に考えている状況のことである[7]。冷戦期の米ソ間の相互確証破壊状況は，両国ともに相手の第一撃に堪え得る第二撃能力を保持することによって相手に先制攻撃の機会を与えないようにしたものであり，「一般抑止」の事例と考えられる。

多国間において「一般抑止」が確保されている状況では，いずれの国も他国に攻撃を仕掛けようとするには至っていないが，相互に係争的あるいは敵対的な関係にあるために，各国は軍事力を維持しつつお互いをけん制し合う。関係の敵対性はさほど深刻なものではないため，各国は日常的な意思決定によって行動する。よって「一般抑止」が確保されている限り，危機や戦争は起こらない。ところが何らかの要因により「一般抑止」の確保に失敗し，深刻な国際危機が発生した場合に「直接抑止」状況が生起する。つまり，「一般抑止」の失敗が「直接抑止」状況の起源となるのである。「直接抑止」状況では，各国は「危機における意思決定（crisis decision making）」によって行動し，危機が戦争に拡大しないように努める。第一次世界大戦前夜のサラエボにおけるオーストリア皇太子暗殺を契機として起こった1914年7月危機，あるいは1962年10月のキューバ危機が「直接抑止」の事例であり，前者は「直接抑止」の失敗例，後者はその成功例とされている[8)]。

3　核保有国間の関係

ここでは，核兵器不拡散条約（Treaty on the Non-Proliferation of Nuclear Weapons：NPT）上の核兵器国である米ロ中英仏に加えて，NPT 非締約国のインド，パキスタン，イスラエルをとり上げ，核抑止をめぐる核保有国間の関係を検討する。

まず，米ロの核抑止関係を検討する。米ロ両国はICBM（大陸間弾道ミサイル）・SLBM（潜水艦発射ミサイル）・戦略爆撃機からなる戦略核の「三本柱（triad）」をはじめとする大規模な核兵器システムを維持し続ける一方で，新START（戦略兵器削減条約）に基づいて核軍縮を慎重に進めつつある。アメリカの戦略核戦力は逐次老朽化が進んでおり[9)]，オバマ政権はその近代化改修および核弾頭の延命措置を行うとともに，核軍縮を先導する立場から新たな核弾頭は開発せず，ミサイル防衛および新たに開発中の通常弾頭型即時グローバル打撃（conventional prompt-global strike：CPGS）システムによって戦略核戦力を補完するとしている。アメリカは，2010年4月の核態勢見直し（2010NPR）で核テロリズムと核拡散を喫緊の脅威と捉え，NPT 体制を強化しつつ核不拡散に取り組む一方で，ロシアとは戦略的安定を確保して「危険な核の競争（dangerous nuclear competition）」を避ける方針を示している[10)]。

これに対してロシアは，旧ソ連時代から運用を続けている戦略核戦力の近代化を進めており，特にICBMについては鉄道移動式のシステムを開発中である。核軍縮について，ロシアはミサイル防衛に関するアメリカとの合意が得られないままでは戦略核兵器のさらなる削減には応じられないと明言しており，アメリカが開発中のCPGSについてもロシアの核抑止力に対する脅威であるとして懸念を強めている[11]。その一方で，ロシアがINF（中距離核戦力）全廃条約違反の疑いのある弾道ミサイルや巡航ミサイルを開発しているとの指摘もある。アメリカは，ロシアにINF条約を順守するよう求めつつも，ロシアとの安全保障関係を安定化させるために相互に協力していく考えを表明している[12]。2014年3月のロシアによるウクライナのクリミア自治共和国併合問題をめぐって米ロ両国の関係が悪化し，深刻な核危機に発展するのではないかとの見方もあったが，現在のところそうした事態には至っていない。他方，クリミア併合に際してアメリカがロシアに対して軍事的対応を行わなかったことについて，アメリカのコミットメントの信頼性を不安視する声が日本を含むアメリカの同盟諸国から上がっている[13]。

イギリスは，冷戦後にSLBMに特化させた核戦力に切り替え，現在はアメリカ製のトライデントSLBMを搭載した戦略原潜4隻をスコットランドにある海軍基地に配備している。イギリスはこの核戦力をNATOに割り当てているが，非常時には独自の核戦力として運用する権限を保持している[14]。トライデント・システムの更新をめぐって，戦略原潜による核抑止力を今後も維持すべきか否かが国内で議論されており，2015年5月の総選挙では，保守党がトライデント更新を公約の一つに掲げて大勝する一方で，同選挙で躍進したスコットランド国民党（SNP）はトライデント問題に関して保守党政権を厳しく追及していく構えを見せている[15]。

フランスは，自国製のSLBMによる戦略核戦力に加えて航空機搭載の戦術核戦力を保持している。航空核戦力は陸上基地および航空母艦から発進するそれぞれ異なる種類の戦闘機に空対地戦術核ミサイルを搭載して運用している。フランスが航空核戦力を保持し続けているのは，より柔軟かつ信頼性のある核抑止力を維持するためとしている。これらの核戦力の更新が2013年末の段階で決定されており，現在運用中の戦略原潜4隻を2020年までに新型の戦略原潜に更新する計画である。また，航空核戦力も2018年までに新型の核攻撃用戦闘機に一本化する方針である。フランスの核弾頭数は300発を越えないレベルに維持されており，「最小限抑止（minimum deterrence)」戦略をとっているとみられる[16)]。

英仏間の核関係については，2010年11月に両国が締結したランカスター・ハウス条約により，核弾頭の安全性や核テロリズムへの対応などに関する協力の枠組みが作られた。今後はこうした両国間の核協力を具体的に進展させるとともに，NATO 地域はもとより湾岸地域やアジアにおける核抑止に関して，アメリカも含めた三ヵ国間の協力の必要性が指摘されている[17)]。

次に，米中の核抑止関係を検討する。中国は，約240発の核弾頭を保有しており，そのうち約140発を弾道ミサイルに搭載して運用可能と考えられている。これらの核弾頭は中国共産党中央軍事委員会の厳重な管理下に置かれ，通常は第二砲兵のミサイル基地とは別の場所に保管されており，中国が核の脅威を受けた場合に第二砲兵に移管される態勢をとっている。このように中国の核戦力が即応態勢に置かれていないのは，中国が核の先行不使用（no-first-use：NFU）政策をとっていることの反映とみられる[18)]。その一方で，中国はアメリカの CPGS に対抗する形で極超音速飛翔体の開発に乗り出しており，2014年１月には発射実験に成功したとされている[19)]。

アメリカは，ロシアと同様に中国とも戦略的安定を確保するとしている[20)]。ただし，戦略的安定についての米中の認識が一致しているとは限らない。ロバーツ（Brad Roberts）は，たとえば「スタビリティ・インスタビリティ・パラドックス」に関して米中がそれぞれ異なる認識をもっているとして，次のように指摘する。アメリカは，中国が核抑止力を近代化してアメリカの先制攻撃に耐えられるとの自信をもつようになれば，海洋その他の領域において自国の要求を通すべく自国主張を強めるかもしれないと考えている。他方，中国は，アメリカが CPGS やミサイル防衛を導入して戦略態勢を近代化してきたことで中国に先制攻撃を行う自信をつけてきており，そのためにアメリカの同盟国も海洋などにおいて中国に対する自己主張を強めているとの見方を示している。ロバーツは，アメリカだけで戦略的安定を確保し得るものではない以上，公式あるいは非公式の対話を通じて戦略的安定に関する中国の見方を理解することが重要であるとしている[21)]。

インドは，2003年１月に核ドクトリンを公表し，NFU をとる一方で，生物・化学兵器による攻撃に対しては核報復を行うオプションを保持するとした[22)]。2014年５月の総選挙で政権与党となったインド人民党（BJP）は，選挙前の公約で「核ドクトリンを詳細に研究し，修正し，更新する」と表明していた。しかし，

BJP のモディ（Narendra Modi）首相は，NFU については変更しないと明言している[23]。インドの核戦略の主な狙いは，中国およびパキスタンによる核攻撃あるいはその脅しを抑止することと考えられる。インドと中国がともに NFU を堅持する限り，両国間で核戦争が起こる蓋然性は低いと言えよう[24]。

一方，パキスタンは，自国の核兵器をインドの優勢な通常戦力を相殺する手段とみており，核の先行使用ドクトリンを採用している[25]。両国政府間の意思疎通は必ずしも良好とは言えず，核戦争に発展する可能性は高いと見積もられている[26]。パキスタンは，インドとの国境沿いに戦術核兵器を配備したとみられており，これらの核兵器はインド軍の長射程砲（通常砲弾）による攻撃に脆弱であることから，先行使用される可能性が高いとの指摘がある[27]。パキスタンの核弾頭は，通常は運搬手段と分離されて保管されている上に，パキスタンが独自に開発した安全装置が施されていると言われているが，保安上の実効性が疑問視されている[28]。

イスラエルは，事実上の核保有国と広く考えられているが，自国の核保有について否定も肯定もしない路線をとっている。この路線は，1969年にイスラエルのメイア（Golda Meir）首相とニクソン（Richard Nixon）米大統領が交わした秘密合意によって確立されたと言われている。この合意では「イスラエルが対外的に核保有を表明したり，核実験をしたりするのを慎めば，アメリカはイスラエルの核プログラムを許容し，それに対する盾を提供する」とされていた[29]。それ以降，イスラエルは事実上の核保有を続ける一方で，中東の非核化政策へのコミットメントを表明してきた。これに対してアラブ諸国は，2010年５月の NPT 運用検討会議で，アメリカなどの核兵器国がイスラエルの核保有を黙認する一方で同国以外の中東諸国の核保有を認めないという二重基準をとっていると不満を表明した[30]。

概して，核保有国間の関係は「一般抑止」状況にあると考えられる。特に，米ロ中の核抑止関係は安定していることから，ポール（T. V. Paul）は「休止状態にある一般抑止（recessed general deterrence）」と表現した。また，アジアの抑止関係についてアラガッパ（Muthiah Alagappa）は，アジアでは国家間の厳しい対立がなく，アジア全体の核兵器数も比較的少ない上に能力が限定的であるために，「一般抑止」状況が保たれてきたとしている。ただし，ポールはインドとパキスタンの抑止関係を「一般抑止」の範疇に入れてはいるものの，非常に不安定な状況にあると指摘している[31]。

米ロ中の核抑止については，「一般抑止」が破綻する可能性は近い将来にはないと考えられるものの，この状況が永続的に続くとは限らない。たとえば，戦略攻撃力あるいは防御力を飛躍的に向上させる新技術の出現によって各国が抑止に不安を覚え，これに深刻な国際危機が重なった場合には抑止が破綻する可能性がある。また，将来にわたる米中のパワーシフトが長期的に両国間の抑止状況を不安定化させる恐れもある。さらに，核兵器国における政治上の変化も，「一般抑止」の不安定化要因である[32]。スコットランド独立の是非を問うた2014年９月の住民投票の事例は，核兵器国の核戦略が国内政治の変化によって覆され得ること，それによって「一般抑止」に影響が及ぶ可能性があることを示したものと言えよう。

4　核疑惑国・国際テロ組織の脅威

ここでは，核疑惑国として北朝鮮とイランの脅威を取り上げるとともに，国際テロ組織による核テロリズムの脅威と核保有国の対応を概観する。

北朝鮮は，1993年および2003年に NPT からの脱退を宣言する一方で，2006年，2009年および2013年に核実験を行い，核保有を明言した。また，弾道ミサイルの開発も進めており，短距離のものも含めてミサイルの発射実験を続けている。北朝鮮の核の脅威が高まる中，2014年４月にアメリカは韓国と共同声明を出し，北朝鮮の挑発的行動を抑止するためのアメリカによる韓国への拡大抑止を再確認した。拡大抑止の方策として，アメリカは「核の傘（nuclear umbrella）」，通常戦力による攻撃，ミサイル防衛を含めた「フルレンジの軍事力（full range of military capabilities）」を用いるとした[33]。コルビー（Elbridge Colby）は，近い将来に北朝鮮がアメリカとその同盟国に対して核使用を試みるシナリオを検討している。この際，ミサイル防衛が技術的な課題のために北朝鮮のミサイル攻撃に対して必ずしも有効とは言えず，また通常戦力による攻撃では北朝鮮の移動式ミサイルを完全に排除することが難しいことから，アメリカは核使用オプションを真剣に検討せざるを得ないであろうと分析している[34]。

イランについては，同国とアメリカ，イスラエルおよび他のアラブ諸国との関係が不安定な状況にあるため，イランが核保有を宣言すれば相互不信と誤算から核戦争に発展する可能性が高いと考えられている。また，イランの核保有がこの地域に核軍備競争をもたらす懸念も指摘されており，サウジアラビアやエジプトなどがイランに続いて核保有を企図するであろうとされている[35]。とりわけ，イランが核保有を達成した場合に，イスラエルとの核関係がどうなるか不透明な面が多い。これについて，イランの国内体制が不安定であり，核兵器に関する政府の意思決定メカニズムや指揮統制システムが確立されているとは思われないこと，またイスラエルとの間に意思疎通のチャネルが開かれておらず軍備管理・信頼醸成措置も行われていないことが指摘されている[36]。

次に，国際テロ組織による核テロリズムの脅威を概観する。

9.11事件以降，テロリストが核兵器を入手して起こす核テロリズムの脅威が高まった。テロリストによる核兵器の入手元として挙げられたのが，いわゆる無法国家（rogue states）である。これらの国家は，冷戦期にソ連による安全保障上の保護を受けていたが，ソ連崩壊とともに後ろ盾を失ったために核開発を進めた。そして，冷戦後にグローバリゼーションが進展するにつれて，核開発を進める無法国家は国境を越えたネットワークを介して国際テロ集団と結びつき，核関連技術や情報を流出させるようになった。その典型的な例がパキスタンのカーン博士が作り上げたいわゆるカーンネットワークである[37]。

パキスタンのＡ・Ｑ・カーン（Abdul Qadeer Kahn）博士は，1987年から2003年にかけて北朝鮮，イラン，リビアにウラン濃縮装置および核関連情報を渡し，さらにイラクにもそれらを売却しようと試みたとされている。また最近では，カーンネットワークとは別に，パキスタンはサウジアラビアにも核関連情報を渡したとの疑いがもたれている[38]。なお，北朝鮮については，国際テロ組織に核兵器あるいは核物質を渡した可能性は低いと考えられている[39]。

アル・カーイダが核兵器の取得を目論んでいたのはよく知られている。同組織は1990年代半ばから核兵器への関心を深めていったとされている。9.11事件前の2001年夏頃には，オサマ・ビン・ラーデン（Osama bin Laden）らアル・カーイダの指導部メンバーがパキスタンの元核科学者とアフガニスタンで会談するなど，アル・カーイダとパキスタン核当局との関係も指摘されている[40]。また，中央アジアを中心に活動していたイスラーム過激派組織IMUを介して，アル・カーイダがカーンネットワークから核兵器製造に必要な物資を入手したとの説もある[41]。

現在シリアとイラク領内で活動中の「イスラーム国（IS）」も，核保有を企図しているとの情報がある。2014年3月にイラクの特殊部隊が押収したISの文書によると，イランの核兵器に関する情報を入手する計画が含まれていたという[42]。ISは同年7月にイラクのモスルにある大学から研究用のウラン原料約40キログラムを入手したとされている。このウランは濃縮されておらず兵器に使えるものではないと報告されたが，ISによる核テロリズムの可能性が完全に払しょくされた訳ではない[43]。

1995年に東京で地下鉄サリン事件を起こしたオウム真理教も，核保有を企図していたと言われている。教団幹部がオーストラリアで土地を購入し，ウランを掘り出そうと試みた他，ロシアで核物質や核兵器関連部品を購入しようとしたが，いずれの試みも失敗に終わった[44]。アジアではオウム真理教の他にも，フィリピンのアブ・サヤフ（Abu Sayyaf Group：ASG）と新人民軍（New People's Army：NPA），インドネシアのジェマー・イスラミア（Jemaah Islamiya：JI），パキスタンのラシュカレ＝トイバ（Lashkar-e-Tayyiba：LeT），スリランカのタミル・イラーム解放のトラ（Liberation Tigers of Tamil Elam：LTTE）などのテロ組織が核保有を企図しているとされる[45]。

こうした核テロリズムの脅威に対抗するために，アメリカは関係諸国と連携しつつ国際テロ組織が核兵器や核物質を入手できないようにするための様々な核セキュリティ対策を進めている。これらの対策には，核物質の出所を特定して核テロリズムを抑止するための核の鑑識活動（nuclear forensics）が含まれている[46]。ただし，核テロリズムに対する具体的な政策については国によってまちまちであり，たとえばインドはその核ドクトリンにおいて国際テロ組織による攻撃の可能性を考慮していないと言われている[47]。

核保有国と核疑惑国・国際テロ組織との抑止関係は流動的であり，「一般抑止」が成立しにくい状況にある。特に，後者が核保有を達成した場合には「一般抑止」は成立しなくなると考えられる。核疑惑国が核保有した場合，その国が核兵器を抑止のために運用するとは限らない。こうした新規核保有国は核運用の経験がなく，複雑かつ巧妙な核抑止戦略をとることができないため，単純に核兵器を「使用するドクトリン（doctrines of use）」を採用するであろうと分析されている[48]。また，国際テロ組織が核保有を達成した場合も同様であり，核が実際に使用される可能性は非常に高いとされている[49]。

5　「一般抑止」と今後の核戦略——「核のノーム」の観点から

これまでの考察を踏まえて，フリードマンの「核のノーム（nuclear norm）」論に基づき，今後の核戦略の方向性を考えてみたい。

フリードマンは，核軍縮を，核戦争の防止という究極の目的に寄与するノーム（規範）の一つと捉える。この核軍縮のノーム（disarmament norm）には，その目的に即して絶対的な基準があるという。それは，核軍縮を行っても，核兵器がわずかでも残ってしまえばそれが使用されるリスクを排除することはできないので，核戦争を防止する目的には全く寄与しないということである。かくして，核軍縮は，その目的に寄与するためには完全な核廃絶のみが基準になるのであり，それ以外の基準はあり得ないのである。つまり，オバマ政権が目指すとした「核兵器のない世界」こそが，核軍縮の唯一無二の目標である。フリードマンによれば，核軍縮のノームの他に，核不拡散のノーム（nonproliferation norm），核不使用のノーム（non-use norm），核抑止のノーム（deterrence norm）の３つがこれまでに形成され，核戦争を防止する目的に寄与してきた[50)]。

これら３つのノームは次のような複雑な関係にあるとフリードマンは指摘する。まず，核不使用のノームは核抑止のノームと相克する関係にある。核不使用のノームは，核使用に対する核保有国の内面化された道義的抑制（internalized moral restraint）に依拠している。ところが，核抑止のノームは，たとえば自国が核攻撃を受けたときのような極限状況では，核保有国は核使用に対する抑制をすべて取り去る場合があるとの含みをもっている。前述した北朝鮮の核攻撃に対するコルビーの分析はそのことを示すものと言えよう。また，核不拡散のノームは核抑止と因果関係にあることが指摘される。たとえばアメリカが同盟国に対する拡大抑止を提供しなくなったら，同盟国の多くは自国がとってきた核不拡散のノームを見直さざるを得ないかもしれない[51)]。

フリードマンは，これら３つのノームが核軍縮のノームと相反関係に置かれてきたことに警鐘を鳴らす。一部の軍縮論者が主張するように，核軍縮が世界にとって「最後にして最良の希望（last best hope）」であるということは，核不拡散・核不使用・核抑止のノームがこれまでに核戦争の防止に果たしてきた役割を軽視する結果となり，これらのノームに優先して核軍縮を進めよということになりかねない[52]。この点で，オバマ政権が核軍縮・不拡散と抑止とのバランスをとった核政策を打ち出したことは，「核のノーム」の間の相克ができるだけ起きないようにする配慮の表れとも考えられる。

以上のように，「核のノーム」の間には複雑かつ機微な関係があり，その関係に齟齬をきたしてノームを維持できなくなれば核戦争が起こる可能性が高まると考えられる。他方，「一般抑止」の状況では，いずれの国も他国に攻撃を仕掛けようとするには至っていないことを先に述べた。つまり，核保有国間に「一般抑止」が成立している限りにおいては，各国は核不使用のノームを維持しつつ，機会があれば核使用するかもしれないとの「偶然性に委ねられた脅し」（シェリング）を暗示する程度に抑制された核抑止を図るであろう[53]。こうした状況では，核保有国間に核戦争が起こる可能性は低い。また，この状況が長く続けば，核保有国間に核軍縮・不拡散のノームが形成され，そのノームが核保有を企図する核疑惑国へと広まっていく可能性もあるかもしれない。

その反面，ある国際危機において核保有国が「一般抑止」を維持しようとして軍事的対応を抑制した場合に，核軍縮・不拡散のノームが核疑惑国に広まるどころか，まったく逆の結果を招く恐れがあるとの指摘もなされている。クジオ（Taras Kuzio）は，2014年3月のロシアによるクリミア併合に対して，アメリカを含む西側諸国が軍事的対応を含む断固とした措置をとらなかったことが，図らずも北朝鮮やイランなどの核疑惑国に核兵器開発を続ける強力な誘因を与えてしまったという。1991年のソ連崩壊時点で，ウクライナには旧ソ連の戦略核兵器約1,900発が配備されていたが，ウクライナはその全核兵器を1994年のブダペスト覚書（Budapest Memorandum）に従って放棄し，ロシアに移管した。この覚書はアメリカ，イギリス，ロシアの核保有国三ヵ国とウクライナとの間で締結され，ウクライナが核兵器を放棄する代わりに三ヵ国はその安全を保証するとしていた。それにもかかわらず，西側がロシアのクリミア併合を阻止できなかったことは，核疑惑国に核保有の動機づけを強めてしまったのではないかとクジオは指摘する。その動機づけとは，ある国がたとえアメリカから防衛コミットメントを提供されたとしても，核軍縮を行ってしまえばその国が侵略に対して無防備になること（defenselessness）と同等になるので，やはり自国の核兵器を放棄すべきではないのだというものである[54]。

ただし，この指摘はアメリカがロシアに対して軍事的対応を含む強硬措置をとるべきであったという意味ではないであろう。確かに，アメリカが同盟国でないウクライナのためにそのような措置をとったならば，アメリカの拡大抑止に対するレピュテーション（reputation，評判）は向上したかもしれない。一般的に，拡大抑止の提供国がその国益にとってそれほど死活的でない争点に対しても被抑止国に対して強い態度で臨み，高いコストを払うとのレピュテーションが高くなれば，抑止の脅しの信頼性が高まり，同盟国を安心させると考えられる。反対に，抑止国が被抑止国に対して強い態度で臨まなかったがゆえに，いわゆる「弱腰」とのレピュテーションを受けてしまえば，同盟国に対する拡大抑止の信頼性は低下することになる。このように，レピュテーションと抑止の信頼性には関係性があるとされる[55)]。しかし，アメリカがこうしたレピュテーションを得ようとしてロシアに対して強硬措置をとることは考えにくい。仮に，アメリカの強硬措置に直面したロシアが軍事的に対抗したならば，米ロ間の「一般抑止」が維持できなくなり，「直接抑止」状況が生起するか，あるいはそのまま両国間の武力衝突事態に発展したであろうことは想像に難くない。そうなれば，レピュテーションを高めて同盟国の信頼を得ようとしたために，アメリカは自国の安全という死活的な国益を損なうことになる。他方，アメリカがウクライナにおけるロシアの行動を抑止できないとのレピュテーションが広まれば，クジオの指摘どおりに核疑惑国への核拡散を防止できなくなり，「核兵器のない世界」への道が閉ざされてしまうかもしれない。

米ロ中の核抑止関係が安定的であることは前に述べたが，これら三ヵ国の間に核軍縮のノームが形成されているとは言い難い。パーコビッチ（George Perkovich）は，米ロ中の三ヵ国が相互の政治・安全保障関係（political-security relationships）をより協力的なものに発展させない限り，米ロ間のこれ以上の核軍縮は行われず，中国の核軍拡も抑えることはできないと指摘する。しかし，米ロ中の関係が協力的なそれとは程遠い現状から，核廃絶という目的を達成するにはまだ時間を要するであろうとしている[56)]。パーコビッチの指摘は，核保有国間の政治的関係が「核のノーム」形成の前提となることを示すものである。

このように，「核のノーム」をめぐっては，米ロ中をはじめとする核保有国間の隔たりがまだまだ大きい現状にある。まして，核疑惑国や国際テロ組織に至っては，「核のノーム」の形成を期することは難しいであろう。近い将来において，核戦争の防止に寄与する「核のノーム」がアクター間に形成され国際社会に定着することを期待できない以上，核戦争が起きる可能性は否定できない。少なくとも当面の間は，我々は核戦力による抑止に頼らざるを得ないであろう。したがって，今後の核戦略においては，核抑止のノームを支える軍事戦略を確立し，「一般抑止」を確保して核不使用・核不拡散・核軍縮のノームの形成を促進する環境づくりを行っていくことが必要である。そのためには，核戦力の慎重な運用を含めた実効性のある戦略オプションを創造していくことが求められている[57)]。

日本としても，自国に対する核の脅威を未然に防止しつつ，国際社会，特にアジア太平洋地域における「核のノーム」の形成に役割を果たしていかなければならない。核の脅威に対しては，核抑止力を中心としたアメリカの拡大抑止を確保して対応することになろう。拡大抑止の信頼性を維持・強化するため，2010年から行われている日米拡大抑止協議（Extended Deterrence Dialogue：EDD）をはじめとするあらゆる機会を捉えて日米両国が協議を重ね，緊密に連携していく必要がある。日米協議にあたっては，核抑止に関して米中ロ間に「一般抑止」が成立していると考えられることから，米中パワーシフトなどの今後に予想される変化要因を考慮しながら抑止関係の安定化を図っていくように政策調整することが望ましい。また，北朝鮮の核兵器および弾道ミサイル開発は日本の安全保障に対する重大な脅威であり，米中ロ間の「一般抑止」を不安定化させる要因ともなり得るため，ミサイル防衛を含めた日米同盟による抑止態勢を確保しつつ，6ヵ国協議などを通じて北朝鮮の核廃棄に向けた努力を続けていくべきである。

核テロリズムの脅威については，すでに述べたようにアジア太平洋地域においても核兵器や核物質を取得・入手しようとする国際テロ組織が後を絶たない。狂信的なテロ組織が核兵器などを保有した場合は「一般抑止」の確保が困難となり，核が実際に使用される可能性が高まる。こうした事態を未然に防止するため，平素から核テロリズムの動向に関する情報の収集・分析に努め，日本国内における核セキュリティ対策を万全にしておかなければならない。

これらの努力を通じて，日本はアジア太平洋地域における「一般抑止」の確保に寄与していくとともに，核軍縮・不拡散に向けた国際的な取組みを主導していくことが望まれる。アジア太平洋地域における多様なアクター間に「核のノーム」が形成され，それが定着するまでには相当の時間を要するであろうが，日本は核軍縮・核不拡散のノーム形成に役割を果たすべきである。ただし，フリードマンが指摘するように，これらのノームは核抑止のノームと齟齬をきたし易い。

このため，アメリカの拡大抑止の信頼性維持と整合性をとりつつ，「核兵器のない世界」に向けた核軍縮・不拡散への取組みを積極的かつ慎重に行っていくことが日本に求められている。

6　おわりに

冷戦終結後，ロシアはかつてのソ連のような軍事的脅威ではなくなり，核大国同士の全面核戦争が起きる可能性は極めて小さいものとなった。本章で考察したように，今や米ロ中の核抑止関係は「休止状態にある一般抑止」と表現し得るレベルにまで安定的なものとなっている。ウクライナ危機によって米ロの「一般抑止」に陰りが見えたとはいえ，冷戦期のキューバ危機のような核大国間の「直接抑止」状況が生起するまでには至っておらず，今後もその可能性は小さいと言えるであろう。その一方で，核テロリズムと核拡散の脅威が高まるにつれて，今後は核をもつ大小様々のアクター同士の核戦争が起きる可能性が大きくなりつつある。そのアクターの中に，米ロ両核大国が含まれないと断言することはできないのである。

新時代の核戦略は，核テロリズムから全面核戦争までのあらゆるレベルの核戦争を防止することを目的としなければならない。この困難な戦略目的に寄与するために，フリードマンは核拡散・核不使用・核抑止の３つのノームが新たな型の戦争（new types of conflict）にも妥当性を有することを実証し続けなければならないと主張する[58)]。そうすることによって，新たな脅威が高まりつつある今後の国際社会において「一般抑止」を確保し続けることができ，ひいては「核兵器のない世界」の実現に向けた核軍縮を行っていけるのではないかと思う。

注

1）Lawrence Freedman, *The Evolution of Nuclear Strategy*, 3rd ed., Palgrave Macmillan, 2003, p. 463. 岡垣知子「「先制」と「予防」の間――ブッシュ政権の国家安全保障戦略」『防衛研究所紀要』第９巻第１号，2006年９月，18頁。

2）川上高司「「核のない世界」，「核のある世界」――オバマ政権の核政策と日本」『海外事情』第57巻第10号，2009年10月，４頁。浅井基文「アメリカ政権の脅威認識と核抑止政策――核兵器廃絶のカギ・アメリカの変化の可能性を探る」『立命館平和研究』第11号，2010年３月，９-10頁，<http://www.ritsumei.ac.jp/mng/er/wp-museum/publication/journal/documents/11_p01.pdf>，2014年10月26日アクセス。

3）Charles Krauthammer, "The Unipolar Moment Revisited," *The National Interest, 70,* Winter 2002-03, pp. 5-17. <http://belfercenter.ksg.harvard.edu/files/krauthammer.pdf> accessed on October 22, 2014.

4）前者の議論について，たとえばＢ・テルトレは核抑止が戦争を予防するメカニズムとしてなお有効であると主張している。Bruno Tertrais, "In Defense of Deterrence: The Relevance, Morality and Cost-Effectiveness of Nuclear Weapons," *Proliferation Papers,* 39, Fall 2011, <www.ifri.org/downloads/pp39tertrais.pdf>, accessed on October 6, 2014.　また後者の議論については，T. V. Paul, Patrick M. Morgan, and James J. Wirtz, eds., *Complex Deterrence: Strategy in the Global Age,* The University of Chicago Press, 2009 を参照。

5）Lawrence Freedman, "Disarmament and Other Nuclear Norms," *The Washington Quarterly,* Vol. 36, No. 2, Spring 2013, pp. 93-108, <http://csis.org/files/publication/TWQ_13Spring_Freedman.pdf>, accessed on July 8, 2014.

6）防衛省『平成22年版日本の防衛』2010年，263頁解説。Michael Howard, "Reassurance and Deterrence: Western Defense in the 1980s," *Foreign Affairs,* Vol. 61, No. 2,（Winter 1982-83）, p. 315. Stephen L. Quackenbush, "General Deterrence and International Conflict: Testing Perfect Deterrence Theory," *International Interaction,* Vol. 36, No. 1, March 2010, p. 60, <http://www.tandfonline.com/doi/pdf/10.1080/03050620903554069>, accessed on October 22, 2014.

7）Patrick Morgan, *Deterrence: A Conceptual Analysis,* Sage Publications, 1977, pp. 31-43.

8）Quackenbush, "General Deterrence and International Conflict," pp. 60-61; idem, *Understanding General Deterrence: Theory and Application,* Palgrave Macmillan, 2011, pp. 4-5.

9）Al Mauroni, "A Rational Approach to Nuclear Weapons Policy," *War on the Rocks,* April 28, 2014, <http://warontherocks.com/2014/04/a-rational-approach-to-nuclear-weapons-policy/#>, accessed on October 29, 2014.

10）DoD, "Nuclear Posture Review Report," April 2010, pp. 3-5, 20, <http://www.defense.gov/npr/docs/2010%20nuclear%20posture%20review%20report.pdf>, accessed on October 19, 2014.

11）ドミトリー・トレーニン「オバマ政権の対ロシア政策――モスクワの視点」『国際問題』第630号，2014年４月，29頁，<http://www2.jiia.or.jp/kokusaimondai_archive/2010/2014-04_004.pdf?noprint>, 2014年７月25日アクセス。

12）"Russia: Missile," *NIT,* September 2014, http://www.nti.org/country-profiles/russia/delivery-systems/; "An Intercontinental Ballistic Missile by any Other Name," *Foreign Policy,* April 25, 2014, <http://www.foreignpolicy.com/articles/2014/04/25/nuclear_semantics_russia_inf_treaty_missiles_icbm>; DoS, Remarks by Anita E. Friedt, April 29, 2014, <http://www.state.gov/t/avc/rls/2014/225530.htm>, all accessed on October 19, 2014.

13）DoD, "Nuclear Posture Review Report," pp. 3-5.　栗田真広「「クリミア後」の国際政治――ウクライナ危機の影響をめぐって」『レファレンス』2014年６月，28-30頁，

<http://dl.ndl.go.jp/view/download/digidepo_8689380_po_076102.pdf?contentNo=1>, 2014年10月19日アクセス。

14) Malcolm Chalmers, Andrew Somerville and Andrea Berger, eds., "Small Nuclear Forces: Five Perspectives," *RUSI Whitehall Report*, Vol. 3, No. 11, December 2011, p. 18, <https://www.rusi.org/downloads/assets/Whitehall_Report_3-11.pdf>, accessed on October 29, 2014.

15) "MoD awards £3.2bn in contracts for UK's naval bases and Royal Navy fleet," *The Guardian*, October 1, 2014, <http://www.theguardian.com/uk-news/2014/oct/01/mod-awards-contracts-uk-naval-bases-royal-navy-fleet>, accessed on October, 22, 2014. Chris Lo, "UK defence: challenges loom for triumphant Tories," *Naval Technology Market & Customer Insight*, June 25, 2015, <http://www.naval-technology.com/features/featureuk-defence-challenges-loom-for-triumphant-tories-4606514/>, accessed on July 10, 2015.

16) "France: Nuclear," *NIT*, June 2014, <http://www.nti.org/country-profiles/france/nuclear/>, accessed on October 23, 2014.

17) Bruno Tertrais, "Entente Nucleaire: Options for UK-French Nuclear Cooperation," *Discussion Paper 3 of the BASIC Trident Commission*, June 2012, <http://www.basicint.org/sites/default/files/entente_nucleaire_basic_trident_commission.pdf>, accessed on October 23, 2014.

18) Vipin Narang, *Nuclear Strategy in the Modern Era: Regional Powers and International Conflict*, Princeton University Press, 2014, pp. 134–137.

19) "China Tests Hypersonic Missile Vehicle," *The Diplomat,* January 14, 2014 <http://the diplomat. com/2014/01/china-tests-hypersonic-missile-vehicle/>, accessed on October 23, 2014.

20) DoD, "Nuclear Posture Review Report," p. 4.

21) Brad Roberts, "Extended Deterrence and Strategic Stability in Northeast Asia," *NIDS Visiting Scholar Paper Series*, 1, August 9, 2013, pp. 7–8, 13, <http://www.nids.go.jp/english/publication/visiting/pdf/01.pdf>, accessed on October 23, 2014.

22) "Cabinet Committee on Security Reviews Progress in Operationalizing India's Nuclear Doctrine," Press Releases, January 4, 2003, <http://pib.nic.in/archieve/lreleng/lyr2003/rjan2003/04012003/r040120033.html>, accessed on October 23, 2014.

23) P. R. Chari, "India's Nuclear Doctrine: Stirrings of Change," *Carnegie Endowment for International Peace*, June 4, 2014, <http://m.ceip.org/2014/06/04/india-s-nuclear-doctrine-stirrings-of-change/hckt>, accessed on October 23, 2014.

24) Muthiah Alagappa, ed., *The Long Shadow: Nuclear Weapons and Security in 21st Century Asia*, Stanford University Press, 2008, pp. 194–195.

25) Toshi Yoshihara and James R. Holmes, eds., *Strategy in the Second Nuclear Age: Power, Ambition, and the Ultimate Weapon*, Georgetown University Press, 2012, p. 147.

26) Mark Fitzpatrick, *Overcoming Pakistan's Nuclear Dangers*, IISS, 2014, pp. 47–70.

27） Chari, "India's Nuclear Doctrine."
28） Fitzpatrick, *Overcoming Pakistan's Nuclear Dangers*, pp. 121-122.
29） アブナー・コーエン，マービン・ミラー「イスラエルは自国の核保有を認めるべきだ」『フォーリン・アフェアーズ・リポート』2010年11月，<http://www.foreignaffairsj.co.jp/essay/201011/Cohen_Miller.htm>，2014年10月24日アクセス。
30） 松井一彦「核不拡散と原子力の平和利用――対印原子力協力をめぐって」『立法と調査』第310号，2010年11月，58頁，<http://www.sangiin.go.jp/japanese/annai/chousa/rippou_chousa/backnumber/2010pdf/20101101056.pdf>，2014年10月24日アクセス。
31） T. V. Paul, "Nuclear Weapons and Asian Security in the Twenty-first Century," in N. S. Sisodia, V. Krishnappa and Priyanka Singh, eds., *Proliferation and Emerging Nuclear Order in the Twenty-first Century*, Academic Foundation, 2009, pp. 31-34. Alagappa, *The Long Shadow*, pp. 481-482.
32） Paul, Morgan and Wirtz, *Complex Deterrence*, pp. 272-273.
33） "U.S., South Korea Discuss Ways to Deter North's Provocations," *DoD News*, April 17, 2014, <http://www.defense.gov/news/newsarticle.aspx?id=122075>, accessed on October 24, 2014.
34） Elbridge A. Colby, "The Need for Limited Nuclear Options," in David Ochmanek and Michael Sulmeyer, eds., *Challenging U.S. National Security Policy: A Festschrift Honoring Edward L. (Ted) Warner*, RAND, 2014, p. 157, <http://www.rand.org/content/dam/rand/pubs/corporate_pubs/CP700/CP765/RAND_CP765.pdf>, accessed on October 23, 2014.　通常戦力による攻撃の困難性については，次にも指摘されている。鎌江一平「北朝鮮の核ミサイル基地への先制攻撃―慎重に検討せよ」『RIPS's Eye』163, 2013年３月８日，<http://www.rips.or.jp/research/ripseye/2013/post-161.html>，2014年10月24日アクセス。
35） Michael D. Yaffe, "Strategic Implications of a Nuclear-Armed Iran for the Middle East and South Asia," in Sisodia, Krishnappa and Singh, *Proliferation and Emerging Nuclear Order in the Twenty-first Century*, pp. 78-80.
36） Mark Fitzpatrick, A. I. Nikitin and Sergei Oznobishchev, *Nuclear Doctrines and Strategies: National Policies and International Security*, IOS Press, 2008, p. 126.
37） Paul, Morgan and Wirtz, *Complex Deterrence*, pp. 141-142.
38） Fitzpatrick, *Overcoming Pakistan's Nuclear Dangers*, pp. 141-148.
39） Thomas Plant and Ben Rhode, "China, North Korea and the Spread of Nuclear Weapons," *Survival*, Vol. 55, No. 2, April-May 2013, p. 69, <https://www.gov.uk/government/uploads/system/uploads/attachment_data/file/244850/Tom_Plant_article_in_Survival_-_updated.pdf>, accessed on October 23, 2014.
40） Fitzpatrick, *Overcoming Pakistan's Nuclear Dangers*, pp. 105-140.
41） 中島隆晴「A・Q・カーンネットワークとIMU」『海外事情』第57巻第10号，2009年10月，75-82頁。
42） "Isis plans to seize Iran's nuclear secrets, attack caviar industry, ruin carpets," *The Independent*, October 5, 2014, <http://www.independent.co.uk/news/world/middle-

east/isis-manifesto-reveals-islamic-states-plans-to-seize-irans-nuclear-secrets-attack-caviar-industry-ruin-afghan-carpets-9775418.html>, accessed on October 24, 2014.

43）"U.S. Officials: Terrorist seizure of nuclear materials in Iraq of minimal concern," *CNN*, June 10, 2014, <http://edition.cnn.com/2014/07/10/world/meast/iraq-crisis/>, accessed on October 24, 2014.

44）Sara Daly, John Parachini and William Rosenau, *Aum Shinrikyo, Al Qaeda, and the Kinshasa Reactor: Implications of Three Case Studies for Combating Nuclear Terrorism*, RAND, 2005, pp. 5-21, <http://www.rand.org/content/dam/rand/pubs/documented_briefings/2005/RAND_DB458.pdf>, accessed on October 24, 2014.

45）Alagappa, *The Long Shadow*, pp. 329-339.

46）DoD, "Nuclear Posture Review Report," pp. 10-12.

47）Chari, "India's Nuclear Doctrine."

48）Therese Delpech, *Nuclear Deterrence in the 21st Century: Lessons from the Cold War for a New Era of Strategic Piracy*, RAND, 2012, p. 97, <http://www.rand.org/content/dam/rand/pubs/monographs/2012/RAND_MG1103.pdf>, accessed on October 19, 2014.

49）Plant and Rhode, "China, North Korea and the Spread of Nuclear Weapons," p. 69.

50）Freedman, "Disarmament and Other Nuclear Norms," pp. 96-99.

51）Ibid., p. 97.

52）Ibid., pp. 99-103.

53）「偶然性に委ねられた脅し（threat that leaves something to chance）」については，Thomas C. Schelling, *The Strategy of Conflict*, Harvard University Press, 1960, p. 187（河野勝訳『紛争の戦略――ゲーム理論のエッセンス』勁草書房，2008年，195頁）を参照。

54）Taras Kuzio, "How the Crimea Crisis Will Breed Nuclear Bombs," *Atlantic Council*, March 22, 2014, <http://www.atlanticcouncil.org/blogs/new-atlanticist/how-the-crimea-crisis-will-breed-nuclear-bombs>, accessed on October 29, 2014.

55）抑止のレピュテーションについては，次を参照。Paul, Morgan, and Wirtz, *Complex Deterrence*, pp. 285-287.

56）George Perkovich, "Nuclear Zero After Crimea," *The National Interest*, April 5, 2014, <http://nationalinterest.org/commentary/nuclear-zero-after-crimea-10192>, accessed on October 29, 2014.

57）Kelvin Mote, "Revitalizing Nuclear Operations in the Joint Environment," *Air & Space Power Journal*, January-February 2014, pp. 83-90, <http://www.airpower.maxwell.af.mil/digital/pdf/articles/2014-Jan-Feb/V-Mote.pdf>, accessed on October 29, 2014.

58）Freedman, "Disarmament and Other Nuclear Norms," p. 105.

第3章
軍隊の新しい主任務
――HA/DRと平和活動――

本多倫彬

1 はじめに

2012年5月，パネッタ米国国防長官は，梁光烈中国国防部長をペンタゴンに迎えた後の記者会見に際して，「（米中両国は，）平和維持，人道支援・災害救援，海賊対処といった分野で協力を拡大することが期待されている」[1)]と述べた。これは，米中関係を「世界で最も重要な2国間関係の1つ」とした上で，具体的に上記分野での協力推進を呼びかけるものであった。

パネッタの発言の中にある軍事組織による人道支援・災害救援（Humanitarian Assistance/Disaster Relief：HA/DR）の取り組みは，近年，実際に増加してきた。たとえば2011年の東日本大震災に際しての米軍のトモダチ作戦や，2013年のフィリピン台風ハイエン被災地への米軍や自衛隊による支援活動は，日本国内でも広く知られていよう。

このHA/DRとは，一般に自然災害，とりわけ被災当事国のみでは対処が困難な大規模自然災害に際しての軍隊による救援活動を指す。すなわち，自然災害起因の活動である。本章内でみるように，発災後の事後的対処に留まらず，各国軍の共同訓練の実施，多国間の協働による対処の枠組み整備，能力構築支援など，特に災害多発地帯と言われるアジア地域を中心に，HA/DRにおける国際的な協力が進展している。

同時に，9・11を契機に21世紀初頭の10年を特徴づけてきた「テロとの戦い」と，その失敗の経験を経て，平和活動（Peace Operations）のあり方も問われている。平和活動は，平たく言えば紛争に対処する救援活動であり，パネッタの言及した平和維持活動（Peacekeeping Operation）や，人道的介入，平和構築，イラク戦争に際して実施された安定化作戦，対反乱作戦（Counter Insurgency：COIN）

までも含む概念である。すなわち，紛争を活動のきっかけとするものである。

いずれの概念についても，使用する国・組織や時代，論者によってその対象範囲についての差異が存在する。しかし，２つの概念の共通項を一言で整理するならば，軍隊による国際協力活動ということになろう。それはどのような取り組みで，軍隊にいかなる能力・機能を要請するのであろうか。本章は，HA/DR と平和活動に焦点を当てて，軍隊の国際協力を，新しい時代の戦争方法という観点から論じるものである。

2　軍隊による国際協力への視座

これまで軍隊による２つの任務は，国益の獲得をめぐる闘争という伝統的な国際安全保障観に基づき，各国がその手段の１つとして自国の軍隊を用いた国際協力に取り組んでいるとする理解から注目を集めてきた。

たとえば，近年の米軍による東南アジア地域での積極的な HA/DR の取り組みの背景には，中国の台頭を前提とした米軍のアジア太平洋地域でのリバランス，地域でのプレゼンスの確保が存在する[2)]。東シナ海や南シナ海で中国が進める非妥協的で強硬な対外政策と，それに伴う周辺国との間での領土・領海をめぐる紛争の現状がよく知られるようになっている。米国と東南アジア諸国は中国に対抗するために，HA/DR という軍事協力を通じて関係強化を図っているということである[3)]。逆に中国にとっても HA/DR は，海洋進出の手段という側面と，領土問題をめぐって悪化した関係諸国の対中感情の緩和といった意図が存在する。たとえば2013年のフィリピンの台風ハイエン被害に際して中国は，海軍の病院船を派遣して，「中国の責任ある大国の態度を示し，中国人民解放軍の平和的で礼儀正しいイメージを示し，フィリピン人民に対する中国政府と人民の友好的感情を伝えた。」と，その活動の意義を強調したのである[4)]。

日本について考えてみても，たとえば自衛隊のイラク派遣がイラクの人道復興支援を掲げながらも，実際の政策意図には対米協力の側面が強かったことは指摘するまでもない。上述のフィリピン台風に際して実施された自衛隊による過去最大規模の HA/DR についても，中国に対抗して東南アジアでプレゼンスを拡大する日本の政策意図が注目された[5)]。近年，積極的平和主義を掲げる安倍政権下の日本と，非妥協的な外交を展開する習近平政権下の中国との間で生じてきた対立は，「ミニ冷戦システム」とも呼ばれる状況をアジアにもたらすようになっており，HA/DR はその対立手段の1つとなっていると言える[6)]。

こうした状況を鑑みれば，東アジア，東南アジア地域での HA/DR の盛り上がりは，日米中を中心に各国がプレゼンスを競っており，各国によるソフト・パワーの確保に向けた取り組みの進展の表れであると見ることは妥当であろう[7)]。とりわけ南シナ海では，中国の威嚇的な海洋進出に対して軍事的，非軍事的な代償を増大させる「コスト強要戦略」が注目されるようになっており[8)]，HA/DR を通じた各国の関係強化はその手段として有効と思われる。いずれにしてもアジア地域での HA/DR の潮流の背景には，それが各国にとって軍事力をソフトな形で使う都合の良いものであり，それゆえに進展しているということになろう。

こうした現実を認める一方で，軍隊による国際協力は，「主要国家間の対立を緩和させる傾向」[9)] をもつことも指摘されてきた。自然災害にせよ紛争にせよ，脅威が国境を越える特性を有することから，その対処には国際的な協力を必要とする。この協力の結果として国家間の対話・相互理解の促進と，それを通じた対立の緩和といった効果を有するということである。こうした任務は，非伝統的安全保障の取り組みとして整理され，具体的には気候変動，テロ，海賊，感染症，不法移民，食糧難，麻薬取引，国際犯罪といった，非軍事的資源から生起する安全保障上の脅威に対処するものとして知られている。冒頭のパネッタ発言にあるように，HA/DR もまた，この中に位置付けられてその意義が強調されてもきた。

また，HA/DR，平和活動いずれにおいても，その活動の射程には自然災害や紛争による被災者の救援がある。卑近な例で言えば，東日本大震災の際に米軍がトモダチ作戦を積極的に展開した背景には，悪化していた日米関係の改善という目標があったと思われる一方で，米軍が取り組む救援活動の直接的，一義的対象は東北各県の多くの被災者であった。災害において「最大の被害者は一般市民」[10)] なのであり，HA/DR，平和活動は，軍隊がそうした人々の救援活動を行うものでもある。

以上を踏まえて以下では，軍隊による国際協力に際して各国がいかなる動機を持ち，それぞれどのような認識で取り組んでいるのかについては，各国を扱う他の章に譲り，HA/DR と平和活動という軍隊による国際協力の中で，担い手である軍隊には何が求められるようになってきたのか，という点をみていきたい。

3　軍隊の新しい主任務の系譜

２つの活動の共通点は，前節で指摘したとおり，最大の被害者である一般市民を救援する活動である，という点にある。一方で，両者には差異も存在する。本節では，２つの任務の発展の系譜を，特に相違に着目して簡単に整理を行って，その様相と現在の状況を概観する。

（１）人道支援・災害救援（HA/DR）

人道支援（Humanitarian Assistance）とは，「紛争や自然災害などにより被災した社会全体としての生命と尊厳を守る能力や仕組みが失われた際，一時的にそれらを肩代わりして，人間としての生命と尊厳を守るために最低限必要なものを提供すること」[11] を指す。1994年に民族大虐殺（ジェノサイド）の現場となったルワンダでの国際的な支援が広く人道支援として知られているように，人道支援は，紛争下の人道危機に対する国際的な取り組みとしても知られている。すなわち人道支援は，対処する脅威が自然災害か紛争かを明確に区別はしない[12]。

一方で，近年注目されるHA/DRは，基本的には自然災害への対処という側面を持つ[13]。また，自然災害時の人道支援における軍事力の活用を規定した国際的なガイドラインでは，軍隊の持つ政治的センシティビティを踏まえて，自然災害時のケースと，紛争が関連する複合的緊急事態（Complex Emergency）の状況を明確に分けてもいる[14]。本節ではまず前者に焦点を当てる。

軍隊が自然災害時に救援活動を行うこと自体は，特に新しい取り組みではない。しかしながら現代のHA/DRの直接の契機は，東西対立が解消して軍隊による国際的な支援活動が可能になって以降，すなわち冷戦終結以降である[15]。なかでもアジア地域でのHA/DRの契機は，2004年に発災したマグニチュード9.1という史上最大規模のスマトラ沖地震と，それに伴って発生したインド洋大津波であった。スマトラ沖地震の被災地域は，震源近くのインドネシア，タイといった東南アジア諸国から，大津波が襲来したインド，スリランカ（インド洋沿岸諸国），またソマリアやマダガスカル（アフリカ大陸の東側沿岸諸国）まで，広範囲に渡る。甚大な被害により被災地域の多くで自国のみでの対処能力を超えたこと，また被災者の中に欧米先進国からの観光客が多くいたことといった要因から，大規模な国際人道支援が行われた。この活動は国際的に広く共感を呼ぶことになり，なかでも米軍の派遣をはじめ大規模な支援を提供した米国には，単独主義でイラク戦争に突き進んだことで悪化していた対米感情の改善という効果をもたらすこととなったと言われる[16)]。

この経験を基盤に米国は，アジア太平洋地域でのHA/DRの取り組みと活動環境整備に力を入れるようになり，国際共同訓練の実施や軍事援助を通じた現地の対応力の向上を図ってきた[17)]。具体的な共同訓練としては，2006年に米軍主導で開始されたパシフィック・パートナーシップ（Pacific Partnership）や，2009年に第1回の実働訓練が行われたアセアン地域フォーラム（ASEAN Regional Forum：ARF）の実施するARF災害救援実動演習（ARF-DiREx）がある[18)]。活動環境整備についても近年は，HA/DRに加えて海洋安全保障，平和維持活動，対テロ作戦といった分野で多国間協力の枠組みが進められており，たとえば米国，ロシア，オーストラリア，ニュージーランド，インド，中国，韓国と日本を加えた拡大ASEAN国防相会議（ADMMプラス）では，話し合いから具体的な取り組みの段階へと協力を深化させてきた。2013年には，その制度化が一層進展したことも指摘されている[19)]。いずれについても，米国にとっては米軍のプレゼンスをアジア地域で維持・確保するための関与戦略の一環であり，またその効果は非伝統的安全保障に必ずしも限定されず，有事における米軍の前方展開能力の強化といった側面を有するものでもある。

（2）平和活動と軍隊

軍隊による平和活動としては，1948年の国連休戦監視機構以来の国連平和維持活動（国連PKO）が代表例として挙げられる。国連PKOは，1990年代以前には国際的な平和活動の中心的な取り組みとして，紛争当事者いずれにも与しない中立・公平の立場から平和を維持し，衝突を防ぐ取り組みとして展開した。この中で軍隊は，国連の権威を背景に，軽武装（かつ抑制された武器の使用）で両者の間に存在することが求められた。

冷戦終結後には，平和維持に留まらず，積極的に平和をつくり出す活動へと国連PKOの任務は拡大する。また，実際に軍隊が初めて人道任務に取り組んだのは，1991年のイラク国内でのクルド難民の人道危機に際してのことであり，国連決議を受けて多国籍軍が安全地帯を設定して，難民の保護と人道支援物資の提供を行った。こうして1990年代初頭に軍隊の活動は，従来の国連 PKO に留まらず，また対象とする紛争も国際紛争のみならず人道危機の原因となってきた内戦にも拡大した。この中で，長く続いた内戦を停止し，平和の構築を目指す地域において，その支援のために国連 PKO が設置されるようになる。この典型例が，1992年に設置され，日本が初めて陸上自衛隊を派遣した国連カンボジア暫定統治機構（United Nations Transitional Authority in Cambodia：UNTAC）であった。長期の紛争を経て国家制度が崩壊した国家において，国連が当該国に代わって暫定統治を担い，国家建設を支援するものへと国連 PKO は拡大したのである。この中で軍隊には，従来の停戦監視に加えて，選挙実施の支援やインフラの復興といった任務が求められることとなる。

国連 PKO が，内戦に対処する平和活動として任務を拡大する中で，軍隊はそもそも維持すべき平和がなかったと後に言われる状況下で平和維持に取り組むという困難な任務に直面することになる。この代表例が，ボスニア内戦で設置された国連保護軍（United Nations Protection Force：UNPROFOR）であり，またルワンダ紛争に対処した国連ルワンダ支援ミッション（United Nations Assistance Mission for Rwanda：UNAMIR）であった。両ミッションで平和維持軍は，現在ではジェノサイドの代名詞となっているスレブレニツァとルワンダという２つのジェノサイドに直面する。国連 PKO が現地に展開しながらもジェノサイドを防ぐことが出来なかったことで，国連の威信が傷つくとともに，中立・公平を前提に軽武装で展開する平和維持軍は深刻な人道危機に対処する能力を持たないことが認識されるようになる。

同時期には，紛争当事者を掃討して積極的に平和をつくり出すことを主眼にした平和強制も試みられた。ソマリア内戦の強制的な収拾を目指して設置された野心的な国連 PKO であった第２次国連ソマリア活動（United Nations Operation in Somalia II：UNOSOM II）が，この代表である。しかし UNOSOM Ⅱは，現地の民兵勢力への平和強制任務を経て，民兵勢力からの攻撃対象と化し，要員に犠牲を出すようになる。並行して介入していた米軍もまた，1993年の有名なモガデシュの戦闘で米兵18名の犠牲を出して撤収し，UNOSOM Ⅱも失敗と目されて平和強制も頓挫することとなる。

こうして地上軍の派遣による平和活動は挫折し，1990年代後半にかけて平和活動の主軸は間接的な活動となる。ボスニア内戦を収拾したのが NATO 軍による懲罰的空爆であったこと，前述のクルド難民保護のためにイラクに設定された飛行禁止空域の維持・確保が成果を上げたことなどを踏まえて，派遣側の犠牲の少ないエア・パワーに軸足を置いたものとなったのである。また，ボスニア内戦に際して行われたUNHCRによる救援活動に際しては，人道支援機関の支援物資の空輸のために，NATO諸国が軍の輸送機を提供した。UNHCRの要請で軍用機が空輸支援を行うことは，その後広く行われることとなる。ボスニア，ルワンダ，ソマリア等での挫折を経て従来の国連PKOの活動が下火になる一方で，軍隊の平和活動は，空爆から飛行禁止空域の設定，支援物資の輸送支援等，1990年代を通じて様々に拡大することとなったのである。

この状況を急変させたのが，9・11に伴う対テロ戦争の開始であり，この中ではとりわけ陸上戦力が平和活動の主役を担うこととなる。対テロ戦争では，イラクでフセイン政権を，アフガニスタンでタリバン政権を，それぞれ多国籍軍が短期間で崩壊させたのち，紆余曲折を経て，地域の安全を確保して人々を支援する作戦である対反乱作戦（COIN）が米軍主導で実施された[20)]。具体的には，兵士が人々の間に入り込んで現地の利害関係を把握し，人々のニーズを調べ，それを踏まえて経済支援や医療，教育といった基本的な社会サービスの提供を行うものである。この作戦を通じて，住民の中に潜む反乱勢力をあぶり出し，また彼らを匿って活動を支援する住民を減らして反乱勢力の活動基盤を奪うことで，安定化を実現することがその目標にあった。すなわちCOINでの軍隊の役割は，人々の間に入り込み，人々に支援を提供して，彼らを味方につけることとなったのである。たとえばアフガニスタンでは，アル・カーイダおよびタリバンの残党勢力の掃討作戦が米軍を中心に実施される[21)]のと並行して，軍人と開発援助や人道支援の専門家が協働でユニットを作り，復興支援にあたる地域復興チーム（Provincial Reconstruction Team：PRT）が注目を集めた。PRTは，軍人が援助の専門家を防護しつつ不安定な地域にまで入り，住民のニーズを把握して様々な即効的な援助事業（Quick Impact Projects：QIPs）を実施する取り組みである。

4　新しい主任務が軍隊に求める機能と特性

ここまで，HA/DRと平和活動について，冷戦後の変遷を概観してきた。いずれにしても，２つの任務は各国が積極的に行うものとなってきた。それでは，その実施主体である軍隊には，２つの任務の中でいかなる能力・機能を求められるのであろうか。また，それは軍隊に対して，いかなる課題を突き付けてきたのであろうか。本節ではこの点を考察する。

（１）HA/DR と平和活動の目標と課題

最初に，HA/DR の目標に焦点を当てる。HA/DR の具体的な活動としては，たとえば被災者の捜索救助，インフラ復旧，輸送，医療，防疫等がイメージされよう。特に医療部隊や航空輸送部隊の活動は，これまでも注目されたように視覚的にも分かりやすいものである。また，被災地での救援物資や要員の受け入れ拠点となる港湾の運営を，管制を含めて軍隊が期待されるケースもある。HA/DR の主眼となってきた東南アジア地域は，島嶼部の多い地域特性から被災地に入る手段が航空機である場所も多く，実際に2013年のフィリピン台風の際に最も被害を受けたレイテ島では，支援の受け入れや避難民の出発に不可欠な空港の運営を米軍が担っている。空港機能については，海軍が空母や揚陸艦等の大型艦船を用いて洋上プラットフォームを提供することもまた，注目される軍隊の機能である。また，組織化された人員を大量に有するという軍隊の特性から，マンパワーを必要とするインフラ復旧で軍隊が役割を果たす機会も多い。さらに，災害時には治安が悪化するケースも多いことから，救援に入った軍隊には，機能不全に陥った現地治安機関の支援や，それらに代わって治安サービスを提供すること，あるいは民間の人道援助機関を保護するといった任務が期待されることもある[22]。

これらの多岐にわたる活動が要請される HA/DR であるが，その目標は被災者の救援であり，被災者の苦痛を和らげ，可能であれば救済する，すなわち人道支援の実施にある。被災者の救援活動は一般に，人命救助を第一とする緊急期を経て，被災者の一時的な保護・収容，そして復旧・復興へと徐々に移行する。災害の様態にも拠るものの，一般に発災から72時間が人命救助の限界とされるため，捜索救助を専門とする組織は，迅速な現地進出と捜索救助能力の向上に取り組んでいる[23]。この72時間以内に展開して専門的な捜索救助を実施する即応能力は，条件が恵まれたケースを除いて軍隊にはなく，軍隊の活動が本格化するのはそれ以降となる[24]。実際に HA/DR は，前述した航空機による人員・物資・被災民等の輸送や大人数によるインフラ復旧のケースが多く，軍隊にしかない資産や能力を活用する活動として，広く有効性が認められてきた。

簡潔にまとめれば，現地に到着可能な時期，また保有する能力から，HA/DRは被災者への支援の継続と，それを可能とする治安を含めた社会経済インフラの復旧・復興を主たる目標とすることになる。したがって軍隊はHA/DRの中で，被災者支援の継続による生活環境の創出・維持と，生活再建に向けた支援を担うことが要請されることになる。

HA/DRに続き，平和活動に焦点を当てる。平和活動で軍隊は，武力を用いて敵を倒すというよりも，前節で整理したイラクやアフガニスタンでの作戦の様相にあるように，人々の支持の獲得のための活動に注力してきた[25]。その目標は，軍隊自身の展開する必要のない安定した環境を構築して撤収することであった。しかし実際には現地の人々は，敵対する勢力を多国籍軍に襲撃させたり，提供された援助を横領して蓄財したりと，自身の利益確保のために，したたかに多国籍軍や国際援助を利用してきたとも言われる。結果としてイラクでもアフガニスタンでも，望ましい成果を上げることはできないまま，凡そ十数余年の平和活動を経て，各国は派遣軍の規模の縮小や撤収を図ることとなった[26]。

また，1990年代以降の国連PKOの中で誕生してきた「持続可能な平和と開発に向けた基礎を築くための幅広い支援」[27]を意味する平和構築の中では，軍事の専門家が不可欠とされてきた。たとえば，対象国の警察や軍隊等の治安機関を，強権的な政府が人々を抑圧するために用いるものから，民主的な体制を守る組織へと，その組織と体質の改善を図る治安部門改革（Security Sector Reform：SSR）や，軍隊の武装解除・動員解除・元兵士の社会復帰（Disarmament, Demobilization, Reintegration：DDR）といった分野で，軍隊が対象国の治安部門の支援を担う役割が増加している。これらの任務は，外国軍が担っている治安任務を担う現地の組織を育成すること，すなわち外国軍の撤収を可能とする現地の受け皿を整える作業に他ならない。イラクやアフガニスタンのような多国籍軍主導の作戦であっても，国連平和維持軍主導の作戦であっても，平和活動の中で軍隊は，自身の撤収後の受け皿づくりの任務に取り組むことになる[28]。

以上のHA/DR，平和活動において，軍隊に求められる目標とはどのようなものであろうか。HA/DRでは，当座の生活環境の創出・維持と，生活の再建への道筋づくりが目標であった。平和活動では，安定した環境を創出し，自身の撤収を可能とすることが目標であった。仮に自然災害を敵と呼べるのであれば，これらの敵に対峙するためには，倒すというよりも敵に付け入れられないような安定した環境をつくることが必要となると言えよう。したがってその目標は，人々の生存空間をつくり出し，必要な秩序を構築するということになる[29)]。HA/DR も平和活動も，国境なき医師団がかつて自己の活動を端的に述べた「尋常な状態ではない地域に尋常な空間を築くことを意図する」[30)] ものとなるのである。

同時に，人々の生存空間を築く取り組みは，国境なき医師団のみならず，ここまで挙げてきた UNHCR のような国連機関から，国際協力機構（Japan International Cooperation Agency：JICA）のような各国の援助機関，NGO や民間企業，そして被災者自身が取り組むものである。このため，多くの主体の取り組みを調整する国際人道システムが形成されてきた。前述の UNOCHA は，この調整を担う専門機関である。軍隊もまた，この調整システムをはじめ，多様な主体が調整しつつ進める尋常な空間を築くための取り組みとの間で，調整が求められることになる。

（2）軍隊の本質と新しい主任務の本質

軍隊の本質は，「自己の意志を敵に強要する」ことであり，この本質において要請される機能は，強制力による破壊機能である。HA/DR に軍隊が動員されるのは，「過酷な環境下での活動能力と自己完結能力」を備えているがゆえであって，軍事力の本質と関係はない[31)]。一方で，「相手を軍事的に打ち破るということから，治安とか安定化という機能が顕著になり（ポスト・モダンの軍隊），さらに，軍事力とはまったく関係ない災害救助や防疫などの機能が注目される」[32)] ように変化してきたという指摘にもあるように，軍隊の役割は大きく変化している。また，ここまで分析してきたように，HA/DR と平和活動の目標は，人々の生存空間と必要な秩序の創出にあった。このいわば「構築」と，軍隊の本質的機能である「破壊」とは，一般に対極に位置するものである。その意味で軍隊の新しい任務である HA/DR と平和活動は，軍事力の本質と無関係ではある。

尋常な空間を創出し，撤収後の現地の受け皿を整えるには，被災者自身が積極的に復興へ向かうことが不可欠である。したがって軍隊には，復旧・復興や平和構築という長期的・戦略的な見取り図の中で，人々が自身の生活空間を再建するという目標に向かい，国づくりに自ら主体的に取り組むことを促すことが要請される。言い換えれば，近年注目の増す「（人々の）レジリエンス」の強化を，軍隊も目指すことになる[33)]。イラクやアフガニスタンで典型的にみられたように，平和活動の中で現地の人々の反感に直面してきた軍隊の視点に立てば，人々の意志を，部外者である軍隊を排除すること（敵意）ではなく，また援助資金を初めとする国際社会の援助を多く獲得すること（利用）でもなく，自身の国づくりに自ら取り組むことに向かわせる，ということになる。したがって軍隊の新しい任務で必要となるのは，「(国づくりに向けた）人々の意志の創出能力」ということになろう。この意味で，ルパート・スミスが指摘する「人々の意志を獲得する」[34] 必要性とは，人々の意志をどこに向けるのかという点に要点があるとも言えよう。

こうした任務に際しては，具体的には現地のニーズに対応し，また他の支援主体と調整・協力することが必要となる。このことは，仮に軍隊が国益——ここでは２節で整理した関与戦略の目標にある自国のイメージ向上，プレゼンスの確保，また撤収を可能とする安定した環境の創出を指す——の確保のために行動する際にも，重要な視点となる。なぜなら，被災者である人々が必要としないもの，あるいは人々のニーズと合っていない支援を行っても，人々の支持は得られず，場合によっては人々の意志を敵意へ向ける可能性さえあるためである。逆説的ではあるが，国益を確保するために，人々の求めるものに立脚した活動を行うことが求められるのである。このことは，HA/DR，平和活動においては，被災者の視点に立った活動に軍隊が取り組むことが，国益上も最適な選択となるということを示唆する。

こうして，軍隊による国際協力が直接に対象とする「最大の被害者である一般市民」の救援と，軍隊派遣の背景にある国益の確保とは，実施すべき取り組みにおいて一致をみることになる。言い換えれば，軍隊による国際協力を成功に導くのは，尋常ではない状態に置かれている人々を救うという人道支援の基本に立脚した活動を行うことであると言えよう。

（３）新しい主任務の特性と問題点

現在，人道支援が一般市民を対象とすることは当然視されている。しかし，「赤十字の父」と称されるアンリ・デュナンの「傷ついた兵士はもはや兵士ではない，人間である。人間同士としてその尊い生命は救われなければならない」[35] という言葉に明確に示されるように，その成り立ちを鑑みれば，それは敵味方を区別せず，負傷兵を救済することを企図して開始されたものであった。すなわち人道支援の誕生の背景には，軍隊同士の戦闘の中で，担保されない兵士の人権を保護することがあった。軍隊自らでは対処できない分野として誕生し，その後に発展してきた成果として名高いものが，ジュネーブ条約を中心とした人権規範である。兵士を対象としていた人道支援は，対象を一般市民に拡大しながら国際的な規範として発展してきたと整理されよう。

したがってHA/DRに軍隊が取り組む現在の状況とは，軍隊の本質とは相容れないために誕生し，その必要性を広く認められて発展してきた概念が，軍隊自身へ回帰しているものと言える。「自己の意志を敵に強要する」という軍隊の本質を必要としない任務に取り組むようになってきた軍隊は，たとえその本質が不変であっても，あるいはむしろ不変であるがゆえに，そうした任務に際しては必然的に本質的な困難を伴うことになる。また，常日頃，有事に備えている軍隊にとって，HA/DRや平和活動は，自身が主役となり得る事態である。しかしながら最終的に必要となるのは，被災した人々自身が生活再建に向けて主体的に取り組むことであり，主役は被災した人々自身ということになる。前節で指摘したように，軍隊は強制力を執行するよりも，人々の意志の創出のために，人々の支援を行うことを意味する。また，いずれの任務においても，そうした支援の提供のための国際人道システムが存在し，軍隊はその中に入るか，あるいはそれらと併存するものとなる。本章では深入りしないが，このために軍隊と人道支援機関には緊張関係があり，その関係のあり様をめぐる議論が存在する[36)]。

もちろん，一定の強制力を行使する安定化作戦や治安維持，文民保護，また近年では平和活動の中で主要な取り組みとなってきたSSRなど，軍隊にしか担えない任務は存在する。一方で前述のようにそれらは，最終目標としてある国づくり，あるいは撤収後の受け皿づくりの文脈の中でしか効果を持ち得ない。したがって軍隊は，HA/DRであっても平和活動であっても，被災者が生活を再建し，復旧・復興に向かって主体的に国づくりを進めるようにすることを目標に，中長期の復興を見据えて人々のオーナーシップを尊重し，人々が自ら国づくりに取り組む意志を醸成することになる。

このために必要となる取り組みのすべてに軍隊が対応できるものではない。むしろ，軍隊を含めて属性を異にする多種多様な主体が，協力しながら人々の意志をつくり出していく様が新しい任務の様態であり，HA/DRと平和活動に際して軍隊には，この中で役割を果たすことが求められることになる。したがって，必要となる軍隊の能力の特性は，軍隊自身の保有する資産を他の主体の取り組みと組み合わせていく渉外・調整能力ということでもある。

以上をいささか乱暴に要約するなら，新しい任務である国際協力において軍隊に求められる役割とは，国際協力の一主体であるということになるだろう。しばしば言われるように「軍隊のみでは平和は達成できない」のではなく，軍隊は平和を達成するための国際協力に取り組む主体の１つなのであり，これを前提にした取り組みが，新しい任務の中で軍隊に求められていると言えよう。

5　おわりに

HA/DR や平和活動の機会の増加の中で，軍隊はいかなる能力・機能を求められているのか。この問いに焦点を当てて検討を行ってきた本章は，HA/DR と平和活動が，「人々の生存空間をつくり出し，必要な秩序を構築する」ことを目標とする軍隊による国際協力であると論じた。その上でそうした任務の本質は，本来的に「創造」にあると指摘した。この中で軍隊が具体的に求められるものは，中長期の復旧・復興への支援と，被災した人々が国づくりを主体的に担うことを可能とするための支援であった。

こうした取り組みは軍隊に対して，「人々の意志の創出能力」を要請するものであった。軍隊の自己完結能力や，軍隊の本質である自己の意志の強制力もまた，HA/DR や平和活動を可能とする軍隊にしかない重要な能力である。しかし，HA/DR や平和活動は，様々な支援主体が取り組む「(国づくりに向けた）人々の意志の創出のプロセス」であり，この中で軍隊は，人々の視点に立ち，人々の国づくりに向けた意志を獲得することによって，自身の撤収やプレゼンスの確保といった目標に近づくことができるのである。言い換えれば，軍隊が派遣元国の意志を象徴し，その国益を背負うがゆえに，新たな任務の中では最大の被害者である人々を第一にするという人道原則に立った活動を要請されることになる。

この観点からは，第二次世界大戦後，時の首相から日本社会の日陰者と位置づけられて出発し，駐屯地・基地の周辺住民との間で信頼関係を構築すべく自治体や住民との協力に取り組み，また国内に組織の存立基盤を築くことを企図して災害派遣を行ってきた自衛隊の経験[37]は，示唆を持つと言えよう。いかにも軍隊らしい任務である直接的な戦闘と，本章で見てきたようなそれらのモップアップの様相もある軍隊による人道支援や復興支援とは，どちらの任務も軍隊が今日の作戦で求められるものであり，軍隊の役割は多様化している。積極的平和主義の元で，国際任務にさらに自衛隊を派遣しようとしている日本は，これらの任務を選択しなければならない岐路に立っていると言える。同時にそれは日本にとって，自衛隊をどう使うのかという技術的な話に留まるものではない。日本が国際社会の中でどのような自己像をもち，それに則って具体的にいかなる役割を担わんとするのか，言い換えればこの世界の中での日本という自己像を，どのように日本が築いていくのかを問われていると言えるだろう。

> 将来私たち（注：軍人）は，国益を越えて，人類のためにリソースを投入し，血を流す覚悟をしておかなければならない。（中略）どんなに理想主義に聞こえようと，21世紀は人間性の世紀にしなければならない。

ルワンダ大虐殺に直面することとなった平和維持軍の元指揮官，ロメオ・ダレールは，その手記においてこのように述べる[38)]。虐殺の発生を予期しながらもジェノサイドを防げず，その被害を目の当たりにすることとなったダレールが述べるこの理想主義的な言葉は，軍隊による国際協力が当たり前のようになっている現代において，１つの示唆をもたらすように思われる。

［追記］本研究はJSPS科研費15K17001の助成により実施した研究成果の一部です。記して感謝申し上げます。

注

1）Cheryl Pellerin, "Panetta: U.S.-China Relationship One of World's Most Critical", American Forces Press Service, May 7, 2012, <http://www.defense.gov/news/newsarticle.aspx?id=116234>.

2）US Department of Defense, *Quadrennial Defense Review 2014.*

3）高木は，中国の台頭に対応して豪州，ベトナム，韓国が米国との関係強化を進めた転機は2008年頃であったと指摘する。高木誠一郎「序文：中国の台頭と地域ミドルパワー」『国際安全保障』第39巻第２号，2011年９月，１-５頁。また飯田は，2009年頃を境に中国の外交が協調から強硬へと変化したことを指摘する。飯田将史「日中関係と今後の中国外交　「韜光養晦」の終焉？」『国際問題』第629号，2013年４月，44-55頁。

4）中国外交部報道官談話「フィリピンへの病院船派遣は責任ある大国の態度」，2013年12月10日 <http://www.china-embassy.or.jp/jpn/fyrth/t1107731.htm>。

5）Alexander Martin, "Japan Sending Troops to Aid Philippines Deployment Reflects

Tokyo's Bid to Step Up Presence In Region", The Wall Street Journal, Nov 14, 2013, <http://online.wsj.com/articles/SB10001424052702303789604579197301114194612>.

6）石井貫太郎「環太平洋地域の変動と安倍外交の課題――日米中関係を中心として」『海外事情』2014年４月号，68-81頁。

7）ソフト・パワー概念の提唱者として知られるジョセフ・ナイは，HA/DR は軍隊というハード・パワーを用いたソフト・パワー（スマート・パワー）であると指摘する。Joseph S. Nye Jr, "The War on Soft Power", *Foreign Policy*, April 12, 2011.

8）神保謙「【東南アジア】南シナ海におけるコスト強要（cost-imposing）戦略(1)――コスト強要戦略と非対称な均衡」『東京財団政策提言・報告書』2014年10月14日 <http://www.tkfd.or.jp/research/project/news.php?id=1349>。

9）田中明彦『ポスト・クライシスの世界』日本経済新聞出版社，2009年，104-106頁。

10）山田満『「平和構築」とは何か――紛争地域の再生のために』平凡社新書，2003年，10頁。

11）国連人道問題調整事務所（UN Office for the Coordination of Humanitarian Affairs, OCHA）ウェブサイト <http://www.unocha.org/japan/about-us/faq>。

12）同上。また，国際緊急人道支援について包括的に整理した研究では，国際緊急人道支援の定義を「戦争・紛争やかんばつなどの自然災害，その他さまざまな要因による難民・国内避難民・被災者を対象とする救援活動であり，紛争や被害の発生予防から人々の救援，復興までを含む支援活動」とする。内海成治「まえがき」，内海成治，中村安秀，勝間靖編『国際緊急人道支援』，ナカニシヤ出版，2008年，ii 頁。また，難民支援の国際的な専門機関である国連難民高等弁務官事務所（Office of the United Nations High Commissioner for Refugees：UNHCR）の活動は紛争地に限定されるように，実務上での相違は存在する。

13）吉崎知典「人道支援・災害救援と軍事組織――国際安全保障の視点から」『国際安全保障』第41巻第２号，2013年９月，１頁。ただし，明確には区別しない軍隊も存在する。

14）自然災害は以下。OCHA, "Guidelines on the Use of Foreign Military and Civil Defence Assets In Disaster Relief（Oslo Guidelines）", November 2007. また，複合事態の場合は以下。OCHA, "Guidelines on the Use of Military and Civil Defence Assets to Support United Nations Humanitarian Activities in Complex Emergencies（MCDA Guidelines)," January 2006.

15）軍隊を被災国へ派遣するには，被災国政府の要請や事前の派遣協定が不可欠であり，冷戦による対立下では，その実施は一般に困難であった。

16）Nye, "The War on Soft Power".

17）米軍の HA/DR の取り組みの進展は以下に詳しい。鈴木滋「米軍の海外における災害救援と民生活動――『トモダチ作戦』の外交・軍事戦略的背景」『レファレンス』第728号，2011年９月，67-92頁。

18）参加各国の技術向上に留まらず，米軍による感染症や風土病の発生状況や現地医療水準といった現地情勢の把握や，各国部隊のレベル把握までが兼ねられた訓練である。

19）防衛省防衛研究所編「第４章　東南アジア――複雑化する南シナ海情勢」『東アジア戦略概観2014』149-153頁。

20）COIN については，以下を参照。US Army and Marine Corps, *U.S. Army Field Manual 3-24/ Marine Corps Warfighting Publication 3-33.5: Counterinsurgency*, The University of Chicago Press, 2007.
21）「不朽の自由」作戦（Operation Enduring Freedom：OEF）として知られる。
22）軍隊が存在すること自体が，被災者に「安心感」を提供する側面もある。吉崎「人道支援・災害救援と軍事組織」，9頁。
23）たとえば日本政府の派遣する国際緊急援助隊は，被災国から派遣要請を受けたのち，救助チームは24時間以内，医療チームは48時間以内に現地に到着できる体制を整えている。
24）ただし，現地情勢の把握と支援計画の策定を担うために，多くのケースで先遣隊が72時間以内に活動を開始する。
25）軍隊が住民の支持獲得に関心を払う方向性は対テロ戦争に限ったものではない。たとえば国連 PKO も QIP のために予算枠を設けてきた。UNDPKO policy directive, *Quick Impact Projects (QIPs)*, February 12, 2007, para.10.
26）COIN の失敗は，たとえば以下を参照。Karl W. Eikenberry, "The Limits of Counterinsurgency Doctrine in Afghanistan: The Other Side of the COIN," *Foreign Affairs*, October 2013.
27）国際連合平和維持活動局フィールド支援局編『国連平和維持活動：原則と指針（キャップストーン・ドクトリン）』2008年。
28）この観点からは，特にインフラ復旧を軍隊（工兵隊）が担う意義を強調する議論もある。Garland H. Williams, *Engineering Peace: The Military Role in Postconflict Reconstruction*, United States Institute of Peace, Washington, D.C., 2005.
29）西谷修・土佐弘之・岡真理「『非戦争化』する戦争」『現代思想』第42巻第15号，2014年11月，55頁。
30）国境なき医師団ウェブサイト <http://www.msf.or.jp/about/nobel/>。
31）長尾雄一郎・石津朋之・立川京一「戦闘空間の外延的拡大と軍事力の変遷」石津朋之編『戦争の本質と軍事力の諸相』彩流社，2004年，104頁。
32）山本吉宣「国際システムの変容と安全保障――モダン，ポスト・モダン，ポスト・モダン／モダン複合体」『海幹校戦略研究』第1巻第2号，2011年12月，4-29頁。
33）レジリエンスについては，たとえば以下を参照。アンドリュー・ゾッリ，アン・マリー・ヒーリー著，須川綾子訳『レジリエンス 復活力――あらゆるシステムの破綻と回復を分けるものは何か』ダイヤモンド社，2013年。
34）Rupert Smith, *The Utility of Force: The Art of War in the Modern World*, Allen Lane, 2005, p. 372.
35）デュナンは，イタリア統一戦争で戦場に放置された敵味方の負傷兵の治療に当たり，この言葉を残した。
日本赤十字社ウェブサイト <http://www.jrc.or.jp/about/naritachi/>。
36）民軍関係をめぐる議論として知られる。たとえば以下を参照。上杉勇司・青井千由紀編『国家建設における民軍関係――破綻国家再建の理論と実践をつなぐ』国際書院，2008年；小柳順一『民軍協力（CIMIC）の戦略――米軍の日独占領からコソボの国際平和活動まで』芙蓉書房，2010年。

37）村上友章「自衛隊の災害派遣の史的展開」『国際安全保障』第41巻第2号，2013年9月，15-30頁。

38）ロメオ・ダレール，金田耕一訳『なぜ，世界はルワンダを救えなかったのか——PKO司令官の手記』風行社，2012年，484頁。原著：Romeo Dallaire, *Shake Hands with the Devil: The Failure of Humanity in Rwanda*, Random House Canada, Toronto, 2003.

第4章
LAWS（致死性自律兵器システム）の戦争

佐藤丙午

1　はじめに

産業革命後に工業化文明が進展する中で，自動化された武器やロボットによる戦闘は，戦争において人類の到達する将来の姿として描かれてきた。人類は過去数世紀にわたって技術発展を達成し，ダイナマイトや核兵器等の発明に代表されるように，戦闘における殺傷力や破壊力を大幅に向上させた。また，手にした手段を効果的かつ効率的に運用する方法も高度化させてきた。国際社会の技術レベル向上に呼応するように，19世紀から20世紀の大衆文学には科学フィクション（Science Fiction：SF）のジャンルが登場し，その中で技術進歩が戦争に及ぼす影響も扱われてきた。人類の活動領域（ドメイン）が，空，海，そしてサイバー空間や宇宙へと拡大する中で，それに伴って戦闘手段も進化していったのである。

自動化された武器は，武器の自動化と，自動化された機械（最も一般的にはロボットと呼ばれる機械）による戦闘行動とに分けることができる。前者は武器技術の進歩を通じ，武器やそのシステムの効率化や高性能化，さらには省力化などを図るものである。武器の自動化は機械文明の到来前より進められてきた試みであり，技術の高度化と共に進歩が加速したが，我々は武器の自動化を技術発展の延長上に位置するものと理解することが可能である。これに対しロボット兵器は，SF の中で娯楽として扱われてきた将来の戦争の様相の一つとして，我々の前に登場した。しかし，かつては空想上の産物として扱われてきたロボット兵器は，実現の可能性が展望できる段階に近づくにつれて，人類はそれが戦争に及ぼす影響を図りかねている状況にある。ロボット兵器の出現には自動化技術の高度化が大きく影響しており，この両者は一体のもの，もしくは連続した技術発展の現在と未来と見なされることも多い。

しかし，戦争において自動化された兵器と自律化された兵器の間には，「作戦の環」に人間の介在があるかどうかという点で，法的，実態的，道徳的，さらには意味論的にも大きな断絶が存在する。この断絶は，戦争は人間社会の営為であるためには，どの程度の人間の関与が必要かという軍事社会学に関連する問いから生じるものである。この断絶を超えることの意味は大きく，国際社会は自律化兵器の開発に向かう決断を下しかねる状況にある[1)]。国連人権理事会の特別委員会の委員長のヘインズは，自律化兵器（ロボット兵器）の使用に伴うリスクを指摘し，一線を越えるべきではないと指摘している[2)]。

その一方，自律化兵器の軍事上の利点には，かつてない程の関心が向けられている。自律化兵器は戦争の人的および物的コストを大幅に削減する可能性があり，戦場が無人化され，いわゆる「きれいな戦争」が実現できると期待も高まっている。古代ローマのコロッセオでグラディエーターたちが戦うのをローマ市民が娯楽として楽しんだように，戦場が自律化兵器同士が戦う「ゲーム」の場になり，人間は遠隔地から機械が戦う様を観戦するものへ変貌するのであれば，戦争に対するイメージは大きく変化することになるかもしれない。もし，敵対勢力が生身の人間である場合，攻撃側は自分側の破壊や殺傷を懸念することなく（もしくはそのリスクを最小限のものとして），戦場での優越を楽しむことも可能になるだろう（きわめて非人道的，非文明的であるが）。つまり，自律化兵器が運用されることで，人間の歴史の中で見てきた戦争の社会学的な意味や意義が，大きく変貌を遂げる可能性があるのである。

21世紀初頭の国際社会において，自律化兵器が運用されている例はない。しかし，技術進歩の先に出現する未来が展望できる段階に来ており，その軍事的な意味や，戦争論上の意義を検討し，先に進むか，それとも別の未来を指向するか，判断すべき分岐点に直面しているのである。

2　自律化兵器の戦争

（1）戦争の様相と国際社会の課題

人間が自律化兵器の軍事的可能性をどのように展望していたかを探る上で，日本の漫画家の手塚治虫の作品である『鉄腕アトム』と米国の映画『ターミネーター』が参考になる。『鉄腕アトム』では，動力源に原子炉を搭載した人型ロボットが，人工知能によって善悪の判断まで行う様子が描かれており，『ターミネーター』では，人間が最初に組み込んだプログラムに従って，時に物理的破壊や人間の殺傷を含めて非情かつ忠実に命令を実施する様子が描かれている。この二つの娯楽作品では，人工知能とプログラムの使用方法によっては，自律化兵器が人間社会に貢献する可能性もあれば，文明自体を破滅に追い込む危険があることを示しているのである。

実現化が予想される自律化兵器では，従来の兵器の性能の一部を自動化し，戦闘能力の向上につなげる段階を経て，機械自体が当初のプログラムに従って自律的に判断する段階へと発展すると考えられている。20世紀以降の技術発展の中で，センサー系，駆動系，そして動力系技術などが高度化され，小型化されていった。国際社会は，1990年の湾岸戦争において米軍が戦闘で使用した精密誘導爆弾の効率性と破壊力を目撃し，2003年のイラク戦争と，それ以降のアル・カーイダ掃討作戦の中では無人航空機（Unmanned aerial vehicle：UAV）の活躍を見た。湾岸戦争では，米軍は従来着弾観測用の艦載無人機を偵察・監視用に改良し，GPSや通信衛星を利用して偵察情報をリアルタイムで利用する体制を構築した。遠隔地からGPSなどの誘導技術によって兵器を操作した攻撃は，シンガーが「戦場の無人化」と呼ぶ状況が現実に到来していることを証明し，その軍事合理性を突き詰めると，自律化兵器をその先に展望するのも自明なものと映る[3)]。後述するように，米国は2014年に第三のオフセット戦略を発表し，核兵器，精密誘導兵器に次ぐ兵器システムの開発を進めることを表明し，米国が軍事的優位性を確立できる分野の一つとしてロボット兵器を挙げている[4)]。

自律化兵器をめぐる問題で重要な点は，その兵器が開発された場合，戦争の様相が大きく変貌し，戦争の違法化を含め，国際社会が過去数世紀続けてきた戦闘の人道性の向上を図る試みを，大幅に再構築しなければならなくなることであろう。特にそれが，高度技術の拡散によって，一国が直面する課題ではなく，国際社会全体で考察しなければならない課題となっている点で，戦争論にパラダイムシフトが発生することが予想できるのである。

実際，兵器の自律化を可能とする技術のコストは下がり，様々な手段で入手が容易になり，拡散するリスクが高まっている。ロボットなどの知的能力を発揮する機械，そしてそれらを作動するアルゴリズム技術は，民生品の技術開発において先行して開発されたものであり，一般的な意味で入手可能性は閉ざされていない。このため，各国が軍事合理性に即して自律化兵器を追求するのであれば，短期的には技術レベルの差による軍事力の格差が出現するが，中長期的には技術の拡散による平準化が進む可能性がある。その場合，彼我の攻撃が自律化兵器によって実施される「機械同士の戦争」の実現までも予想される状態にあるのである。

「機械同士の戦争」が，既存の国際社会の戦争をめぐる諸規範との間に不整合があるのは否定できない。まず，戦闘行為における前線と後方の区分が不明確になり，戦場の観念の修正が必要となる。また，戦争そのものが，破壊だけでなく，敵側の兵器システムの無力化をめぐる争いが重要になるため，攻撃手段もサイバー空間などを利用する非破壊で目的を実現する手段が使用され，グローバル・コモンズの支配をめぐる競争が激化する。戦闘ロボットのアニメーションとして人気を誇る『機動戦士ガンダム』では，通信・制御技術が無効化された後の戦闘において，人間が操作するロボットによる接近戦闘が主要な手段となる場面が描かれているが，将来の戦争では，平時における自律化技術の活用および無力化手段の開発が活発化することが予想され，報復的手段ではなく拒否的手段をめぐる競争が出現する可能性が高い。

（２）自律化兵器の戦争と安全保障論

安全保障論の側面から考察すると，相互に自律化兵器を保有する大国同士の対立では，まず，自律化兵器の戦術的効果を均衡させる方法が不明な状況の下で，強い緊張関係に直面しながら安定の条件の模索が進められるであろう。そして，自律化兵器が運用される技術環境の下で，相手側の兵器の無力化や無効化を実現する技術開発が進むことが予想される。もし，非対称な効果をもたらす手段を開発・取得することが可能となるのであれば（自分側の自律化兵器が影響を受けずに相手の兵器のみを無力化する），その手段を採用する側が軍事的優位性を獲得することができる。そして，自律化兵器の有無や活用可能性で軍事的に非対称な関係が出現した場合，そのような兵器を保有する側は攻撃優位を確保するため，攻撃を防止もしくは予防する手段が無い状態で一般的抑止が成立せず，相互の安全保障にも非対称性が生まれ，劣勢側はテロや大量破壊兵器等に依存するインセンティブが高まる。

そのような非対称性が，国際社会を安定させるかどうかという問題は，自律化兵器に関する議論を複雑にしている。たとえば，米空軍は2047年を展望した無人航空機システム飛行計画（US Air Force Unmanned Aircraft Systems Flight Plan 2009-2047）を作成し，将来の無人航空機の選択肢の一つとして，スウォーム技術の活用や，極小型無人機の開発を展望している[5)]。もしこれら兵器が開発された場合，火力の大きい兵器による破壊や殺傷ではなく，標的を絞り込んだ攻撃が可能になる。そして，破壊と殺傷の効率が飛躍的に高まり，付帯被害を最小限に留めることも可能になろう。

敵対兵力を識別して個別に殺傷（もしくは無力化）することが可能になると，規模の大きい兵器システムは効率的ではないため，通常兵力の大胆な軍縮を進めることも可能になろう。その上で，自律化兵器で優位性をもつ側は，絶対的な安全を確保し，相互の関係性において完全に主導権を握ることになる。しかし，自国の軍事的優位が攻撃力によって支えられている場合，それを防御目的に活用するドクトリンを採用したとしても相手側の不信を招き，安全保障のジレンマが発生する可能性がある。つまり，自律化兵器開発の競争が発生し，そこに兵器運用のルールが存在しない場合，人間の管理監督が効かない戦闘が繰り広げられる危険性が生まれる。

その反面，攻撃優位の状況では，攻撃側が先制攻撃の誘惑に駆られ，軍事作戦を実施する心理的および技術的な障壁が下がることも考えられる。さらに，攻撃―防御バランスによって保たれる均衡が無効化することで，劣勢側が大規模通常兵器や核兵器などの大量破壊兵器を採用し，対軍事力ではなく，対価値攻撃を仕掛けない限り安全が保たれないとの考えにとらわれる可能性も高まるであろう。また，『ターミネーター』で描かれたように，自律化兵器に対抗するために，攻撃側の国内や支配地域でレジスタンス活動（攻撃側はテロ活動と受け取る）が活発化することも考えられる。このように，自律化兵器で相互に非対称性が出現すると，優位性を無効化するための手段をめぐり，防御側は人的コストの高い手段を採用する必要に迫られ，自律化兵器の採用が「きれいな戦争」の時代の到来には程遠い状況が生まれる。

仮に，自律化兵器の採用により機械対機械の「きれいな戦争」ではなく，機械対人間の対立構造が先鋭化し，脆弱な人間が機械に蹂躙される危険性が高まるという予想を受け入れるとしよう。実際には，自律兵器化したロボットが人間社会を襲撃し，殺害する構図は心地良いものではない。シンガーは軍人倫理の観点からも，デジタル化した戦争は軍人の臨戦感覚を鈍らせ，戦争回避の世論の力を弱体化させると指摘している。また，21世紀の軍事作戦の大多数を占める平和作戦や対反乱作戦（counter insurgency：COIN）では陸上部隊の派遣は不可欠なものとなっており，派遣される要員（軍人および平和作戦に参加する民間人や開発に取り組む市民社会団体など）は，現地で敵対勢力の活用する自律化兵器に直面するリスクが生まれる。そのような事例では，たとえ国家間戦争のレベルで自律化兵器の優越があったとしても，人間同士が直面する場面で相手側が戦術レベルで使用するそれら兵器の脅威に晒されることになるのである。この問題は，イラク戦争後の反乱鎮圧作戦において，米軍や平和作戦の要員が道路端に仕掛けられたIED（即席爆発装置）の脅威に直面した例を想起させる。もし米軍が直面するのがIEDではなく自律化兵器であった場面を考えると，この兵器をめぐる問題が単純なものではないことが分かる。

もっとも，自律化兵器が軍の作戦能力を効率化することは否定できない。たとえば，排他的経済水域の警戒監視強化や敵地攻撃能力の獲得並びに敵地監視能力強化・早期警戒態勢強化などの側面で，自律化兵器は従来マンパワーに依存した作戦の性格を大幅に修正するものになるであろう。また，遠隔地への攻撃機能を持った兵器であれば，「距離の専制（Tyranny of Distance）」を克服することも可能になる。これら効果は，自律化兵器を保有する国が独占的に活用できるものであるため，技術格差の維持を担保する手段をもたない限り，米国などの一部の国がもつ軍事上の優位性は時間の経過とともに失われる可能性がある。

米国オバマ政権のヘーゲル国防長官が2014年11月に発表した防衛革新イニシアティブ（Defense Innovation Initiative）では，米国が維持してきた支配的な軍事力は浸食されつつあり，限界ある資源の中で，支配力を維持，発展させる方策を考察する必要がある，との認識を示している。20世紀の米国の軍事戦略において，米国は競争勢力の軍事的優位性を打ち消す（Offset）戦略を採用してきた。たとえば，20世紀初頭にはエアパワーの優越と核兵器により，地上戦力の限界を克服し，冷戦終了後には，精密誘導爆撃とネットワークにより，軍事力の効率性を圧倒的なレベルで国際社会に示した。

そして，無人化および自動化兵器の登場によって軍事的優越が損なわれつつある中で，米国は新たな軍事的手段による優越を模索している。それゆえ，自律化兵器による戦争の問題の根源には，自動化や無人兵器の拡散が阻止できない状況の下で，米国が引き続き軍事的優位を維持するために必要な措置は何か，という問題が横たわっているのである。

3　技術的可能性の幅

自律化兵器開発をめぐる技術状況は深化しつつあり，その兵器が戦略論に及ぼす意義を特定の時点で評価することは困難である。前述したように，自律化兵器は現実化しておらず，今日の技術発展を踏まえた将来の実現可能性を展望する以外に，この問題の意味を論じることは出来ない。しかし，自律化兵器の将来は，すでに存在する兵器システムの技術特性を発展させることによって展望できる段階にあり，21世紀初頭の国際社会で進むロボット開発の現状を俯瞰することにより，無人化技術が兵器システムとどのように適合するか検討する必要がある。

まず，人型（もしくは歩行型）ロボットは，前述した娯楽作品の中でも最も頻繁に登場するものであり，国際社会における自律化兵器のイメージを形成するものとなった。人型（歩行型）ロボットのイメージの起源をたどると，古典娯楽映画『フランケンシュタイン』に登場する人造人間に行きつくのではないだろうか。狂気の科学者が人間の死体から使用可能な部位を集めて縫合し，電気的刺激を与えて生物的に復活させられた（ただし，精神はもたない）人造人間は，映画で人の心を持たない（したがって神の祝福も受けない）怪物として描かれている。自律化兵器の開発では多様な様式のロボット等が模索されているが，その中でも二足歩行する機械で，既存の生物体の形態を模したヒューマノイドは我々にフランケンシュタインを想起させ，これら機械に対する人間の本能的な不快感を呼び起こす。しかし，ヒューマノイドが人間社会と親和性をもつ従順な存在として描かれる作品も多く，人間の精神性をもつ機械の出現が待たれている側面が否定されない背景にもなっている。

歩行型ロボットは，人間の進出に危険が伴う災害地や放射性物質など人体に危害を加える物質が予見される場所での作業，そして人間が物理的に携行することが困難な重量物の運搬などで使用されることが考えられる。特に自律型や自動型に限らず，人間が操作するロボットは，テロリストが潜伏するような，物理的な危害が予見される危険地帯での作戦行動における有用性は極めて高い。また，軍人が携行する兵器およびサポートシステムは増加傾向にあり，兵站物資等を含めると，その重量は大きく，携行した場合に兵士の行動の自由は奪われる。兵士を重量の重荷から解放するために，四足歩行型のロボットの開発が進んでいる。その一例として，ボストン・ダイナミックス社が開発したLS3（Legged Squad Support System）やBigDog等の歩行型のロボットは，無限連鎖機動（キャタピラ）やタイヤ方式に比べ，凹凸がある地形での運動性能が高い。

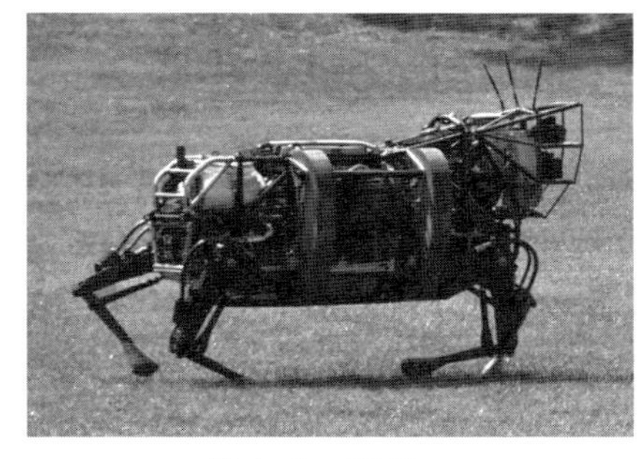

図４－１　BigDog
出所：*Army AL&T Magazine,* 04.07.2014, p. 196

人間の物理的侵入が困難な場所としては，海洋，深海底，宇宙などが考えられる。また，人間の継続的関与が必要であるが，生物的および精神的に受忍限度を超える単純作業が要求される場所では，疲労を感じないロボットは十分な効果を発揮する。さらに，たとえば日本は広大な領海と排他的経済水域をもっており，物理的に警察や海上保安庁さらには自衛隊の要員を配置できず，遠隔管理を実現するためにロボットは極めて有用な意義をもつ。特に深海底にはラジオ波信号が到達しないため，機械作動前にプログラムされたソフトウェアに基づいて行動する自律化ロボットは特に有用となる。2015年３月に日本とフランスは無人の潜水艇の開発に合意しており，深海での敵潜水艦の探知から資源開発まで，広範な分野での活用可能性が検討されている[6)]。ロボットが単純作業に従事する実例として，朝鮮半島の非武装地帯を挟んだ韓国の国境付近に配備されているサムソンのテックウィンSGR-A1がある。この地上設置型ロボットは，接近する人間に対して暗証番号を誰何した後，間違った答えであった場合に敵と見なして射撃する，というシステムになっている。

これらの例からわかるように，自律化ロボットシステムが必要とされるのは，3Dと呼ばれる環境での作戦行動である。平成17年度に日本機械工業連合会と日本戦略研究フォーラムが実施した研究では，これらシステムが有効性を発揮するのは，①敵対行為に曝される危険度が高い敵地偵察任務，あるいは敵の防空火網の制圧等，Dangerous（危険な）任務，②生物・化学兵器物質とか核爆発等で汚染された空気中の危険物質の採取等，Dirty（汚い）任務，③単純，単調な飛行を長時間にわたって継続することでミスにつながる疲労や精神的弛緩が予想でき，あるいはこれをクルーの増強で対処しようとすれば人員増につながる等，Dull

（単調な）任務であるとしている[7]。

このような任務を遂行する自律化兵器を可能にする技術は，軍事用途に特化したものではない。兵器自体の基本機能は，ビッグ・データの高度計算技術，自律化技術，人工知能，小型化，自己改良機能，小型で高出力のパワーシステムなど，それぞれ入手可能な汎用技術を構成要素として組み立てることも可能である[8]。つまり，自律化兵器の拡散の状況は技術の入手可能性によって規定され，拡散後の状況は防御手段や拒否的能力との関係にも左右されるが，技術拡散の構造で考慮した場合，各国の軍隊が兵器の優位性を長期にわたって独占できる状況にはない，ということである。たとえば，テロリストや先端技術を操作できる一部の科学者や技術者なども，主要な拡散先になる可能性がある。自律化兵器にマンパワーの需要圧力を緩和する効果があるとされるように，技術力を持つ小規模な集団が不均等なパワーを行使する上で，自律化兵器は魅力的な選択肢となる。

たとえば，前述のLS3やBigDogは，積載したコンピューター（検知，駆動制御，通信），姿勢制御システム，電源（リチウム・ポリマー電池），遠隔操作（無線通信），脚足技術（多様な運動を可能とする），運動センサー，内部機器センサー，認識技術，ジャイロスコープ，GPS，光学測定技術（LIDAR），ステレオ画像技術などの組み合わせによって可能になった[9]。これら要素技術の開発では，軍事品よりも，民生品が先行している。ここに例示したものに加え，無人航空機であれば，ステルス技術やデータリンクなど，すでに多くの民生技術が活用されているのも自律化兵器の特徴と言えよう。

ところで，自律化兵器の開発と配備が実現する中間段階で，戦闘の可能性の幅を拡大するための多様な技術が出現する。戦闘の可能性の幅には，すでに一部の兵器で実現されている戦闘の自動化や，人間の五感を補完もしくは増幅した機能を有する兵器などまでも存在しており，今後も拡大し続けるであろう。兵器の設計思想の大部分は，人間の攻撃的行動を機械で代替・補強することに始まり，続いて攻撃の規模の拡大と効率化，そして戦闘環境の中での最適化を図る方向へと向かう。その流れの中で，バイオ技術や脳神経技術は機械と人間の感性を結合させ，認識や思考による機械操作を可能にする方法を模索している。バイオ技術やナノ技術などを活用した人体の改変と，脳科学による認知力の活用が組み合わさると，SFで描かれるサイボーグの創成や人体の武器化につながるものとなる。これら，いわゆる「人間兵器」にはヒューマノイドのような不気味さはないが，人間の本来の生物的特徴を超える能力を持つため，その能力を戦闘専門に活用する人間の創造に関する人道的・道義的な課題は残り，社会の宗教観が問われる事態が生じているのである。

4　戦争の人道的側面と自律化兵器

自律化兵器の軍事合理性を評価するとしても，兵器運用に関わる課題を克服するには困難な課題がある。

自律化兵器を推進する側と，その反対論者が共に指摘するのは，攻撃の可否の判断を機械に委ねることのリスクである[10)]。判断を委ねることを可とする主張では，今後人工知能やソフトフェアの開発が進展すると，自律化兵器に対して人道的かつ国際法的に合法な攻撃プログラムをインストールすることにより，攻撃の際の人的要因による誤謬（ヒューマン・エラー）が発生する可能性が小さくなるとする。米軍がパキスタン領内のアル・カーイダ掃討作戦で無人航空機を使用した際，民間人や施設を誤爆する付帯被害の発生が指摘された。これら事例をもって，国連人権理事会は無人航空機の非人道性についての検討を開始したが，攻撃の簡便さに伴う手段活用の誘因の高まりと，攻撃の結果における非人道的な結果は異なる問題である。自律化兵器開発が進展する中で，技術洗練度が上昇すると兵器の非人道性は小さくなる傾向にある。

攻撃判断を機械に委ねることを否とする主張では，人道規範や国際法に完全に適合したプログラム開発の可能性を疑問視する。プログラム開発で飛躍的な進展があったとしても，複雑な様相を示し，流動的に状況が変化する戦場の中で，機械が人間の判断を超えることは不可能であるとする。さらに，機械の暴走や，誤作動，プログラムの不備，そして他者による悪意の妨害操作による被害発生の可能性を指摘し，攻撃に至る「作戦の環」の中に人間の介入する余地を残さない限り，自律化兵器が人間社会や文明を破滅させるリスクを阻止できない，とするのである。イランの革命防衛隊は2011年12月に自国領土内に侵入したUAVを妨害電波で操作して着陸させたと発表している。この事例は，無人航空機の技術的脆弱性を示し，フェール・セーフ機能のない兵器の危険性を証明するものであった。

米国国防総省は，2012年11月に国防総省指令3000.09「兵器システムの自動化（Autonomy in Weapons Systems）」を発表し，無人兵器を「一旦起動された後は，それ以上の人間の操縦士の介在なく，標的の選択と攻撃を行うことができる」兵器と定義している。指令3000.09は2022年まで有効期限をもち，この間米軍が無人兵器の開発や運用に取り組むにあたり，ロボットは人間の操作者の意図を完全に反映した行動をとる必要がある（同時に，操作者がコントロールを失った場合の安全措置も備える）等の内容をガイドラインとして設定している[11)]。この指令の最も重要な点は，武器の使用の際には適切な人間が判断を行うと規定した点であり，兵器がそれぞれで情報処理（収集および分析）を行い，攻撃の判断を下すまでの「環」の中に，必ず人間（米国は交戦規定に基づく攻撃は，民間人ではなく軍人が下すことが規定されている）が介在することが担保されることになる[12)]。

指令3000.09で規定された「適切な人間の判断」の介在の規定は，自律化兵器と自動化兵器の境界線を示すものである。ただし，この区分が，自律化兵器の開発に対してどれだけの抑制効果があるか考慮する必要がある。米軍が対艦防衛として使用するファランクス・システムや，イスラエルのアイロン・ドームシステムは，攻撃を探知して自動的に反撃する機能を備えている。また，イスラエルのハーピー無人航空機は，監視区域内を飛行して敵の発信するデジタル信号を探知し，攻撃する機能をもっている。さらに，米軍は2013年には無人機 X47B の空母への離発着実験に成功している。これら兵器システムは自律化兵器の必要条件を備えており，事実上，機械による攻撃判断に必要な人工知能（Artificial Intelligence：AI）の開発進展が，兵器の実戦配備を進める上で必要な技術開発の「欠けた部品（Missing Piece）」となっているのである。

自律化兵器が人道上の問題を引き起こすと指摘される理由の一つは，攻撃の判断を人間の司令官からソフトウェアのアルゴリズムに移行させた場合，誤爆や誤作動を起こした場合の法的責任の所在に関する問題に明確な答えがないためである。既存の国際法では，軍事作戦における人間の関与が前提になっており，兵器システムの一連の作戦運用の過程の中で誤作動が発生した場合であっても，部隊指揮官もしくは上級指揮官の責任と規定される。しかし，自律化兵器では，システム自体が製造者，プログラム担当者，操作員等の協同作業によって構成されるため，責任分担が不明確な側面がある。さらに，敵対勢力との交戦時に誤爆が発生した場合，それぞれの国内法手続きに従った法的処理が図られたとしても，国境を越える被害における責任分担と損害賠償の在り方は未整備状態にあるとされる。

もちろん，自律化兵器を使用する主体が国家に所属する軍であるのであれば，その兵器の使用に関わる責任は，従来の戦争と同様に，国家および部隊指揮官（上級であれ現場に近いところであれ）が負うことが当然であろう。しかし，技術集約型の兵器システムは，作戦運用の過程で多数の民間人が関わっている可能性が高く，これら法的には非戦闘員と規定される人間が戦闘行為の一部を構成するという状況が，一般の兵器以上に深刻な課題を提起するのである。

これら課題が，自律化兵器が攻撃機能を有した場合に出現する点に，この問題が，ただ単に開発の是非をめぐる政府・軍事組織と道義性や法的規範の重要性を説く市民社会団体や法学者たちとの対立でないことが明らかになる。2011年の福島原発事故後に，日本国民は破壊された原子力発電所内部の探索救難および災害処理用のロボットの開発が，構想されたが頓挫した経緯を知り，驚愕する。さらに，福島第一原子力発電所から飛散した放射性物質の状況を，グアムから飛来した米軍のグローバルホークが観測したことから，たとえ軍隊が運用する兵器であっても，無人航空機や自律化兵器が人命救助を含めた災害救援活動に有用であることも知ることになる。つまり，機械が有する攻撃性能と，機械自体の性能の間には一体的な連接性が存在せず，それぞれは別個の性能として位置づけられることが強く印象づけられたのである。

さらには，前述のLS3であれば，兵士を追尾して重量物を運搬する能力は，追尾技術だけを取り上げると，機械が指名手配のテロリストなどをどこまでも追跡する兵器に転用可能となる。運搬・追尾に関する技術開発は歓迎されるが，人間を無限に追跡する技術の開発に機械の暴走の可能性を見る意見もある。すなわち，技術開発ではなく，技術開発の方向性と，完成した技術を使用する人間の適格性の問題が解決されない限り，自律化兵器に対する懸念は残り続けることになる。

このため，武器による攻撃に人間性の介在が必要である点には国際社会の同意があるのだが，その介在の在り方が，「作戦の環」の中に人間の判断が位置付けられるよう担保することが重要なのか，それとも自律化兵器や人工知能の開発自体を禁止し，技術発展を抑制するのが望ましいのかという点で，コンセンサスがとれない事態が出現しているのである。

5　国際社会の議論の将来

2012年の国連の人権理事会の報告書（ヘインズ報告書）を受け，2013年に特定通常兵器使用禁止制限条約（CCW）締約国会議は，致死性自律兵器システム（LAWS）の法的規制の蓋然性評価を開始している。2014年５月の専門家会議を経て，同年11月の締約国会議ではLAWSをCCWの枠組みの中で討議することが決まった。LAWSに関わる問題提起を行っていたのは「殺人ロボット禁止キャンペーン」[13] に参加する市民社会団体であり，彼らは対人地雷やクラスター弾でも行ったように特定の兵器の非人道性を強調し，廃絶や取引禁止措置などを各国に合意させ，軍縮に導くことを望んだ。しかし，自律化兵器には，従来の軍備管理軍縮では十分に対処できない特徴があり，国際社会の合意形成に失敗した場合の影響の大きさを考えると，冷戦後に成果を上げた他の兵器と同様のプロセスには進まないことが予想される。

自律化兵器の規制では，まずその対象物が合理的に規定できない。少なくとも21世紀初頭の段階において，米国を含めて自律化兵器を完成させた国はなく，要素技術が存在するのみである。要素技術には多種な構成内容があり，その第一義的な用途は軍事ではなく民生である。このため，自律化兵器の規制を実施することは，民生部門での技術開発を規制することになり，これを無条件に容認する国家は存在しないだろう。規制を課すとしても，特定の機能を発揮する条件を絞り込んだ規制が必要となり，技術発展の可能性を考えると，課される規制自体も抽象的な表現にならざるを得ない。

であるならば，自律化兵器の規制として，その機能を持つ兵器自体の開発を禁止する措置が必要になる。開発を実施する主体を，国家（国防機関や他の科学技術開発に関与する研究機関）とするか，それとも開発に関わる研究者とするかにより，規制の方法は異なる。国家が開発の主体と考える場合，国際レベルで規制を課すことになるため，規制には法的拘束力をもたせる必要がある。技術流出や拡散の防止では，各国（一部の国を除く）は，大量破壊兵器の不拡散や汎用品の輸出管理等を目的に，国連の安全保障理事会決議1540の下で輸出管理法を整備している。自律化兵器の規制を国家レベルで実施する際，既存の法律と手続きに従って規制を強化することになろう。

開発に関わる研究者のレベルで規制するのであれば，研究者が自律化兵器の開発に関与しないことを，行動規範の形で表明させ，それを遵守することを呼びかける方法が現実的である。すでに拡散が進んで一部の国による独占が困難になった技術は，輸出管理や国内の保有規制を設けるのではなく，それが特定の使用に利用されないことを担保する必要がある。その際，企業や国家の研究施設には留学生等も存在することから，強制力の効用には限界があることを考慮する必要がある。それゆえに，現段階において，個々の研究者の順法精神と道義心に依存する以外に，自律化兵器の規制を有効に実施する手段が無い。生物化学兵器の拡散問題で，バイオ関係の研究所や企業の研究者や職員のモラル（兵器化に向けた研究に協力しないという形になる）を問う動きが進んでいる例からもわかるように，すでに拡散が進んだ技術を「箱に戻して封じ込める」のは困難であり，拡散を前提とした対応が必要になる。

自律化兵器の問題で，過去の軍備管理軍縮の教訓を参考にするのであれば，一部の国に技術や軍事力の集中を図り，諌止による安全を目指す方策も考えられる。米国では，ロボット技術の進展を図る動きが顕著になっている。米国のDARPA（国防総省高等研究計画局）は，二足歩行型のロボットの開発コンペティションを開催し，高額の優勝賞金をかけて，世界各地のハイテク企業グループ等が競争を展開した。DARPAが推進するその他のロボット技術の開発プログラムを見ると，米国は国防総省指令の期限が切れる2022年までに自律化兵器の技術開発を進め，調達・配備の段階で，圧倒的に優位な体制を確保しようとしているように見える。その体制が想定される通りに完成すれば，米国による諌止政策は成立するのであろう。さらにその状態の下で，以下の国のキャッチアップを阻止する措置を構築すれば，米国による軍事的優越は完成する。

しかし，21世紀初頭の米国は，自動化技術の独占を失い，国家だけでなく非国家主体にも技術が拡散している状況にありながら，その体制構築を少ない国防費で実現しようとしている。想定通りに技術開発が進むか，また，技術拡散を防止できるか，という課題を解決できる見通しは無い。それゆえに，自律化兵器をめぐる問題の将来の方向性は不透明感が払拭できない状態にあるのである。

6　おわりに——日本の戦略に向けて

多くの国が自律化兵器を実戦配備するようになると（自動化兵器の蔓延を含め），国際関係で使用されてきた，抑止，再確証，諌止，強制等の概念の再検討を加える必要が出てくるだろう。自律化兵器がもたらすのは軍事革命なのか，それとも軍事技術革命なのかという議論があるが，もし戦争の在り方が質的に変化したとしても，社会構造にまで変化が及ぶかどうかについて，慎重に見極める必要がある。

ただし，自律化兵器が戦争に対する我々の心理に大きく影響を及ぼすのは否定できない。一方で，自律化兵器を運用する側の社会では，軍人や民間人を含め，戦闘との心理的距離は遠くなるだろう。戦争の一番残酷な局面である戦闘を機械が遂行するのであれば，人間の社会活動は戦闘とは全く無関係に行うことができる。つまり，支払うドルの額によって戦争の規模や烈度は変化するが，自身の生活領域に波及しない限り，戦争を身近に感じることはない。ベトナム戦争やイラク戦争では，米兵の死傷者数が増加し，身近に戦争の影を感じるようになった後に反戦感情が噴出した。もし，戦場で戦うのが自身の地縁や血縁と無関係なロボットや自律化兵器であれば，反戦感情は盛り上がっただろうか。

おそらく，自律化兵器の開発に反対する一部には，観念的に反対を主張する個人や団体もいるだろう。しかし，戦場で自律化兵器の脅威に直面する軍人や民間人にすると，無機質な機械に殺傷される恐怖は測り知れないものがあり，禁止を求める声を上げるのも理解できる。戦場で自律化兵器に対峙する兵員が，同様の感情を抱くのも不思議ではない。つまり，機械文明の行きつく先に出現する，機械対人間の対立軸が戦争に及ぼす不快な影響について，我々は考えるようになったばかりであり，そこで技術の進展に伴い，どのような未来が待っているかわからない不安に苛まれているのであろう。

最後に，日本の安全保障戦略の手段として自律化兵器を採用すべきかどうか検討してみたい。日本には民間企業を中心として先端的な技術をもち，特に工業用ロボットでは世界の過半数のシェアを占める。つまり，自律技術を軍事用に活用することができる立場にある。しかし，それを活用する戦術的アイディアと，技術的優位を活用する戦略が無ければ，その優位は短期間に失われてしまう。もし，自律化兵器を活用する戦いが戦争の将来なのであれば，それを追求することが合理的であり，なおかつ日本の戦略環境や地理的状況を考慮すると望ましい方向性ということになる。ただし，自律化兵器の技術的信頼性や，その兵器を利用する法的な問題は未解決のまま残っており，国際社会の議論の方向性を主導しつつ，これら課題に取り組んでいくことが必要になる。国際社会の議論の中心が，自律化兵器の「意味がある人間の管理」の在り方に集約していることを考えると，日本国内での議論を活性化して，技術と戦略の接点に関わる課題を解決してゆくことが望ましいのであろう。

注

1） *Report of the 2014 Informal Meeting of Experts on Lethal Autonomous Weapons Systems (LAWS)*, Submitted by the Chairperson of the Meeting of Experts, The United Nations Convention on Certain Conventional Weapons（CCW or CCWC）, 2014.

2） Christof Heyns "Report of the Special Rapporteur on extrajudicial, summary or arbitrary executions（A/HRC/23/47）," United Nations General Assembly, 2013; Human Rights Watch, *Losing Humanity: The Case against Killer Robots*, 2012. <http://www.hrw.org/sites/default/files/reports/arms1112ForUpload_0_0.pdf>

3） P.W Singer, *Wired for War: The Robotics Revolution and Conflict in the 21st Century*, Penguin Books, 2009.（小林由香利訳『ロボット兵士の戦争』日本放送出版協会，2010年）。

4） ヘーゲル国防長官は2014年11月15日に防衛改革イニシアティブ（Defense Innovation Initiative）を発表し，ロボットやナノ技術などを利用し，米国が技術的優位を軍事的優位に転換できる技術の開発を進める方針を打ち出している。<http://www.defenseinnovationmarketplace.mil/resources/DefenseInnovationInitiative.pdf>

5） *United States Air Force Unmanned Aircraft Systems Flight Plan 2009-2047*, May 18, 2009.

6） 2015年３月14日の防衛省記者会見。<http://www.mod.go.jp/j/press/kisha/2015/03/14a.pdf>

7） 日本機械工業連合会・日本戦略研究フォーラム「平成17年度　無人機（UAV）の汎用化に伴う防衛機器産業への影響調査報告書」2006年３月。

8） Paul J. Springer, *Military Robots and Drones*, ABC-ClIO, 2013.

9） Armin Krishnan, "Robots, soldiers and cyborgs: The future of warfare," Feb. 5, 2013. <http://robohub.org/robots-soldiers-and-cyborgs-the-future-of-warfare/>

10） 岩本誠吾「国際法から見た無人化兵器」，日本安全保障貿易学会第17回研究大会発表（2014年）。

11） Department of Defense Directive, "Autonomy in Weapon Systems," Number 3000.09, November 21, 2012.

12） Kenneth Anderson, et al., "Adapting the Law of Armed Conflict to Autonomous Weapon Systems," *International Law Studies*, Issue 90,（September 2014）.

13） http://www.stopkillerrobots.org/

第5章
新時代の政軍関係

部谷直亮

1　はじめに——近年の米国等における研究動向と課題

冷戦後，米国の政軍関係研究ではクーデター防止という問題意識は過去のものとされるようになった。つまり，サミュエル・ハンチントン（Samuel Huntington）やモーリス・ジャノヴィッツ（Morris Janowitz）等の「いかに文民統制を確立して，自国軍隊の暴発を防止するか」という研究テーマは不要とされたのである。発展途上国を対象とした研究でも同様の傾向は出ている[1)]。

一方で，先進国を対象とした政軍関係，特に米国を対象とした研究は「ルネッサンス」と呼ばれるほどの盛り上がりを見せている。その背景には，予算の効率化や文民の政策決定における優位性確保といった「確立された文民統制をどのように運用していくか」という，新たな問題意識へと研究の焦点が移行したことが指摘できる[2)]。

実際，2000年代には，この問題意識に基づいて，戦略の形成や国際関係論への影響の観点から政軍関係を問う研究が出てくるようになった。たとえば，ピーター・フィーバー（Peter Feaver）は，政治指導者と利害関係が一致しない場合，軍人が専門知識の優位性を活かして，政治指導者の政策に抵抗または怠けようとすると主張した[3)]。これは，プリンシパル・エージェント理論を政軍関係論に援用したもので，云わば元請けを政治指導者，下請けを軍人と当てはめたものである。これによってフィーバーは，クーデターを起こさなくなった軍隊にも，政軍関係論の研究課題があると主張した。

また，リサ・ブルックス（Risa Brooks）による「文民と軍人の力関係が拮抗しており，重要な安全保障政策に対する見解が異なる場合は，自国の軍事的能力を過大評価し，外交的な制約を無視した軍事戦略が採用されることとなり，悲惨な結果を生む。逆に文民の優位性が確立され，かつ両者の見解が一致している場合は戦略的な成功を生む」とする研究や，ジョン・キミナウ（Jon Kimminau）や三浦瑠麗のような「対外行動をめぐる政策決定過程では，軍よりも文民の方が攻撃的な政策を主張する」という研究がある[4)]。また，近年のフィーバーは，政策決定において軍人が従うべき「文民」は，国民なのか，それとも大統領や国防長官を意味するのかという論争の存在を指摘しており，これも確立された文民統制下での新たな問題である。

このように近年の米国等における研究は，文民統制が確立された上での軍隊の機能・運用に関する研究に移行しているのである。しかし，米国における研究にも課題はある。マクビン・オーウェンズ（Mackubin Owens）が指摘するように，「戦争における成功」，すなわち，よりよい戦争指導（War Leadership），換言すれば政治指導者の政治目的を平和構築活動や人道支援活動も含めた広義の軍事力の活用において達成する方法とは何か，という論題に注目した研究は少ないということである[5)]。

また，政軍関係を取り巻く戦略環境の変化という変数も，近年の米国等における研究では抜けてしまっていることも問題である。戦略研究においては，しばしば主権国家の後退，インターネットに代表される情報通信技術の発達による世論の敏感性の増大等の戦略環境の変化という変数が注目されるが，政軍関係研究では，エリオット・コーエン（Eliot Cohen）が著書で若干言及しているだけで，ほとんど注目されていない。このため，政軍関係研究は外部環境と無縁の独立した議論となっているきらいがある。しかし，政軍関係という概念自体が近代国家の登場という戦略環境変化によって生まれた以上，この点を無視して研究するべきではない。

以上のように政軍関係研究は，①実際の軍事力の運用に際しての文民統制についての議論が不十分，②戦略環境の変化を議論の変数に入れていない，という課題を有するのである。そこで，本稿では，この課題を解決するために，まず，曖昧な概念である政軍関係の概念整理を行い，その上で，近年の様々な戦略環境変化がどのように政軍関係のあり方，特に軍事力の運用における文民統制に影響を与えているかを論じる。以上により，新しい時代の政軍関係の一端を明らかにするものである[6)]。

2　政軍関係における概念整理

そもそも政軍関係の定義はマイケル・デッシュ（Michael Desch）が指摘したように，様々な見解があり，未だに明確な定義や合意は存在しない[7]。文民統制に至っては，国家安全保障法の策定に関与し，国防総省創設と文民統制の確立に大きな役割を導入したとされる，フェルディナント・エバースタット（Ferdinand Eberstadt）ですら，1953年に「文民統制とは魔法のような言葉で，誰もその意味するところを知らない」と指摘している[8]。これは，政軍関係研究が，「人間の安全保障研究」と同様に，現実の政策課題に対応するための側面が非常に強かったために，定義の前に現状に基づいた議論に引きずられてしまったからである[9]。

そのため，そういった議論から共通項を求めるよりも，歴史的な経緯から定義を試みるべきと考えられる。歴史的にみた場合，政軍関係は，国民国家の誕生によって生まれたと言える。この見解については，ハンチントンをはじめ，論者の多くが一致している。19世紀以降，国家の統治を専門とする政治家や官僚によって構成される共同体，暴力手段を合法的に独占する軍の両者の誕生によって政軍関係は生まれ，前者の後者への政治的介入を防ぐ概念として，文民統制が生まれたのである。これは政軍関係研究上の事件の多くが19世紀以降発生していることと一致する[10]。

ただし，一方では民主主義や自由主義と政軍関係がかならずしも関係があったとは言えない。ハンチントンが指摘するように，政軍関係の重要なカギとなる「専門職性（professionalism）」はプロイセンで成立したものであったし，政治による統制を最初に主張したクラウゼヴィッツも今日的な意味で主張したわけではない。

また，ジャスティン・ケリー（Justin Kelly）とマイケル・ブレナン（Michel Brennan）は，近代国家の登場によって，政治指導者は戦場から後方へと離れ，今では「戦略のスポンサー（strategic sponsors）」になってしまったと指摘している[11]。これは，近代国家の誕生とそれに伴う戦争の総力戦化が政治指導者を戦場から引き離したことによって，政治と軍事のギャップが生まれ，政治指導者が自分の意図を間接的に浸透させなければならなくなったことが，政軍関係を生みだしたという前提に基づくものである。実際，米国における政軍関係研究は，戦争の総力戦化により政治指導者が直接ではなく間接的に戦争を指導するようになった第一次大戦前後に多く生まれている[12]。

以上の点に鑑みると，政軍関係とは，近代国家の成立によって生まれた，政治指導者を中核とする共同体と軍の間における軍事力の運用をめぐる関係であり，文民統制とは，その関係における政治指導者による軍への統制であると定義できる。

ただし，近年の議論で注目すべきなのは，「文民」の定義に揺らぎがあることである。フィーバーは，この点について，第一に優先されるべき文民は国民であるとする「専門職性至上主義者（professional supremacists）」と，第一に優先されるべき文民は大統領や国防長官であるとする「シビリアン至上主義者（civilian supremacists）」の対立が起きているとする[13]。つまり，文民とは一義的に国民を指すのか，大統領や国防長官を意味するのか論争が起きていると指摘するのである。

専門職性至上主義者は，戦時における政軍関係では，軍からの適切な助言を重視し，政治指導者のマイクロマネジメントやミスマネジメントを防ぐことが重要だと主張する。そして，文民とは国民を意味するのであって，政治指導者の誤りを正すためには，現役予備役を問わず，世論に積極的に呼び掛けるべきであるし，抗議の辞職も正当な手段であると推奨する[14]。

他方，シビリアン至上主義者は，戦時においては，軍の見解が過剰に反映されていると批判し，近年の軍事作戦が複雑なものであり，軍内部でも見解が分かれることがある以上，文民は積極的に軍事作戦計画の立案に介入し，軍の助言を引き出すべきと考える。そして，文民とは大統領や国防長官といった指揮系統における最高位者であると考える。そのため，国民に直接相対しようとする専門職性至上主義者のような行動を批判し，あくまでも政権内部における積極的な助言に徹するべきであるとする[15]。

これらの論争は，文民とは誰を意味するのかというものである。より正確には第一に優先されるべき文民とは誰かという前提をめぐる議論である。専門職性至上主義者は第一の文民を国民と考えるため，彼らへの説明責任と助言を最優先に考え，政治指導者を軽んじる傾向にある。そして，国民を基準とするために専門職性に対する評価が低下し，自らの専門職性が政策的に正しいとする。

他方，シビリアン至上主義者は，第一の文民を大統領や国防長官といった政治指導者と規定するので，大統領や国防長官のための説明責任と助言を最優先に考える。そのため，彼らは，国民への積極的な軍人や元軍人の発言やリークを，大統領等の政治的な利益を棄損するものと批判的に捉える。そして，政治指導者の総合的な見識が前提となるので，軍の専門職性を部分最適であって，全体最適ではないと見なすようにもなる。

フィーバーはイラク増派をめぐる政策決定過程を主な事例として上記の議論を展開したが，実はこうした文民をめぐる議論は，フィーバー自身が最近の論説でも指摘しているようにイラク増派問題だけでなく，現在も続く問題なのである。

たとえば，シリア問題をめぐる，マーティン・デンプシー（Martin Dempsey）JCS 議長の位置付けをめぐる議論はその対象である。同時に，こうした問題は現在の政軍関係に特有のものであることも重要な点である。エジプトのモルシ政権を軍部が打倒するプロセスにおいて，軍部はしきりに国民と一体であり，そのために政権を打倒するという発言や行動を見せた。軍部の代表者であるシーシ国防大臣は，モルシ大統領との最後の問答においても，国民の代表は軍であり，大統領ではないと繰り返し言明している[16)]。しかも，「軍事クーデターではなく，人民の革命だった」とし，あくまでも国民運動だったとしている[17)]。つまり，専門職性至上主義者と似通った言説で正当化をしているのである。シーシをはじめとして，多くのエジプト軍人が米国に留学経験をもっていることも注目すべきだろう。

そして，わが国でも，田母神俊雄元航空幕僚長などの退役自衛官，尖閣諸島中国漁船衝突映像流出事件についての情報漏えいを行った元海保職員の一色正春等の行動原理は，国民が第一の文民であって，政治指導者などは副次的な文民でしかないという専門職制至上主義者と極めて近似したものがある。

このように一義的な文民とは誰かをめぐる問題は，米国だけでなくその同盟国であるエジプトやわが国も含めた広がりをもつ，新しい政軍関係の問題なのである。

3　戦略・作戦・戦術の一体化による政軍関係の変化

戦略環境の変化で注目すべき第二の点は，「戦略」「作戦」「戦術」の並列化という現象である。現在の戦略環境においては，図 5 - 1 が示すように，かつては

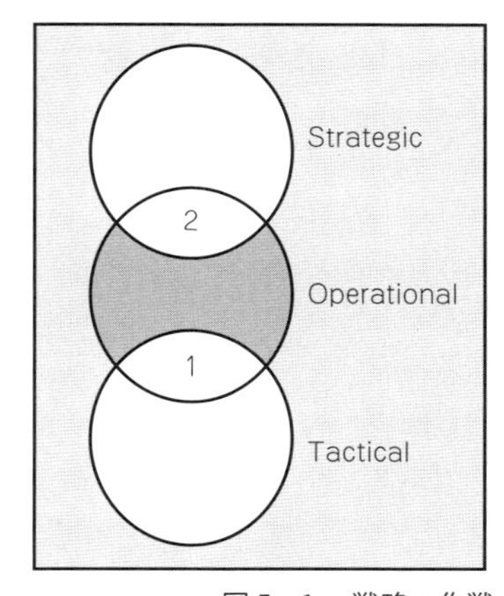

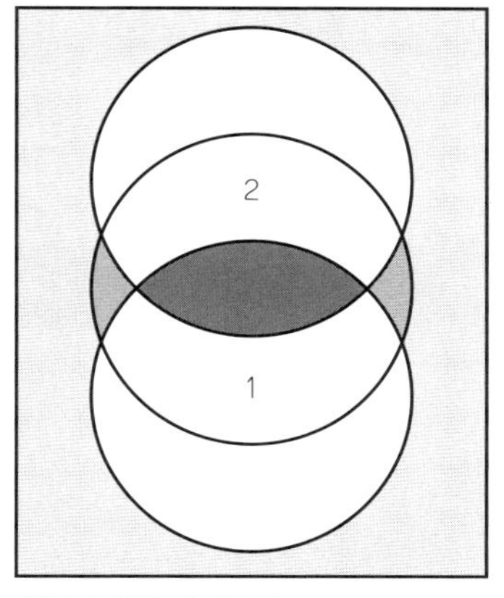

図５－１　戦略・作戦・戦術の関係性の変化

出所：David Jablonsky, "US Military Doctrine and the Revolution in Military Affairs," *Parameters*, 24 (Autumn 1994), pp. 18-36.

垂直的な関係だった，「戦略」「作戦」「戦術」の各レベルが重なり合い，戦術レベルの事象が，戦略に直接影響するようになっている。第二次大戦から冷戦初期までは，「戦略」と「戦術」は「作戦」を介して結びついていたが，ベトナム戦争以降から，徐々に，個々の戦闘ですら「戦略」に直接影響を与える事象が出てきた。また，「作戦」が「戦略」に及ぼす影響の度合いも，かつての時代に比べて増えていった。

実際，第一次大戦におけるソンムの戦いは両軍併せて100万人の死者を生み出したが，戦争全体には影響を与えなかった。しかし，ソマリアにおける米兵の死者と捕虜の映像やベイルートでの海兵隊兵舎爆破事件は，米国をその地域から撤退させ，地域における米国の国家戦略を大きく変えることとなった。

また，2010年頃，アフガニスタンで頻発した米特殊部隊による民家への夜間強襲は多くの民間人を死亡させ，カルザイ大統領が指摘するように「アフガニスタン人の反NATO感情を高め，アフガニスタン政府への反発を強めさせている主因」となった[18)]。

そして，2011年11月に米軍ヘリがパキスタン領内での誤爆によりパキスタン人24人を殺害した事件は，クリントン国務長官が謝罪するまでの８ヵ月もの長きに渡り，アフガニスタン国境を閉鎖しNATO向けの輸送トラックの通行を禁止し，南部からの陸上補給が不可能となり米国のアフガニスタン作戦と撤退戦略に大きな負担を強いた[19]。

以上のような戦術レベルでの微細な出来事が，戦略レベルで大きな影響を与える現象は，かつての時代ではほとんど見受けられなかった事例である。

この変化の背景には，軍隊による政治的任務の増大，情報通信技術の発展，時代精神のポストヒロイック化があると指摘できる。軍隊による政治的任務の増大とは，第二次大戦後に特に顕著な現象である。

第二次大戦以前より減少を続けていた国家間戦争は，第二次世界大戦を契機にほとんど起こらなくなり，他方で，内戦は右肩上がりに数を増やしていった[20]。また，相互核抑止体制が冷戦を通じて成立していったことで，軍事力の大規模な行使に一定のタガがかかるようになった。このため，軍事力をかつてのように大規模かつ継続的な軍事作戦のために使用することが減り，政治的な影響を直接もたらすために小規模な部隊を用いるケースが特に米国で増えていった。

実際，1946年から1975年までの期間だけでも米軍の政治的な使用は，215にのぼっている[21]。また，こうした動きに反発して，米軍は文民に，ワインバーガー・ドクトリン，そして，パウエル・ドクトリンという形で，軍事力の政治的な使用を控えるように事実上の要求を行っている[22]。現在では，人道支援・災害救助活動（Humanitarian Assistance / Disaster Relief：HA/DR）や能力構築支援（Capacity Building）という形で，より小規模の部隊を自国の地域プレゼンス拡大のためという政治目的で，他国の災害対応や軍事能力強化を実施している。

このような軍事力の運用は，政治指導者が小規模の単位で政治目的を直接的に達成しようとするものであるため，必然的に戦術レベルと戦略レベルが直接結びつきやすくなる。そのため，政治的運用の増大によって，戦略と戦術の相互の結びつきが生まれたと言える。ただし，政治的な軍事力の行使は，19世紀以前にも多く見受けられた現象であり，この結びつきを確実にしたのが，情報通信技術の発展である。

情報通信技術の発展は，テレビメディアとインターネットを意味する。前者については，時代がすすむにつれて，報道の即時性と伝達の容易性が向上し，かつては報道されなかったような一兵士の死ですら大きく報道され，世論に影響するようになったことである[23]。また，後者のインターネットは，前者のテレビメディアにおける即時性と容易性をさらに高めただけでなく，「世論の敏感性」をもたらした[24)]。インターネットが爆発的に普及し，従来は受け手側に過ぎなかった市民による情報発信や意見表明が容易かつ安価に可能となったことで，加速度的に世論形成の速度が高まり，戦術レベルにおける小さな出来事でも戦略レベルに大きな影響を与えやすくなったのである。

こうした象徴は近年のテロ活動において容易に見つけられる。たとえば，ナイジェリアのローカルかつ無名な武装組織でしかなかったボコ・ハラムは，現地の女子学生を拉致し，その様子を動画投稿サイトに投稿した結果，爆発的な国際世論の反発を買い，ネット上では著名人の抗議が相次ぎ，ついにはオバマ大統領夫人までが名指しで批判し，米英政府が軍事アドバイザーを現地に派遣するまでに至った[25)]。

こうした「世論の敏感性」の影響がいかに大きく，現代特有のものであるのかについては，ウェズリー・クラーク（Wesley Clark）元NATO軍司令官が，「（ユーゴ空爆において）世論の動向が我々に成したことは，セルビアの防空システムが果たせなかったことである。すなわち，我々の空爆を牽制したのだ。軍事または政治指導者にとってこの世論の影響は見過ごせなかった。作戦を継続するためには世論の支持が不可欠である。世論の制約と将来の作戦に対する過敏な反応を受け入れることによって可能となる」と指摘していることからも明らかである[26)]。

そして，「世論の敏感性」を高めたのは，時代精神の「ポストヒロイック（人命重視）化」である[27)]。エドワード・ルトワック（Edward Luttwak）によれば，少子化と高齢者以外の死亡がまれになったことで，今や戦闘で生じる兵士の戦死が先進国の社会では受け入れがたいものになっていると指摘する[28)]。しかも，石津朋之が指摘するように，こうした規範は敵国の犠牲者までも含めたものにまでなっている[29)]。つまり，先進国の社会においては，敵味方を問わず死傷者に対する許容度が低下しており，その戦術レベルに過ぎない，若干の死傷者の存在が，世論に重大な出来事として衝撃を与え，ひいては戦略レベルである政治に大きな影響を与えるのである。

以上の背景によって，かつては垂直的な関係であった，「戦略」「作戦」「戦術」の各レベルは，今やほぼ水平的な関係となり，戦術レベルの事象が戦略に大きな影響を与えるようになったのである[30)]。

では，この変化を政軍関係論に当てはめた場合，どのような影響があるのだろうか。それは，有事の文民統制における規範を見直す必要が出てくるという事である。たとえばデッシュに代表される研究者は，文民は作戦レベル以下への介入を控えることが戦争の勝利につながると主張してきたが，こうした主張は誤りとなる。

デッシュらは，文民が戦争における作戦および技術的なレベルへの文民による介入を控える代わりに，政治および大戦略における軍の完全な服従を求める「客体的コントロール」こそが軍事的な成功を生み出すと主張する[31]。そして，彼はクラウゼヴィッツの「戦争には独自の論理はないが，独自の文法がある」との指摘を根拠に，文民は独自の文法，つまり狭義の軍事知識を持たない以上，関わるべきではないとしている[32]。

しかし，作戦レベルや戦術レベルでの行動を軍に完全に委任した場合，軍事的合理性のみに基づいた作戦なり戦術行動が実施され，それが戦略レベルに跳ね返り，政治目的の達成ができなくなるのは間違いない。これは，マスメディア等によって実況される中，特定の宗教的な重要施設に反政府勢力が籠城している場合，爆撃が戦術的には正しく，戦略的には明白に間違っているといったことを考えれば明らかである。実際，ソマリア介入での失敗について，文民指導者が作戦レベルはもちろんのこと，戦術レベルまでチェックしなかったことに起因するとの指摘もある[33]。

また，ある種の技術官僚に過ぎない軍人が政治における独自の文法，つまり国内世論や総合的な国益に関する見識をもたない以上，戦術レベルですら政治的な影響を与える現在の戦略環境において，彼らに全面的に委任することは政治目的達成に結びつかず，悪影響を与えるのは間違いない。

その意味では，ハンチントンの議論の延長線として文民の関与を戦略レベルに限定することが戦争の勝利に直結するとしたデッシュのような主張は，現在の戦略環境下での政軍関係としては不適切ということに理論的にはなる。

他方，デッシュの対極に位置するのが，コーエンである。彼は，戦時の政軍関係においては，クラウゼヴィッツを理論的な根拠として，政治指導者は戦争のあらゆる局面で介入すべきと主張する[34]。彼は，リンカーン，ベングリオン，クレマンソー，チャーチル等のような政治指導者は，軍部と衝突し，遠慮ない批判や対話を重ね，人事異動を積極的に行うことで，政治目的を戦争によって達成できたと評価する[35]。一方，クリントン政権までの米国の政軍関係は，政治指導者がハンチントン的な「通常（normal）」の理論に基づき，軍と距離を置き，積極的な介入や対話をしないことで，ベトナム戦争の敗北，湾岸戦争の戦略的な失敗等につながったとしている[36)]。

本章で触れた戦略環境の変化では，コーエンなどの議論を補強するものとなる。つまりいかなる局面でも文民の軍事面への介入は許容されるのである。そして，コーエンはどちらかといえば作戦レベルへの介入を前提としているが，この場合，より議論を推し進め，戦術レベルやそれ以下の区々たる戦闘であっても積極的に介入すべきとなる。

4　戦略における政軍のギャップの増大

上記のように，戦略・作戦・戦術がほぼ並列化していく一方で，近年の戦略環境では，ケリーとブレナンが指摘するように，近代以降に発生した戦略における政軍間のギャップが増大している。両者は，19世紀以降生まれた政軍のギャップがますます拡大し，政治目的が軍事作戦に十分反映されていないとする。彼らは，ナポレオン時代までは，政治指導者が軍隊を直接指揮し，戦争と政治を結ぶのは個人の仕事だったとし，「一か所の戦略（strategies of a single point)」の時代であったとする。この時代は，政治指導者が，利益と損益を計算し，どこでどのように戦うべきかを政治指導者が決定していたので，政治と戦術は極めて密接だったと主張する[37)]。

しかし，近代国家が誕生し，これまでにない大規模の軍隊を複数の戦域で運用できるようになり，戦争が総力戦化し，国内政治に政治指導者が忙殺されるようになると，政治と軍事の関係は，様々な意味で受け入れがたいほどに離れていった。ケリーとブレナンは，こうした政軍の距離を埋めるために，「作戦術（operational art)」の概念が生み出されたと指摘する。そして，米国で作戦術が見直された1980年代に，作戦術が戦略目標達成のための概念であるということが理解されずに，戦いに勝つための手段として誤解されたことで，政軍のギャップの拡大が放置され，今や政治指導者が単なる「戦略のスポンサー」になってしまっていると批判する[38)]。そして，これらが当てはまる代表例として，ソマリア介入やコソボ紛争を取り上げ，政治と戦争における実施が支離滅裂だったとしている[39)]。

ケリーとブレナンの論考は，政軍関係研究としてではなく，戦略研究の文脈で行われたものであり，彼らの指摘は，これまでの文民統制をめぐる議論では含まれてはいない。しかしながら，政軍のギャップが拡大し，政治指導者が「戦略のスポンサー」になってしまっているのであれば，軍事力の運用におけるそもそもの目的が政治目的を反映させるものである以上，政軍関係論の課題となると言える。

また，近年の米国を中心に発達を続けている「ネットワーク中心の戦争（Network Centric Warfare)」の構造自体が政治目的の徹底化を困難にしているとの指摘もある。クラウゼヴィッツ研究で名高いアンドレアス・ヘルベルクローテ（Andreas Herberg-Routhe）は，ネットワーク中心の戦いは，分散したいい加減な組織構造によって特徴づけられており，かつてのような厳格な階層構造を持たないと指摘する。そして，そのために，政治指導者の意思と命令が即座に徹底されにくいと指摘する[40]。これもまた，ケリーとブレナンと論拠は違うが近年の政軍間のギャップが拡大していると同様の指摘をするものである。

彼らの指摘は，ある意味で，近年の政軍関係における事例を説明している。たとえば，現地部隊からの重装備の増派要請を却下すべきとコリン・パウエル（Colin Powell）JCS 議長が政治指導者に助言したことがソマリアでの失敗に結びついたとの議論がある[41]。これは，政治指導者が前線から離れたことによるギャップによって，情勢を認識できなかったことが原因とも解釈できる。

イラク安定化作戦において，首席軍事助言者である JCS 議長を差し置いて，ジョージ・ブッシュ（George Bush）前大統領がイラク地上軍司令官でしかなかったデビッド・ペトレイアス（David Petraeus）と直接テレビ会議でやりとりして決定していたことが問題視された事例も同様である[42]。本来の指揮系統であれば，イラク地上軍司令官でしかないペトレイアスはブッシュ大統領と対話することはできない。中央軍司令官，JCS 議長，国防長官等がブッシュ大統領とやり取りできるのが通常であり，基本的にはゴールドウォーター・ニコルズ法が規定するように，JCS 議長が大統領と統合軍司令官以下の連絡を仲介するというものだったからである。しかし，ブッシュ大統領は頻繁にペトレイアスとやりとりを行った。ブッシュ大統領が，前線と後方の様々な距離に基づく認識の差を埋めようとして，JCS 議長を通さずに，直接現地部隊を統制しようとしたと説明できる。

近年では，特にバラク・オバマ（Barack Obama）大統領の無人機作戦に対する態度が指摘できる。トーマス・ドニロン（Thomas Donilon）国家安全保障担当補佐官等が証言するように，2012年頃のオバマ大統領は毎週火曜日に自分自身でテロリストの「暗殺リスト」を確認し，どのターゲットを無人機攻撃で暗殺するかを確認していたという[43]。これも前節で述べた戦術と戦略が並列化しているにもかかわらず，政と軍の距離が増大している中で，オバマ大統領がとった措置だと解釈できる。

また，こうしたケリーとブレナンの説は，質量共に圧倒的に劣るはずのローカルなテロ集団が，しばしば隔絶した物量と権力を有するグローバルな主権国家の連合体に対して，たびたび政治目的の達成を果たすことの説明になる。彼らは，組織の小ささや手段の特性上，政治指導者が戦術レベルに近く，ビン・ラディンがそうであったように軍事力の運用計画の立案等において積極的に参加しているために，戦術レベルの行動において政治目的を浸透させているのである。つまり，有効な文民統制を行うことで，国家より効果的に政治目的を軍事力によって達成していると指摘できる。換言すれば「テロ集団の政軍関係」は，主権国家の政軍関係よりも意思決定の回転サイクルが早く，より確実に政治目的の達成を図れるということなのである[44]。

もちろん，こうした指摘に対してはテロ集団に政治目的は存在せず，宗教的な目的が存在するのであって政軍関係は成り立たないという批判や主権国家でない以上は政軍関係が存在するという指摘は間違っているとの指摘もあるだろう。

しかし，ジョン・ベイリス（John Baylis）らが指摘するように，実は非国家主体による戦争が国家間戦争とどのように違うかは明らかではなく，アル・カーイダなどのテロリストも国家と同じく戦略的行為者なのである[45]。そして，彼ら自身の著作などから明らかなように，「政治の優位性」という意味では文民統制を受け入れているのである[46]。

こうした主張は突飛に受け止められるかもしれないが，復興支援における，軍とNGO等の組織の協力を扱う民軍協力（Civil-Military Cooperation）についての研究が登場しているように，非国家主体と軍の政軍関係研究は徐々に出てきており，研究対象として不適切ではない。

以上で議論した変化を政軍関係論に当てはめるとすれば，それは，やはり有事の文民統制においては，無限の介入が必要という議論になる。確かに，これまでの戦略環境においては，政と軍の距離がそれほど離れておらず，政治指導者は特段の努力を払わずともある程度，政治目的を浸透させることができた。しかも，軍事力を運用する対象は主権国家がほとんどであって，同じルールが適用される以上，政治目的が浸透せずとも問題はなかった。しかし，戦術レベルに近接した場所で，政治目的とほぼ結びついた軍事力の運用を行っているテロ集団が相手となった以上，不利は否めなくなる。実際，ブッシュ，オバマという正反対の二人の大統領がテロ集団との戦いにおいて，マイクロマネジメントを展開していることは，その不利を埋めるためとも解釈できる。

つまり，政軍間の距離のギャップが拡大しているということは，テロ集団の戦争指導を相対的に有利なものとし，主権国家においては必然的に政治指導者によるマイクロマネジメントを必要としているということになるのである。

5　無人兵器，人工知能の発展がもたらす指揮系統の平面化

政軍関係，特に有事の文民統制に影響を与えると思われるのは，無人兵器に代表される近年の軍事技術の発展である。ピーター・シンガー（Peter Singer）は，無人兵器の発達が指揮系統を極端にフラット化しつつあると指摘する[47)]。ある米軍の大将は，無人攻撃機の映像を２時間にわたりチェックし，武装勢力のひそむ団地に民間人がいないことを類推し，どのような威力の攻撃を行うかまで子細に決定したという[48)]。また，ある大隊長は何人もの将軍たちから部隊の位置について指導を受けたという[49)]。これらの現象は，シンガーによれば特異な現象ではなく，多数の「戦術的将官」が出現しているという[50)]。つまり，先述のように戦術・作戦・戦略レベルがより一体化し，それに対応するかのように指揮系統がフラット化しつつあるのである。

もちろん，この場合は，軍内部における指揮系統のフラット化だが，シンガーが指摘するように同様の傾向が政治指導者と軍の関係でも同様に適用されるだろう。すなわち，「匕首伝説」のように誇張された「爆撃目標を指示するジョンソン大統領」よりも遥かに濃密に前線に介入する「戦術的政治指導者」の登場である[51)]。その意味で，新しい政軍関係の課題は，どのように適切なマイクロマネジメントを政治指導者が実施できるかというものになる。

また，シンガーの指摘で注目すべきは，人工知能の導入である。すでに2002年の米陸軍の報告書では，人工知能の導入が上記の指揮系統のフラット化による混乱の解決策と指摘している[52)]。人工知能が現状の戦術状況や軍事行動から適切な行動を判断すべきという主張である。実際，米軍ではすでに将校の意思決定支援，

兵站・配備計画から敵の行動と対抗手段策定，敵の過去の行動から戦略目標を予測する人工知能システムが導入されているという[53]。そして，最終的には，作戦の全体計画を作成する人工知能の開発を目指しているという。

今後，人工知能の導入が進み，意思決定の自動化が図られれば，政治目的を達成するためには，人工知能の判断に政治目的を反映させることが必然的となり，プログラミングも文民統制の対象としなければならなくなる。そのため，人工知能もまた政軍関係の深刻な課題となっていくと指摘できる。

また，以上のような技術発展は，従来のハンチントンが指摘した，軍人の専門職性への疑問につながる。1995年に，スティーヴン・メッツ（Steven Metz）とダグラス・ジョンソン（Douglas Johnson）は，精密長距離攻撃兵器，そして最終的には無人兵器に至る軍事革命（Revolution in Military Affairs：RMA）は軍事と非軍事の垣根を消滅させていき，遂には軍独自の専門職性を相対化すると予見した[54]。この指摘は，近年のインフラ破壊も可能とするサイバー戦の急速な発展を踏まえた場合，現状と近い将来を予見していたと言えよう。

なぜならば，無人兵器やサイバー戦は，「下士官や兵士に将軍並の力を付与」し，階級自体を無意味化するからである。実際，無人機の運用の現場では，フラット化した指揮系統が旧来の階級を相対化しており，近年のメッツも「21世紀に任務を将校・下士官・兵士で分けることに意味があるのか検討すべきだ」と指摘している[55]。また，当該分野の高度人材は旧来の軍隊組織に馴染まない傾向にあるということも理由の一つである。

つまり，かつてのRMAが軍事組織特有の専門職性を生み出したように，近年のRMAもまた，その専門職性を相対化しようとしているのである。この場合，軍の専門職性を尊重することが安定と軍事的効率につながるという客体的コントロール論の前提が失われることになる。

6　おわりに

これまでの議論から明らかになったのは，構造的に政治と軍事の距離が拡大する一方で，戦術・作戦・戦略の各レベルは一体性を増しているということである。また，近年では，そもそも文民統制の文民とは，国民を第一に置くのか，政治指導者を第一に置くのかで議論に揺らぎがある。そして，無人兵器や人工知能といった技術革新はこれらの傾向をより一層強化し，同時に軍事組織の専門職性を相対化する傾向にある。

つまり，戦略環境の変化は政軍関係，特に有事における文民統制のあり方と規範を大きく変えようとしているのである。具体的には，第一に政治指導者は，戦術レベルにまで常時介入し，その意思を貫徹させる必要がある。何故ならば，作戦レベルの事象が戦略に与える影響が増大し，戦術レベルの出来事が戦略に直接的な影響を与えるのであれば，純軍事的な必要性で作戦や戦術を展開することは極めて危険だからである。

第二に，こうした環境下では，テロ組織における文民統制が主権国家のそれよりも優位にある可能性が示唆される。すでに述べたように，テロ集団のありようこそが，政治指導者戦争と政治を戦術レベルで結ぶ「一か所の戦略」だからである。つまり，こうした戦争指導の優位性こそがテロ集団の主権国家に対する一つの有利な点なのである。

第三は，文民の定義をめぐる混乱と専門職性の相対化は，政軍関係の概念の再構築を要求するということである。相互の関係するアクター自体が相対化されつつある以上は，何が民主的統制の維持と政治目的達成に資するのかという観点での見直しが必要となるからである。

ゆえに，今後は，こうした「新しい政軍関係」における概念の再構築，テロ組織などの非国家主体も包含した研究，特に事例検証が今後の課題であると指摘できる。

なお，本稿の政策的なインプリケーションを述べると，日中間の尖閣諸島をめぐる争いが本稿で触れた環境にまさに合致することに注目するべきである。日中両国は少子化社会であり，インターネットが普及し，国際社会も含めた衆人環視下での紛争になる可能性が高く，経済力と核戦力を含む軍事力では中国が日本よりも優位に立っている。その場合，エスカレーションの防止と被害者としての立場の堅持がわが国の最も追求するべき政治目的となる。これは初動においては，戦術的な敗北もしくは自制が，戦略的な勝利につながる可能性が高いのである。つまり，紛争の初期段階においては，戦術レベルにおける軍事的合理性の追求は特に禁忌となるのである。

また，紛争の初期段階において，軍事的合理性に基づけば，速やかなる部隊展開を実施すべきとなるが，第一次大戦の直接的な引き金が軍の動員であったように，政治的には相手側のエスカレーションと先制攻撃の誘惑を高めかねない以上，部隊展開を意図的に遅らせることも必要となる。

そして，紛争の初期段階以降においても，軍事作戦なり戦術が軍人により軍事的合理性のみで展開されれば，政治的利益が反映されないばかりか，国益を損なう可能性が高い。ゆえに，文民による政治的な利益を徹底させる必要があるのである。

しかし，現場における行動を制約する制度の不在が元防衛官僚からも指摘されている[56)]。また，有事における自衛官の一定数以上が作戦レベルはおろか，戦略レベルの戦争指導すら自衛官の手に委ねられるべきと考えているとの調査結果も存在する[57)]。これは有事には軍事的合理性を満たしているが，政治目的を達成できない行動が実施されてしまう可能性を示唆している。

加えて，エスカレーション・ラダーの管理には，外交交渉を踏まえた極めて高度な政治的な知見が重要だが，これを軍事的合理性の追求を専門職性とする自衛官に期待するのは難しく，そもそも，同時に二つの，それもしばしば相反する目標を背負わせることは，自縄自縛にさせる蓋然性が高い。

そこで，政治的な観点を軍事作戦や戦術に反映させるために，軍事的合理性の過度の追求による悪影響を防ぐ目的で，統合任務部隊等の司令部に，内局の官僚や他省庁の人間，研究者を一部の幕僚として参画させ，自衛隊の各指揮官に政治的な知見の助言や政治目的からの逸脱の監視をさせることが有益であると考えられる。現状の制度においても，平和構築活動に限定して，ポリティカルアドバイザーとして内局の官僚が参画することもあるが，参与する活動内容，権限，出身者を拡大するということに特徴がある。

こうした提案の当否はともかくとしても，少なくとも，今後の日本の抱える紛争では，戦術レベルでも政治目的を制度的に徹底させることが肝要なのは事実である。その意味では，「どのような政軍関係を確立するか，これは，今後のわが国自身の，大きい，そして困難な，しかし避けることの許されぬ課題である」という三宅正樹のかつての指摘は今日的な意味でも重要性を増すのは間違いない[58)]。

最後に，政軍関係研究の今後の方向性に言及する。近年の政軍関係研究では，すでに述べたように，好戦的な文民に戦争の一因があり，その抑制にこそ政軍関係研究の意義があるとの指摘も存在する。しかし，戦争が一種の社会現象であり，今や軍事力の運用があらゆるレベルにおいて，多様な目的で機動的に実施されている以上，それを所与の存在として，石津朋之が指摘するように「囲い込み」「飼い慣らす」ことに着眼点を置くべきとも言える[59)]。

そして，民主制によって正当性をもつ文民だけが誤りを犯す権利があって，官僚でしかない軍人にはその権利はないとのフィーバーの指摘を所与のものとするのであれば，新しい研究のフロンティアは，こうした戦略環境変化において，責任者である文民が軍事力の運用に際して，どのように軍に対する指導を行うべきかという問いにこそ広がっているのである[60)]。

注

1）実際，1980年代以降は軍の政治介入についての理論研究は低調となり，むしろ民主化過程における軍の政治からの撤退やなぜ介入しないのかが主流となっている。こうした問題意識の著作については以下が詳しい。馬場香織「軍の政治非介入――メキシコ政軍関係史」『國家學會雜誌』第121巻３・４号，2008年４月，171-229頁；宮本悟『北朝鮮ではなぜ軍事クーデターが起きないのか？――政軍関係論で読み解く軍隊統制と対外軍事支援』潮書房光人社，2013年10月。

2）フィーバーはこの点について，「クーデターの現実的な危険性がなくなっても，文民統制や文民と軍の対立の問題は残るのである。別の言い方をすれば，近年の政軍関係とは，基本的な文民統制が確立された後に残る対立の問題である。米国の政軍関係の物語とは，文民統制をどのように行うかについての意見の対立なのである」と指摘している。Peter D. Feaver, “Civil-Military Conflict and the Use of Force, in U.S. Civil-Military Relations: In Crisis or Transition?” Don Snider and Miranda Carlton-Carew, eds., *U.S. Civil-Military Relations: In Crisis or Transition?*, Center for Strategic and International Studies, 1995, p. 113.

3）Peter D. Feaver, *Armed Servants: Agency, Oversight, and Civil-Military Relations*, Harvard University Press, 2003.

4）Risa A. Brooks, *Shaping Strategy: The Civil-Military Relations of Strategic Assessment*, Princeton University Press, 2008; Jon A. Kimminau, “Civil-Military Relations and Strategy: Theory and Evidence,” unpublished Ph.D. thesis, Ohio State University, 2001；三浦瑠麗『シビリアンの戦争――デモクラシーが攻撃的になるとき』岩波書店，2012年。

5）Mackubin T. Owens, “Civil-Military Relations and the Strategy Deficit,” *FPRI E-Note*, February 2010.

6）なお，有事における文民統制のあり方というテーマでは，菊池茂雄「「軍事的オプション」をめぐる政軍関係――軍事力行使に係る意志決定における米国の文民指導者と軍人」『防衛研究所紀要』第16巻第２号，2014年２月，１-33頁がある。

7）Michael C. Desch “U.S. Civil-Military Relations in a Changing International Order,” Don Snider and Miranda Carlton-Carew, eds., *U.S. Civil-Military Relations: In Crisis or Transition?*, Center for Strategic and International Studies, 1995, pp. 167-168.

8）Ferdinand Eberstadt, "The Historical Evolution of Our National Defense Organization," *Naval War College Review,* Vol. 6, No. 5, January 1954, p. 12.

9）実際，政軍関係研究者は，古くはマッカーサー解任事件，提督たちの反乱に始まり，近年では，ブッシュ政権からクリントン政権にかけてのパウエル JCS 議長，イラク戦争時のシンセキ陸軍参謀総長とラムズフェルド国防長官の対立，イラク増派決定をめぐるペトレイアスイラク方面司令官の政治的影響力の問題について盛んに議論してきたが，いずれも政策論的な個別の議論に終始してきた。その意味では，普遍的かつ連続した議論や研究として構成されたとは言い難い面がある。

10）長尾雄一郎「政軍関係の過去と将来」『戦争の本質と軍事力の諸相』彩流社，2004年，83頁。

11）Justin Kelly and Michael J. Brennan, *Alien: How Operational Art Devoured Strategy,* U.S. Army War College Strategic Studies Institute, 2009.

12）たとえば，1912年，ジーン・モルダック（Jean Mordacq）は南北線戦争を中心とした政軍関係研究である「民主主義の政治と戦略（Politique et stratégie dans une démocratie)」を出版している。文民の役割については，リンジィ・ロジャース（Lindsay Rogers）が1940年１月の『フォーリン・アフェアーズ』に投稿した，「文民統制と軍事政策（Civilian Control of Military Policy)」や，1927年のジョージ・アストン（George Aston）編著による「政治指導者と市民のための戦争研究（The Study of War for Statesmen and Citizens)」が古いものとして挙げられる。Edward Mead Earle, ed., *Makers of Modern Strategy From Machiavelli to Hitler,* Princeton University Press, 1943, p. 538.

13）Peter D. Feaver "The Right to Be Right: Civil-Military Relations and the Iraq Surge Decision" *International Security,* Vol. 35, Issue 4, pp. 87-125.　なお，この内容と関係する議論をまとめ，その位置づけを論じたものに，彦谷貴子「政治インフラとしての軍」久保文明編『アメリカ政治を支えるもの――政治的インフラストラクチャーの研究』国際問題研究所，2010年がある。

14）Feaver, *op. cit.*

15）*Ibid.*

16）『朝日新聞』2013年７月７日。

17）Matt Bradley and Amina Ismail, "With New Vows, Egypt Leader Takes Office," Wall Street Journal, June 8, 2014.

18）Joshua Partlow, "Karzai wants U.S. to reduce military operations in Afghanistan," Washington Post, November 14, 2010.

19）Joanna Biddle, "U.S. Apology Leads Pakistan to Reopen Important NATO Supply Route," Defense News, July 3, 2012.

20）原田至朗「近代世界システムにおける戦争とその統計的記述」『戦争と国際システム』東京大学出版会，1992年，73-102頁。Uppsala Universitet, Uppsala Conflict Data Programme. <http://www.pcr.uu.se/digitalAssets/66/66314_1armed-conflict-by-type-jpg.jpg>

21）Barry M. Blechman and Stephen S. Kaplan, Force Without War: *US Armed Forces as a Political Instrument,* The Brookings Institution, 1977, pp. 547-553.

22）この経緯については，以下の著作が詳しい。Richard Lock-Pullan, *Us Intervention Policy and Army Innovation: From Vietnam to Iraq*, London and New York: Routledge, 2006.
23）James Adams, *The Next World War: Computers Are the Weapon and the Front Line Is Everywhere*, New York: Simon & Schuster, 1998, p. 278.
24）*Ibid.*, pp. 282-290.
25）Jim Miklaszewski and Henry Austin, "U.S. Experts Arrive in Nigeria to Hunt Girls Taken by Boko Haram," NBC News, May 9, 2014; Dave Boyer "Nigerian president using third parties to talk with Boko Haram, free girls," Washington Times, August 4, 2014.
26）ポール・ローレン，ゴードン・クレイグ，アレクサンダー・ジョージ著，木村修三ほか訳『軍事力と現代外交――現代における外交的課題』有斐閣，2009年，316頁。
27）時代精神とは，石津朋之によれば，国際法およびそれに基づく社会規範などの狭い意味のみならず，より広い意味での戦争に対する個人の価値観や国家の行動規範，さらには，国際社会での戦争への許容度などが含まれる概念である。石津朋之『戦争学原論』筑摩書房，2013年，349頁。
28）エドワード・ルトワック，武田康裕・塚本勝也訳『エドワード・ルトワックの戦略論――戦争と平和の論理』毎日新聞社，2014年，112-119頁。
29）石津，前掲書，351頁。
30）もちろん，デビッド・ジャブロンスキー（David Jablonsky）らが，戦略，作戦，戦術の水平化を指摘したのは，RMA，特に米軍における飛躍的な技術進歩を背景としたものである。ゆえに90年代の RMA 論争における一過性の議論でしかないとの批判もあるだろう。しかし，これまで論じてきたように，社会の変容によって明らかに戦術レベルでの事象が戦略レベルに与える影響が増加していることを踏まえれば，かつての RMA 論争の当否とは関係なく，現在の戦略環境を説明するものとして考えるべきである
31）Michael C. Desch, "Bush and the Generals," *Foreign Affairs*, Vol. 86, No. 3, May/June 2007, pp. 97-108.
32）Michael C. Desch, "Salute and Disobey? The Civil-Military Balance, Before Iraq and After," *Foreign Affairs*, Vol. 86, No. 5, September/October 2007, pp. 153-156.
33）Eliot A. Cohen, *Supreme Command: Soldiers, Statesmen, and Leadership in Wartime*, New York, The Free Press, 2002, pp. 201-202.
34）Cohen, *op. cit.*, pp. 7-10.
35）*Ibid.*, pp. 208-224.
36）*Ibid.*, pp. 173-207.
37）Kelly and Brennan, *op. cit.*, pp. 86-88.
38）*Ibid.*, pp. vii-viii.
39）*Ibid.*, p. 70.
40）Andreas Herberg-Rothe, "Clausewitz and the Democratic Warrior," Andreas Herberg-rothe, Jan Willem Honig, and Daniel Moran eds., *Clausewitz The State and War*, 2011, p. 159.

41）Frank Hoffman, "Goldwater-Nichols After a Decade," in Williamson Murray, ed., *The Emerging Strategic Environment*, Praeger, 1999, pp. 171-173.
42）Michael Abramowitz, "Bush Listens Closely To His Man in Iraq," *Washington Post*, April 6, 2008.
43）Jo Becker and Scott Shane, "Secret 'Kill List' Proves a Test of Obama's Principles and Will," *New York Times*, May 29, 2012.
44）表現を変えれば，米軍等が情報技術を基盤にしているのに対し，テロ集団はローテクによって監視（Observe），情勢判断（Orient），意思決定（Decide），行動（Act）からなる一連の意思決定サイクル，いわゆるOODAループを回転させていると指摘できる。
45）ジョン・ベイリス，ジェームズ・ウィルツ，コリン・グレイ編，石津朋之監訳『戦略論』勁草書房，2012年，118頁。
46）同上，101頁。
47）ピーター・シンガー，小林由香利訳『ロボット兵士の戦争』日本放送出版協会，2010年，510頁。
48）同上，503-511頁。
49）同上，505頁。
50）同上，503-511頁。
51）なお，ジョンソン大統領のマイクロマネジメントがベトナム戦争を敗北させたとする説はハリー・G・サマーズ，杉之尾宜生・久保博司共訳『アメリカの戦争の仕方』（講談社，2002年）に代表的な見解だが，こうした見解は実証性に乏しく，第一次大戦後のドイツにおける陰謀論の「匕首伝説」と同様のものでしかないという指摘が多い。こうした議論で代表的なのは，以下の著作である。Cohen, *Supreme Command: Soldiers*; Kimball, "The Stab-in-the-Back Legend and the Vietnam War," *Armed Forces and Society*, Vol. 14, Spring 1988, pp. 433-458；石津朋之「おわりに」『フォークランド戦史』防衛省防衛研究所，2014年，361頁。
52）シンガー，前掲書，516頁。
53）同上，516-520頁。
54）Douglas V. Johnson and Steven Metz, "American Civil-Military Relations: New Issues, Enduring Problems," U.S. Army War College Strategic Studies Institute, 1995, p. 15.
55）Steven Metz, "Armed Conflict in the 21st Century: The Information Revolution and Post-Modern Warfare," U.S. Army War College Strategic Studies Institute, 2000, p. 83.
56）柳澤協二『亡国の安保政策——安倍政権と「積極的平和主義」の罠』岩波書店，2014年，99-100頁。
57）彦谷貴子の調査によれば，約半数（47.3%）の自衛隊将校が「政治指導者は，有事の際は自衛官に戦争遂行を任せるべき」としている。また，「どのような自衛力を投入するかについての最終判断は政治家がすべきだ」という問いに対しては，わずか36.1%しか賛成していない。
彦谷貴子「日本にシビルミリタリーギャップは存在するか？自衛隊・文民エリート意識調査の結果から」『安全保障学のフロンティア——21世紀の国際関係と公共政策一第2分冊一リスク社会の危機管理』明石書店，2007年，107頁。

58）三宅正樹『政軍関係研究』芦書房，2001年，47頁。

59）石津，前掲『戦争学原論』，352-354頁。

60）Peter D. Feaver, "Civil-Military Relations," *Annual Review of Political Science*, Vol. 2, June 1999, p. 225.

第6章
軍事力と経済力
——経済力万能神話の消滅と代替可能性の終焉——

石井貫太郎

1　問題の所在

本章の目的は，第一に，国家の外交資源（Resources of Diplomacy）を構成する要素として経済力（Economic Power）とともに軍事力（Military Power）が重要であることを検討し，第二に，これら二つの要素に関するモデリングを通じた理論的検討を遂行しつつ，外交資源を充実させるためには経済力だけでなく軍事力の拡充も必要であることを認識した上で，第三に，こうした議論を土台としてわが国の外交への政策的提言を遂行することにある。なお，このような問題意識の背景には，新しい時代に突入した現在と将来の国際関係を安定的なシステムとする作業にわが国が貢献するためには，アジア・太平洋地域においていわゆる「日中冷戦体制（Japan-China Cold War System）」を確立する必要があるとの認識が存在している[1)]。

近年，アジア・太平洋地域においては，経済的なグローバライゼーションと政治的なナショナリズムの傾向がますます顕著になってきている。前者はTPP（Trans-Pacific Partnership：環太平洋戦略的経済連携協定）に代表される通商関係の動向であり，後者は日中・日韓関係の悪化や北朝鮮問題などに代表される安全保障分野の動向である。こうした情勢変化の背景には，国内の長期的な厭戦気分と国防予算の削減に伴って「世界の警察官」としての役割を放棄し，いわゆる「ヘゲモニー型（Hegemonic Stability System）」から「勢力均衡体系（Balance of Power System）」または「バランサー型（Balancer System）」への覇権体制の転換をはかるアメリカのオバマ（Barack Hussein Obama Ⅱ）政権の外交理念があり，国際社会におけるアメリカの軍事的プレゼンスが相対的に後退したために，アジア・太平洋地域における軍事大国としての中国の影響力が相対的に高まったという事情が存在している[2)]。また，このような傾向は，ヨーロッパ諸国に対するロシアの威圧力の拡大や中東地域における武装勢力の拡大という問題の同時多発的な生起にもみられ，今や世界大の規模におけるシステム再編の時代が到来している。

こうした国際環境の変化に伴い，従来，主として経済力に頼る安全保障体制を構築してきたわが国を取り巻く根本的な条件は消滅し，自己の外交資源として経済力とともに軍事力の必要性を論ずるべき時代が到来したと言える。以上のような問題意識に基づき，本章では，新しい時代における日本の外交資源として経済力とともに軍事力が必要であることを理論的に検討しつつ，その成果を土台として来るべき日中冷戦時代へ向けての政策的提言を遂行する。

2　軍事力と経済力の相互作用

(1) 経済力万能神話の消滅

19世紀末，欧米列強による植民地化という時代潮流に抗するために，わが国は軍事力の強化と経済力の拡大を二大方針として採用し，自国の近代化のための努力を推進してきた。以後，このような経済力による軍事力の充実と軍事力による経済力の拡大という政策理念は，近代日本の国家的基盤を支える最も重要な政策として遂行されてきた。いわゆる「富国強兵」と「殖産興業」である。しかし，太平洋戦争の敗戦により，軍事力の強化は後方の従属的な地位に追いやられ，経済力の拡大をして最優先事項たる国家政策として位置づけられるような方針転換を余儀なくされた。いわゆる日本国憲法による「戦争放棄」の規定である。以来，今日に至るまで，主として通商政策の拡充による経済発展の実現は，平和国家としてのわが国の国際的なスタンスを確立するためのおよそ唯一にして最強の施政方針となった。いわゆる経済力を主たる外交資源とする「吉田ドクトリン」の誕生である。ここに，冷戦体制という史上稀有な国際情勢の中にあって，軍事力を用いた国防負担の多くを覇権国たるアメリカに依存するという特異な安全保障体制の下，自国の主たる政策的な関心をもっぱら経済力の拡充に専心できる特殊な国家が誕生したのである。

その後，高度成長期を経て経済大国となったわが国は，自国の再興を超えた途上国への経済援助の拡大を通じて国際社会における平和外交の使徒としての地位を確保するより具体的な政策手段を手にした。いわゆるODA（Official Development Assistance：政府開発援助）の遂行を基軸とする外交方針である[3]。しかしながら，こうした政策の成功はわが国の大多数の国民をしていわゆる「平和ボケ」の意識を蔓延させ，国際関係における外交資源としての軍事力の役割を相対的に軽視させるとともに，ひいては「経済力があれば軍事力は不要なり」といった「経済力万能主義」とも言うべき神話（myth）を国民の思考体系の中に醸成させてしまうこととなった。しかし今日，日中関係および日韓関係の悪化と北朝鮮の脅威により，自己の外交資源として軍事力よりも経済力を重視してきたわが国は巨大な岐路にさしかかっている。すなわち，すでに指摘したように，「世界の警察官」という役割を放棄し，いわゆる「勢力均衡論（Balance of Power Theory)」の論理で言うところの「バランサー（Balancer)」としての新機軸を模索し始めたアメリカの外交戦略の転換と，それに伴う中国の軍事的台頭による国際環境の変化である。アジア・太平洋地域において中国が錯乱要因としての活動を活性化させたことは，必然的にわが国の安全保障政策に直接の影響を及ぼすことになり，ここに至って，わが国もまた経済力万能神話の呪縛から脱皮する必要に迫られることになった。

言うまでもなく，現代の国際関係は，経済活動のグローバル化をはじめとして，国際制度の充実に伴う国際法的価値観が浸透しつつある事情も手伝い，確かに国家間の軍事力行使の機会が減少する時代を迎えてはいる。しかし，軍事力は経済力と並び，人口，領土，政治経済制度の成熟度，そして何よりも技術力などとともに，各国の国力を構成する重要な要素である[4]。元来，政治とは各種の社会制度を確立して当該国家の秩序を形成・維持するのが役目であり，そのためには反体制勢力による武力的な混乱を抑止するための内政的な強制力（Compelling Power）が必要である。また，国際社会における国家の発展段階の非対称性により，外交力の資源として時間的および自助的な努力が比較的必要とされる経済力の育成よりも軍事力に頼る国の存在があり，そうした武力による侵略を抑止するための対抗力（Countervailing Power）が必要となる。要するに，各国家が対内的および対外的に政治活動を円滑な形で遂行していくための国力の構成要素として，また，特に対外的な外交資源を構成する要素としての軍事力は経済力とともに必要不可欠な要素なのである。

事程左様にして，わが国は過去半世紀以上の長きにわたって，その軍事的負担の多くを「世界の警察官」たるアメリカに依存できる環境にあった。しかし，すでに度々指摘したように，もはやアメリカはその役割を勢力均衡の「バランサー」へと転換し始めている。したがって，こうした情勢変化にわが国も自助努力によって対応しなければならない時代がやってきたのであり，ここに外交資源としての経済力と軍事力の双方の存在意義を再認識する必要性が生起したと言える。それは，戦後長らく日本と日本国民とが頭と心に抱いてきた経済力万能神話の消滅を意味している。

（2）代替可能性の終焉

軍事力と経済力のどちらがより重要であるかという問題の解答は，当該国家が置かれている時空の状況によって変化する。なぜなら，両者が果たす役割としての当該国家が遂行する外交政策の対象分野が異なるからであり，それはいずれが重要かという問題ではなく，どちらに適性があるのかという問題である。直接的かつ迅速な対応が求められる軍事的な脅威に対してはこちらも軍事力を使わなければ対応できないが，より間接的かつ穏健な対応が求められる経済的または社会的な問題に対しては，軍事力よりも経済力による対応が適当である。要するに，軍事力と経済力はいずれも国家の外交資源を構成する重要な要素であり，また，相関関係を超えた因果関係をもつ要素であるがゆえに，双方ともにどちらか一方だけでは成り立たない。

たとえば，一般に経済力が「軍資金（War Fund）」の提供を通じた軍事力の源泉であることはよく知られた常識であるが，他方では，軍事力が作り出す物理的な秩序領域がなければ経済力が産出されないという事実も想起される必要がある。軍事力によって作りだされる国家の枠組みや通商ルートこそが，経済活動の舞台だからである。もともと軍事力の担い手である軍隊とは，国家の安全保障を担うナショナルな存在であり，その活動としての軍事行動の論理は本来的に集権的かつ独裁的で，秩序や規律や統一性を志向するシステムである。したがって，その強制力によって作りだされる秩序領域は安全な経済活動の場を提供することになる。また，軍事力の拡充をはかるための活動は，各種の産業振興に少なからず効果をあげ，いわゆる「軍事ケインズ主義」の成果としての軍需景気を国民経済に付与する。要するに，軍事力は経済活動の基盤を提供するのである（軍事力による経済的効果）。これに対して，経済活動の担い手である企業とは，利潤を追求するインターナショナルな存在であり，その活動の論理は本来的に分権的かつ民主的で，煩雑や自由や多様性を志向するシステムである。したがって，そこで遂行される活動は単に軍資金を提供する利益の確保にとどまらず，活動の守備範囲となる世界各地の社会情勢や人的ネットワークに関する情報収集に寄与することになる。また，新商品開発のための各種の研究開発活動は，軍事技術に転用可能な多くの技術革新を生み出す[5)]。要するに，経済力は軍事活動の基盤を充実させるのである（経済力による軍事的効果）。

ちなみに，一般的に広く浸透しているイメージほどには，経済力は平和的な外交手段ではない。経済力は当該国家の国民生活を豊かにする手段でもあり，また，逆に貧困化する手段でもあり，それは当該諸国家間における死活的な国益をめぐる競争活動の結果として獲得された力（power）である。周知のように，20世紀に起きた両次の世界大戦を想起するまでもなく，過去の人類史における様々な戦争や紛争のほとんどは経済問題を主たる要因としている。経済覇権をめぐる対称的な国際関係のみならず，貧困からの脱却や強力な経済的圧迫への抵抗などの非対称的な国際関係においても多くの争いが生起してきたことは，我々自身の歴史が示す通りである。

また，国家の外交資源としての経済力に限界があることは，いわゆる非軍事的措置の代表例である経済制裁（Economic Sanction）や経済封鎖（Economic Blockade）の効果に限界があることによっても明白である。現代のようなグローバル化した経済的相互依存の浸透する国際社会においては，経済制裁は「両刃の剣」となって対象国に与える損失は限定的なレベルにとどまり，したがって，戦争防止への効果にも限界がある。なぜなら，その効果は代替性のある商品や貿易相手国の存在によって減少するばかりではなく，仮にその効果があった場合にも相手国の反発を招くことにより戦争を誘発する危険性のある手段となるからであり，また同時に，その反発によって相手国からの反動制裁を受けることを通じて自身の国益の損失を招く恐れがあるからに他ならない。今や各国の貿易取引相手国の選択肢は数多く存在し，そうした選択肢は経済制裁の抜け道として作用する。なお，こうした傾向が「買い手市場（Buyer's Market）」において特に顕著であることは広く知られている[6)]。

重要なことは，すでに指摘したように，軍事力も経済力もどちらか一方だけで成り立つものではなく，両者は相互作用を繰り返しながら双方ともに影響を与え合う相関関係にあると同時に，一方が他方の変化の要因となる因果関係を有する要素である。したがって，各国が自己の外交資源の拡充を図るためには，いずれの国であろうともこの両者の力のバランスを的確に図るという政策を遂行することが肝要である。今日，わが国もその例外ではなく，経済力を安全保障体制の中核に据えるという間接的な対応では自国の安全を守る作業には限界がある時代を迎えている。そこでは，より直接的かつ緊急な物理的対応が求められるのである。要するに，わが国もこれまでのように自己の軍事力の不足分をアメリカの軍事力に依存し，経済力によってそれを補完・代替するという発想から転換しなければならない時代を迎えたのである。それは，外交資源として軍事力という要素を経済力とともに再認識しなければならないことを示唆しており，戦後長らく日本と日本国民との間に蔓延してきた軍事力と経済力の代替可能性という迷信（superstition）の終焉を意味している。

3　モデリングによる理論的検討

（1）外交資源としての軍事力と経済力

前章までの議論を受けて，本章では，国家の外交資源を構成する要素である軍事力と経済力についてのモデリングを試行する。これらの要素は当該国家が成長する過程で育成していく後天的な要素であるがゆえに，国家自身の努力によってその多くを培うことができるものではあるが，逆に言えば，努力なしには培うことができにくいものである。

正確を期すために，これまでの議論で使われた各用語を改めて概念定義しておくと，まず，ここで言う軍事力とは，当該国家が成長していく過程で獲得する物理的強制力のことである。次に，ここで言う経済力とは，当該国家が成長していく過程で獲得する金銭的資本のことである。そして，国際関係は国際社会のメンバーである諸国家が自己の国力を基盤とした外交資源を背景に他国と外交活動を遂行することによって動態するシステムであり，当該国家はそうした活動によって国益を追求し，それに基づいて外交資源としての軍事力と経済力のさらなる拡充を目指す主体であるということになる。また，軍事力や経済力を拡充するためには費用がかかるが，双方の要素が拡充されることによって獲得できる外交の成果を国益とし，その国益から費用を減じたものを国家の利潤として規定する。したがって，各国はできるだけ少ない費用で軍事力と経済力を拡充させ，自己の国家利潤を拡大させることを目指すのである。なお，国力を構成するその他の要素も，基本的にはこの軍事力と経済力の拡充のための基礎を提供する要素であり，その意味で，特に外交資源の構成要素としてはこれら二つの要素に集約して考えることが可能である。

そこで，以上の議論を定式化しておくと，まず，D を任意の国家における外交資源の総計，M を当該国家の軍事力，E を当該国家の経済力とし，M と E は相互に影響を及ぼさない独立した変数であると仮定すれば，

$$D = f\,(M, E) \qquad (3\text{-}1)$$

という関数を設定できる。ここでは，この（3－1）を「外交資源関数（Function of Resource of Diplomacy）」と呼ぶ[7]。

（2）モデリングによる理論的検討

① 外交資源の極大化モデル

ところで，ここで取り上げている軍事力と経済力という要素は，当該国家の努力によって一定限度まで増大させることが可能であるが，それには国家予算や人的資源などの限界があり，ゆえに，それは「最大値」ならぬ「極大値」を取る曲面として数学的に定式化することができる（図6－1参照）。

そこで，正確を期すために，前段にならって D を任意の国家の外交資源の総計，M を任意の国家の軍事力，E を任意の国家の経済力とし，これらの諸要素の関係をミクロ経済学の理論における標準的な一次同次性を有するコブ・ダグラス型（Cobb-Douglas Type）の「生産関数（Product Function）」にならって特定化して表わすとすれば[8]，

$$D = f\,(M, E) = S \cdot M^a \cdot E^b \qquad (3\text{-}2)$$

となる。ここで，S は技術進歩などによって変化するスケール係数である。また，a は軍事的要素に対する当該国家の政策的な比重の分配率であり，b は経済的要素へのそれであり，$0<a<1$ および $0<b<1$ を満たす。この関数を偏微分すれば，

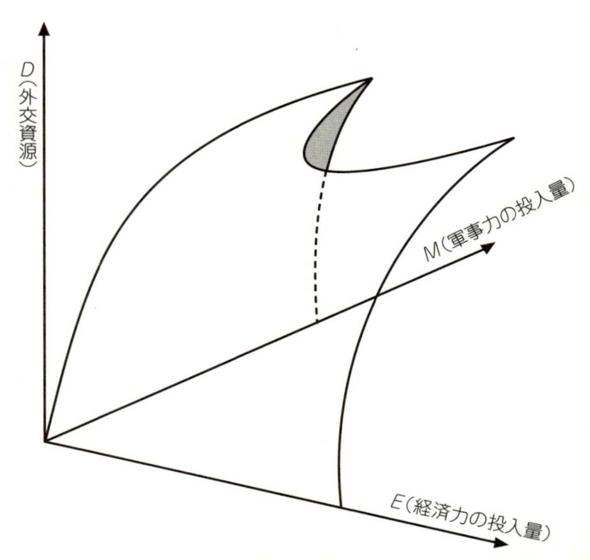

図6－1　軍事力と経済力の投入による外交資源の拡大

$$D'=\frac{\partial D}{\partial M}=S\cdot E^{b}\cdot aM^{a-1}=aSM^{a-1}\cdot E^{b}$$

$$D'=\frac{\partial E}{\partial E}=S\cdot M^{a}\cdot bE^{b-1}=bSE^{b-1}\cdot M^{a}$$

となる。上式は軍事的要素の限界生産力であり，下式は経済的要素の限界生産力に相当する。よって，極大または極小の条件は，

$$aSM^{a-1}\cdot E^{b}=0 \qquad (3-3)$$

$$bSE^{b-1}\cdot M^{a}=0 \qquad (3-4)$$

となり，上記（3－3）および（3－4）の同時成立が極大化条件となる。

ところで，外交政策の効果として得られる国益を総収入と考え，そのためにかかる経費を総費用と考えるならば，当該国家の純利益としての国家利潤 I は，総収入 pD から軍事力増強のためにかかった費用 rM と経済力拡大のためにかかった費用 wE を引いた値となる。

$$I = pD - (rM + wE) \quad (3\text{-}5)$$

$$= pf(M, E) - (rM + wE) \quad (3\text{-}6)$$

ここで，利潤極大化のための M と E の投入量の条件を求めるために，上記の利潤関数を M と E について編微分して0とおく。

$$\frac{\partial I}{\partial M} = p \cdot \frac{\partial D}{\partial M} - r = 0 \quad (3\text{-}7)$$

$$\frac{\partial I}{\partial E} = p \cdot \frac{\partial D}{\partial E} - w = 0 \quad (3\text{-}8)$$

上式の $\partial D/\partial M$ は上述した軍事的要素の限界生産力であり，これを fm とする。また，下式の $\partial D/\partial E$ は上述した経済的要素の限界生産力であり，これを fe とする。そうすれば，

$$fm = \frac{r}{p} \quad (3\text{-}9)$$

$$fe = \frac{w}{p} \quad (3\text{-}10)$$

となり，ここではミクロ経済学の限界生産力説に基づいて，利潤最大化条件の下では各要素の限界生産力が各要素の価格に等しいことが理解できる[9)]。すなわち，各国家は外交資源の構成要素たる軍事的要素1単位を増加させた場合に外交の成果として相手国から引き出す利益と，経済的要素1単位を増加させた場合に外交の成果として相手国から引き出す利益とが等しい時に外交資源を最大化させることができるわけであり，それは軍事力と経済力をバランス良く拡充させることが当該国家にとって最適な政策指針であることを意味している。

② 制約条件を付加したモデル

ところで，軍事力や経済力などの要素は当該国家の予算や人的資本などといった諸要因による制約を受ける。なぜなら，それらの要素の大きさは当該国家の税収や教育機会の拡大などとともに変化するものであり，費用（cost）というべき要素だからである。すなわち，仮に当該国家が「合理的行為者（Rational Actor）」

であると仮定すれば，軍事力 M，経済力 E という二つの要素をできるだけ少ない費用で可能な限り増加させる努力をすることになる。したがって，ここでは目的関数を外交資源関数とし，制約条件を費用関数とする「ラグランジュ未定乗数法」にならった最大化問題を設定することができる。

そこで，M を軍事力，E を経済力，C を総費用，γ を軍事力増大のための費用，ω を経済力増大のための費用とし，M と E は相互に独立した変数と仮定すれば，

目的関数　$D = f\ (M, E)$
制約条件　$C = \gamma M + \omega E$

となり，ここで上記の制約条件の式を操作して，

$$C - \gamma M - \omega E = 0$$

とする。そうすれば，

$$\Lambda = f\ (M, E) + \lambda\ (C - \gamma M - \omega E)$$

の形式のラグランジュ関数を設定できる。これを M，E，λ でそれぞれ偏微分すると（C は総費用のため定数扱い），各偏導関数は，

$$\frac{\partial \Lambda}{\partial M} = \frac{\partial f}{\partial E} - \lambda\gamma \qquad (3\text{-}11)$$

$$\frac{\partial \Lambda}{\partial E} = \frac{\partial f}{\partial E} - \lambda\omega \qquad (3\text{-}12)$$

$$\frac{\partial \Lambda}{\partial \lambda} = C - \gamma M - \omega E \qquad (3\text{-}13)$$

となる。ちなみに，ここではより一般的な議論を想定しているがゆえに外交資源関数を具体的に特定化していないため，費用１単位あたりを増加させた場合の軍事力の増加分と経済力の増加分をそれぞれ，

$$fm=\frac{\partial f}{\partial M} \tag{3-14}$$

$$fe=\frac{\partial f}{\partial E} \tag{3-15}$$

とおけば（いわゆる各要素の限界生産力），あとは上記（3-14）（3-15）の各式を上記（3-11）（3-12）（3-13）の各式に代入して下記（3-16）（3-17）（3-18）を得た上で，この連立方程式を解けば良い。

$$fm-\lambda\gamma=0 \tag{3-16}$$

$$fe-\lambda\omega=0 \tag{3-17}$$

$$C-\gamma M-\omega E=0 \tag{3-18}$$

以上の操作の結果，下記（3-19）が得られる。

$$\lambda=\frac{fm}{r}=\frac{fe}{\omega} \tag{3-19}$$

これによって，λ と M と E の限界的な増加分およびそれらの各費用について（3-19）が成り立つ。したがって，（3-18）および（3-19）が制約付き最大化の条件となる[10)]。なお，これが意味するところもまた，先述の極大化モデルの場合と同様であることは言うまでもない。

（3）政策的インプリケーション

ところで，筆者は別の機会に国際システムを国際公共財（International Public Goods）の需給システムとしてとらえた場合には，いわゆる単極システム（Uni-polar System）よりも双極システム（Bi-polar System）の方がより安定的な均衡状態を生み出すシステムであることを理論的に検討する機会を得た[11)]。したがって，ここではそうした既知の条件の下で，より現実的な事象への投影である政策提言を遂行する。それは，アジア・太平洋地域において冷戦体制に準ずる双極システムを構築し，ある特定の一国が覇権体制に準ずる単極システムを作らないように働きかけていくことが安定化のための条件であることを基本的な前提認識として，いわば「ミニ冷戦システム（Small-sized Cold War System）」としての日中関係というシナリオを実現する際の条件について考察する作業となる[12]。

第一に，冷戦システムの当事者間たる日本と中国は，単に対立するだけでなく，一定レベル以上の政治や行政の担当者が常に「対話（dialogue）」の機会を持ち続け，互いの軍事力の均衡を維持するための交流を欠かさず双極システムを構成することが重要である。要するに，一方が他方に優越するような軍事力を持たないように均衡することが要件となる。また，ある程度の民間経済交流の基盤が持続的に確立しているべきであることも言うまでもない。

第二に，「ミニ冷戦システム」を確立させるためには，中国の国際社会に対する影響力がこれ以上拡大しないように的確な外交政策を展開することが必要である。ここでは，かつての米ソ冷戦時代にアメリカがソ連に対して行った「封じ込め（containment）」政策と同様の政策として，わが国はアメリカ，オーストラリア，ASEAN 諸国，中南米諸国などとの同盟関係に加え，中国の頭を抑え込むためのロシアとの協調，その下腹を突き上げるためのインドとの提携が必要となる。また，その提携はこれまでのように単なる経済的文化的領域だけでなく軍事的な同盟も視野に入れなければならない。同時に，こうしたハード面における外交政策と並行し，科学技術力と情報収集力を向上させる努力とともに，独裁的な全体主義国家が民主主義国家に優越する政治的プロパガンダ（Political Propaganda）の分野における実力を拡充することが不可欠となる。

第三に，共産党による独裁体制を採る中国には少なくとも公式に認可された反体制的な政治勢力は存在せず，党内の派閥争いがあるだけである。また，全体主義国家としての中国には政策決定過程と同様にして，国内にジャーナリズムが存在しないがゆえに国論の統制も容易かつ迅速である。この点で民主主義国家である日本やアメリカは常に政治社会的な構造上の劣勢に置かれている。そこで，日本でも従来から各省庁に分散されてきた広報担当部署を一元的に統括し，これを質量ともに飛躍的に拡充させた「宣伝省（Ministry of Public Enlightenment and Propaganda）」を独立の官庁として設立し，中国が遂行してくるプロパガンダへの対抗プロパガンダ（Countervailing Propaganda）を行う必要がある[13]。重要なことは，この宣伝省との間に政治家や官僚などをはじめ，警察の公安組織や軍隊の諜報機関との協力体制を整備するだけでなく，当該組織のスタッフとして広く日本の広告業界で活躍している企業ビジネスマンの民間人を積極的に登用し，その能力を大いに活用すべきであることに他ならない。

第四に，世界大のグローバルな規模で行われた米ソ冷戦とは異なり，アジア・太平洋地域を舞台として設定される日中冷戦体制は，地理的により限定された規模で行われる戦略であるがゆえに，「バランサー」が必要となる。それがアメリカに期待する役割となる。中国は日本と比較して人口も国土も巨大であり，現状では技術力や経済力が比較優位にあるとはいえ，決して侮ってはならない地域大国である。そのため，日本は自らの後ろ盾としてのアメリカとの同盟関係を強化しつつ，アメリカのアジア・太平洋地域における軍事的役割の一部をあくまで日本が代行するというスタンスを堅持する必要がある。その意味で，アメリカの「バランサー」としての役割は，日本の後ろ盾としての意義を強くもちながらもアジア・太平洋地域におけるミニ冷戦システムを維持するための「覇者（ruler）」としての役割となり，直接的に国際システムを管理する「覇権国（hegemon）」の役割とは決定的に異なるものとなる。そこでは，ミニ冷戦システムを舞台として日本を媒介とするより間接的なコミットメントが行われるのである。

重要なことは，日中冷戦体制の構築は日本だけでなく，アジア・太平洋地域の安定的なシステム化を導出することに資する作業であることを全世界に宣伝することであり，それは日本や他のアジア・太平洋諸国だけでなく，当の中国にとってもまたその国益にかなう政策であることを宣伝していく努力が重要である。

4　結　　論

本章では，第一に，国家の外交資源を構成する要素として経済力とともに軍事力が重要であることを検討し，第二に，これら二つの要素に関するモデリングを通じた理論的検討を遂行しつつ，外交資源を充実させるためには経済力だけでなく軍事力の拡充も必要であることを認識した上で，第三に，こうした認識を土台としてわが国の外交への政策的提言を遂行した。

その結果，第一に，軍事力と経済力は双方ともに外交資源を構成する重要な要素であり，どちらか一方では成立できない相互に不可分な国力の側面であるとともに，いずれかに偏ることなくバランス良く育成していくことによって当該国の外交資源を拡充することが指摘された。第二に，現代の流動化する国際関係を安定化させるためにアジア・太平洋地域における日中冷戦体制を構築することが必要であり，そこではわが国も経済力だけでなく相応の軍事力を育成して外交資源を拡充し，従来のような経済偏重型の国家体制から脱皮すべきであることが提言された。

なお，本稿の議論には，第一に，議論で使用された操作概念，特に外交資源，軍事力，経済力などの諸概念の数量化を試行すること，第二に，軍事的要素と経済的要素間の相互作用と重複効果，いわゆる「多重共線性」の問題を検討することなどの課題がある[14)]。

注

1）アジアにおける安定的な国際システムを構築するために「日中冷戦体制」の確立が必要であるという政策的提言については，石井貫太郎「環太平洋地域の変動と安倍外交の課題：日米中関係を中心として」拓殖大学海外事情研究所編『海外事情』第62巻第4号，2014年，68-81頁を参照。

2）マクロ国際政治理論における覇権安定論と勢力均衡論との共通点や相違点に関する詳細は，石井貫太郎『現代国際政治理論（増補改訂版）』（ミネルヴァ書房，2003年）第2章（特に65～73頁），R. Gilpin, *War and Change in World Politics*, Cambridge University Press, 1981などを参照。また，オバマ政権下における米国の外交政策とそれに伴うアジア地域における米国の軍事的プレゼンスの後退が「バランサー」としての意味を有する点については，川上高司「米国：覇者から「バランサー」への道へ」『世界と日本』第2030号（2014年6月2日）第1面などを参照。

3）吉田ドクトリンについては，西川吉光『日本政治外交史論（上）（下）』（晃洋書房，2001年）に詳しい。また，日本のODA政策の変遷と意義については，渡辺利夫・三浦有史『ODA（政府開発援助）』（中央公論新書，2003年）に詳しい。また，日本のODA政策の変遷と意義については，渡辺利夫・三浦有史『ODA（政府開発援助）』（中央公論新書，2003年）に詳しい。また，船橋洋一『経済安全保障論：地球経済時代のパワー・エコノミックス』（東洋経済新報社，1978年）などに代表される1970年代当時の議論は，経済力によってわが国の安全保障を実現するという視座の業績であった。

4）国力については，西川吉光『現代国際関係論』（晃洋書房，2001年）（特に第2章）に詳しい。また同書は，わが国の国際関係論の文献としては稀少な軍事力に関する充実した議論が展開されている。なお，軍事と経済の財政バランスという問題は資本と労働の効率的な配分の問題を論ずる公共経済学の主要なテーマの一つであるため，たとえば先駆的かつ代表的な業績として吉田和男『安全保障の経済分析：経済力と軍事力の国際均衡』（日本経済新聞社，1996年）などがある。

5）民生技術の軍事転用やその逆という問題に関する稀少かつ先駆的な業績として，薬師寺泰蔵『テクノヘゲモニー――国は技術で興り技術で滅ぶ』（中央公論新書，1989年）および薬師寺泰蔵『テクノデタント――技術で国が滅びるまえに』（PHP研究所，1991年）がある。

6）国際関係における各国の外交政策に関わる経済的要素の重要性を指摘したのは，いわゆる「国際政治経済学（Theory of International Political Economy）」の一連の業績であった。たとえば，1980年代の Robert G. Gilpin, *The Political Economy of International Relations*, Princeton University Press, 1987（佐藤誠三郎ほか監訳『世界システムの政治経済学』東洋経済新報社，1990年）などに始まり，今日の石黒馨『入門・国際政治経済の分析――ゲーム理論で解くグローバル世界』（勁草書房，2007年）などに至る国際政治と国際経済の連動関係を分析する一連の業績がそれに該当する。また，「経済制裁」については，山本武彦『経済制裁：深まる西側同盟の亀裂』（日経新書，1982年）や宮川真喜雄『経済制裁：日本はそれに耐えられるか』（中央公論新書，1992年）などに詳しい。なお，経済的要素を外交政策の手段としてとらえた先駆的業績として，David A. Baldwin, *Economic Statecraft*, Princeton University Press, 1985がある。さらに，こうした議論が広く流行した背景には，Joseph S. Nye Jr., *Bound to Lead*: The Changing Nature of American Power, Basic Books, 1990（久保伸太郎訳『不滅の大国アメリカ』読売新聞社，1990年）や Joseph S. Nye Jr., *Soft Power*: The Means to Success in World Politics, Persues Books Group, 2004（山岡洋一訳『ソフト・パワー――21世紀国際政治を制する見えざる力』日本経済新聞社，2004年）などに代表されるような軍事力と経済力の代替可能性を示唆する議論が存在していたと考えられる。なお，外交資源の構成要素として軍事力と経済力をとらえた場合には，それはハード（Hard Power）とソフト（Soft Power）という分類よりも，むしろ直接（Direct Power）と間接（Indirect Power）という区分けの方が適切である。ちなみに，ナイ教授は自身のこうした業績の流れから最近は本稿と同様の問題意識を持っている。たとえば，ジョセフ・S・ナイ「軍事力と経済力のどちらがより重要か」『東洋経済 ONLINE』（2011年7月22日）など。

7）数理モデルについては，A・C・チャン（大住栄治訳）『現代経済学の数学基礎（上・下）』（CAP 出版，1995～1996年），A. C. Chiang and K. Wainwright, *Fundamental Methods of Mathematical Economics*, McGraw-Hill, 2005, A・J・ドブソン（田中豊訳）『一般線型モデル入門』（共立出版，2008年），J. A. Dobson, *An Introduction to Statistical Modelling*, Kluwer Academic Publishers, 1983, E. T Dowling, *Schaum's Outline of Theory and Problems of Introduction to Mathematical Economics*, McGraw-Hill, 1992, Simon, C. P. and L. Blume, *Mathematics for Economists*, W. W. Norton & Co. Inc., 1994，薬師寺泰蔵「政策分析におけるモデリングの諸問題」日本政治学会編『政策科学と政治学』（岩波書店，1983年）所収，薬師寺泰蔵・榊原英資『社会科学における理論と現実：実証分析における一つの試論』（日本経済新聞社，1980年），薬師寺泰蔵「政治学における近代的モデリング」衛藤瀋吉ほか『国際関係理論の新展開』（東京大学出版会，1984年）所収などを参照。

8）生産関数の議論については，D. L. Bosworth, *Productions Functions*: Theoretical and Empirical Study, Ashgate, 1976，小田切宏之『企業経済学（第2版）』（東洋経済新報社，2010年），渡辺千仭『技術経済システム』（創成社，2007年）などに詳しい。なお，標準的な生産関数には，ここで取り上げたコブ・ダグラス型の他にも下記のような CES 型（Constant Elasticity of Substitution Type）などがある。

$$Y=\gamma[\delta K^{-\rho}+(1-\delta)L^{-\rho}]^{-\mu/\rho}$$

これはコブ・ダグラス型生産関数が「代替の弾力性が一定」という性質を持つのに対して，より一般的な代替関係を表す生産関数であり，γ は効率パラメータまたはスケール係数，ρ は代替パラメータ，δ は分配パラメータ，μ は規模の経済性パラメータである。

9）ここで提示した議論には，若干の補足が必要である。というのは，ここでは極大値を有する凸型の曲面を想定しているため，極大または極小のいずれかを判別する基準を導出する必要があるからである。そこでまず，本文中の式（3-3）（3-4）を意味する $\partial/\partial M$ および $\partial/\partial E$（1階の M および E の偏導関数）を，さらにもう一度 M と E について偏微分すると，

$$\partial/\partial M\ (\partial D/\partial M) \text{ または } \partial^2 D/\partial M^2$$
$$\partial/\partial E\ (\partial D/\partial M) \text{ または } \partial^2 D/\partial E\partial M \qquad \text{（補-1）}$$
$$\partial/\partial M\ (\partial D/\partial E) \text{ または } \partial^2 D/\partial M\partial E \qquad \text{（補-2）}$$
$$\partial/\partial E\ (\partial D/\partial E) \text{ または } \partial^2 D/\partial E^2$$

となる。これらの2階の偏導関数のうちで本文中の（3-5）と（3-6）は交差導関数であるから，もし両者が連続であれば，

$$\partial^2 D/\partial E\partial M = \partial^2 D/\partial E\partial M$$

が成立し（いわゆる「ヤングの定理」），極大または極小の判別が可能となる。
まず，極大条件は，

$$\partial^2 D/\partial M^2 < 0 \text{ かつ } \partial^2/D\partial E^2 < 0 \qquad \text{（補-3）}$$

次に，極小条件は，

$$\partial^2 D/\partial M^2 > \text{ かつ } \partial^2 D/\partial E^2 > 0 \qquad \text{（補-4）}$$

となる。これに，極値条件としての下記を加えれば，それが単に変曲点ではなく極点であることが証明されることになる。つまり，

$$\partial^2 D/\partial M^2 \cdot \partial^2 D/\partial E^2 > (\partial/\partial E(\partial D/\partial M))^2 \qquad \text{（補-5）}$$

であり，上式（補-3）（補-4）（補-5）の同時成立が極大または極小の条件となる。
ちなみに，経済理論における「極大化」という表現は，基礎的かつ標準的な経済数学のテキストにおいて頻繁に見受けられる。たとえば，E・ドゥリング（大住栄治・川島康男訳）『例題で学ぶ入門経済数学（上・下）』（CAP 出版，1996年），武隈慎一『ミクロ経済学』（新世社，1989年）など。ちなみに，国際政治学的研究にミクロ経済学の分析手法を導入した先駆的業績の一つである Kenneth N. Waltz, *Theory of International Politics*, Addison Wesley, 1979（河野勝ほか訳『国際政治の理論』勁草書房，2010年）

はあまりにも有名である。

10）さらに，もしも軍事力や経済力を構成する要素の種類が多数であり，その数量を $q_1, q_2, \ldots\ldots, q_n$，その費用を $c_1, c_2, \ldots\ldots, c_n$ とすれば関数表記は，

$$D = f\ (q_1, q_2, \ldots\ldots, q_n)$$

となり，ここで各要素の限界的な増加分を $f_1, f_2, \ldots\ldots, f_n$ とすれば，

$$\lambda = f_1/c_1 = f_2/c_2 = \ldots\ldots f_n/c_n$$

が成立することになる。

11）国際システムが単極システムよりも双極システムである方が安定的であるという理論的検討については，石井貫太郎「単極システムと双極システムにおける国際公共財の需給関係――クールノー均衡分析によるネオ・リアリズム解釈とその課題」慶應義塾大学編『法学研究』第84巻第3号，2011年1月，259-278頁，Kantaro Ishii, "A Theoretical Analysis for the Supply-Demand Relation of International Public Goods in Uni-Polar and Bi-polar Systems," 目白大学編『人文学研究』第8号，2012年2月，37-49頁を参照。

12）米ソの冷戦体制が「長い平和（Long Peace）」を実現したという積極的な意義を指摘する議論は，ギャディス以来多くの研究者たちによって行われている。彼の代表的著作として，John Lewis Gaddis, *The Long Peace*: Inquiries into the History of the Cold War, Oxford University Press, 1987（五味俊樹ほか訳『ロング・ピース――冷戦史の証言「核・緊張・平和」』芦書房，2003年）を挙げておく。

13）国家の政策的な宣伝活動の理論的検討については，A. R. Pratokanis and E. Aronson, *Age of Propaganda*：The Everyday Use and Abuse of Persuasion, Holt Paperbacks, 2001（社会行動研究会訳『プロパガンダ：広告・政治宣伝のからくりを見抜く』誠信書房，1998年），石井貫太郎「宣伝の政治学：政治的リーダーシップとプロパガンダ」目白大学編『人文学部紀要』第11号，2004年10月，14-24頁などを参照。

14）従属変数（被説明変数）の説明要因としての独立変数（説明変数）間の相乗効果が個々の変数の自律的な作用以上の影響を与えることを意味する統計学用語である。

第Ⅱ部
各国の「新しい戦争」観と戦略

第7章
アメリカ流の戦争方法
――「2つの戦争」後の新たな戦争方法の模索――

福田　毅

1　はじめに

「アメリカは世界の警察官ではない。恐ろしい出来事は世界中で起きており，全ての悪を正すことは我々の手に余る」[1)]。この言葉は，2013年9月にオバマ大統領が，化学兵器使用疑惑の浮上したシリアのアサド政権に対する懲罰的な軍事力行使を半ば断念した際に発したものであり，「優柔不断で行動できないアメリカ」を象徴する言葉のように捉えられることもあった。しかし，この言葉自体に特筆すべき点はない。過去の大統領も同種の発言を行った例はあるし，そもそも自国が世界の警察官だと明言した第二次大戦後のアメリカ大統領は存在しない。たとえば，1993年にブッシュ（George H. W. Bush）大統領は次のように述べている。「あらゆる暴力行為に我々が対応する必要はない。アメリカに行動する能力があるという事実は，行動しなければならないということを意味しない。……アメリカは世界の警察官になろうとすべきではない」[2)]。

ただし，同時にアメリカ大統領はほぼ例外なく，グローバルな大国・指導国であるアメリカには世界の平和と安定に対する特別な責務があるとの信念を抱いている。これをアメリカの独善と断ずることは難しい。そもそも，アメリカ以外に「自国が世界の警察官か否か」を問われる国があるだろうか。それゆえ，ブッシュは，上記の言葉に続けて「道徳的・物質的資源を民主主義の平和の促進のために用いることはアメリカの義務であり……ほかに代わりはいない」と述べるのである。同様に1970年代には，カーター大統領が「我々は世界の警察官となることを望まないが，世界の平和創造者となることを望む」と述べ，ニクソン大統領も「アメリカは世界の警察官でも道徳的良心の守護者でもないが，望むと望まざるとにかかわらず……不正に満ちた世界における正義の力や……戦争に疲弊した世界における平和の力を表象する存在なのである」と明言した[3]。

この点に関するオバマの認識は，歴代大統領と大差ない。オバマはイラク戦争に当初から反対していたことで知られるが，決して非戦論者ではない。というよりも，アメリカの大統領は，たとえ自らが望んでも非戦主義に徹することはまず許されない。事実，オバマは，第二次大戦後の世界の安定は「条約や宣言だけでなく……アメリカ市民の血とアメリカの軍事力」によって保たれてきたと評価し[4]，危機の際に「世界が助けを求めるのはアメリカであり，それゆえ，アメリカは世界に不可欠な国の１つなのである」と述べている[5]。

とはいえ，こうした基本認識を共有していても，軍事力の使用に関する方針は各政権で異なる。相違の背景には各種の要因が存在するが，おおまかに言えば，政権の主要人物の政治信条や世界観といった属人的要因と，戦略環境や時代背景といった外在的要因の２つが最も重要であろう。両者は相乗効果をもたらす場合もあれば，相殺し合う場合もある。オバマ政権の場合は，両者が共に軍事力行使に消極的な方向へと作用した。

本章では，軍事力行使に対するオバマ政権の姿勢に焦点を当てることで，アフガニスタンとイラクでの「２つの戦争」を経た「アメリカ流の戦争方法」の在り方を論じる。「戦争方法」という概念には戦術や作戦レベルの嗜好や傾向も含まれるが，ここでは視野を少し広げて検討してみたい。軍事力行使に関する国際法は，開戦の決定の合法性を判断するための法（*jus ad bellum*）と戦時中の行為の合法性を判断するための法（*jus in bello*）に分類されるが，この分類は戦争方法の検討にも応用できる。すなわち，軍事力行使を決断する際の判断基準（いつ戦うのか）と戦闘行為の在り方（いかに戦うのか）という２つのレベルから問題を論じることが可能である。

オバマ政権の安全保障政策について，本章は２つの特徴に注目する。１つは，軍事力行使，特に地上戦闘部隊の派遣を伴う軍事介入への消極姿勢である。もう１つは，法的・道徳的な正当性の重視であり，この原則は軍事力行使の決断と戦闘行為の在り方の双方に適用される。すなわち，前者においては国際法および国内法上の合法性が，後者においては国際人道法や道徳規範の遵守が重視される。また，後者について特にオバマ政権が重視しているのは，対テロ戦の戦い方である。オバマ政権の高官らは対テロ活動や軍事行動の合法性に関する演説を繰り返し行っており，その事実が政権の関心の所在を示していると言える。

これらの特徴は，法律家（弁護士や憲法学講師）としての経歴を持ち，他者との協調や対話を重視するオバマの政治スタイル（属人的要因）と，２つの戦争の経験や（リーマン・ショック以降の不況や新興国の台頭を背景とする）アメリカの相対的な国力の低下（外在的要因）に起因する（もっとも，たとえばイラク戦争からどのような教訓を導き出すかは人それぞれなので，属人的要因と外在的要因を厳密に区別することはできない)。なお，オバマだけでなく副大統領のバイデン，国務長官を務めたクリントンとケリー，中央情報局（CIA）長官と国防長官を歴任したパネッタ，国家安全保障担当大統領補佐官のドニロンらも法律家出身であり，安全保障政策を検討する際に彼らが法的側面に目配りしたとしても不思議ではない。

以下では，まず，近年における紛争形態の変容により，伝統的なアメリカ流の戦争方法が限界に直面していることを確認する。次に，オバマ政権の安全保障政策を，軍事力行使の決断と対テロ戦の戦い方の両側面から検討する。ここでは上記２つの特徴に焦点が当てられることとなるが，これは言うなればオバマ政権の安全保障政策の原則である。しかし，現実の世界において原則を貫徹することは容易ではなく，しばしば指導国としての責務や対テロ戦の現実から来る要請と衝突した。この点を明らかにするために，リビア，シリア，イラク等への軍事介入や無人航空機（Unmanned Aerial Vehicle：UAV）を活用したテロリスト殺害作戦を取り上げ，現実に直面し苦悩するオバマ政権の姿を描写する。

2　伝統的なアメリカ流の戦争方法の限界

戦史家であるルイスが指摘するように，アメリカ流の戦争方法に関する研究者の見解はおおよそ一致している。ルイス自身は，アメリカの戦い方の特徴として，開戦には慎重だが一度戦争が始まれば容赦せず迅速に勝利を求めること，「完全な動員を行えば達成できないものは何もないと楽観的に信じ」，物資や技術に基盤を置いた高度に組織的でシステマティックな戦争を遂行すること，「政治が効率的な武力行使を妨げてはならない」と考えること等を挙げている[6]。アメリカ流の戦争方法に関する研究の先駆者であるウェイグリーも，アメリカは可能な限り低コストで敵の完全な打倒を目指すと指摘する[7]。また，戦略研究の第一人者グレイがアメリカ流の戦争方法の特徴として列挙するのも，政治と軍事の断絶，他国文化への理解の浅さ，技術依存，火力重視，物量での圧倒，迅速な勝利の追求等である[8]。

こうした特質は，啓蒙主義に基づき人工的に作り上げられた国家であるアメリカに根付く合理主義や，アメリカの物質的豊かさ，高度な技術力などに起因する[9]。典型的な合理主義者は，社会の問題には必ず合理的な解決策があると考え，自らの提唱する解決策に反対する者は非合理的だと見なす。アメリカにとって戦争とは問題解決の最終手段であり，そこで目指されるのは自己が合理的と見なす解決策の相手への強制である。それゆえ，敵国との政治的妥協は選択肢から除外され，軍事的な勝利のみが追求される。さらにアメリカは，自己の長所を活かして戦争も可能な限り合理的かつ効率的に遂行しようとする。その典型例が第二次大戦で，アメリカは大量の物資と人員を動員し，戦略爆撃や原爆投下によりドイツや日本に無条件降伏を強制した。

ただし，この種の戦争を遂行することは，近年ではますます難しくなってきている。アメリカ流の戦争方法に対する第一の挑戦は，ベトナム戦争であった。この戦争で北ベトナムは，ゲリラ戦と人海戦術により持久戦に持ち込むことで国力に勝るアメリカに対抗した。アメリカの側は，この種の非対称戦も技術力と物量で勝利できると考え火力重視の正規戦で対処したが，最後には撤退を余儀なくされた。ゲリラ戦等の反乱に対処するには，兵士が危険に身を晒して治安を確保すると共に，戦闘のみならず民生支援活動も行うことで作戦地域の住民の信頼を獲得し，反乱勢力と住民を分断する対反乱作戦（Counter insurgency：COIN）を遂行することが必要だと言われる。しかし，正規戦を好む米軍はCOINを軽視してしまい，それが敗因の一つとなった[10]。

この反動で1980年代に米軍は，アメリカ流の戦争方法と親和性の高いソ連との正規戦への備えに力を集中し，非正規戦への関与を嫌悪するようになった。この傾向を集約したのが，1984年のワインバーガー・ドクトリンである。当時のワインバーガー国防長官は，米軍を海外に派遣する6つの条件として，(1)米国または同盟国の死活的国益がかかっていること，(2)全力で明確な勝利の意思を持って部隊を投入すること，(3)明確な政治的・軍事的目的を設定し，目的達成のために必要十分な兵力を派遣すること，(4)目標と派遣部隊の規模・構成の関係を不断に見直すこと，(5)国民と議会の支持を得られる保証があること，(6)軍事力行使が最後の手段であることを挙げた[11]。このドクトリンに対しては，条件が厳し過ぎてソ連との大規模戦争以外に米軍を投入することができなくなるとの批判もあった。しかし，ベトナム戦争後の米軍の中では，ワインバーガーを支持する声が強かった。統合参謀本部議長として1991年の湾岸戦争を勝利へと導いたパウエルも，ワインバーガー・ドクトリンが戦争遂行の指針となったと回顧している[12)]。50万人以上の兵員と精密誘導弾に代表されるハイテク兵器を投入し，空戦や機甲戦により短期間で敵を圧倒した湾岸戦争は，いかにもアメリカらしい戦争であった。

しかし，湾岸戦争は，地域紛争対処が中心となった冷戦後の戦争形態としては例外的である。近代的な航空戦や機甲戦のみで米軍が勝利できたのは，冷戦後では湾岸戦争と1999年のコソボ空爆だけである。むしろ，冷戦後には，長期に渡る平和作戦や安定化作戦，COIN が主流となった。加えて，冷戦後になってアメリカと敵対勢力間の軍事力の格差が大幅に拡大した結果，アメリカに挑戦する側がゲリラ戦やテロといった非対称的手段を用いる誘因が増大した（大量破壊兵器やサイバー攻撃もこうした手段に含まれる）。

クリントン政権は地域紛争対処を米軍の主要任務の1つに位置づけたが，1993年にソマリアで米兵18人が武装勢力に惨殺されると米軍を撤収し，以後は軍事介入，特に地上部隊の派遣を忌避するようになった[13)]。9.11テロ後にアフガニスタンとイラクを攻撃したブッシュ Jr.（George W. Bush）政権は，米軍の強みであるハイテク兵器を駆使すれば，少ない兵力で迅速に敵対政権を打倒することが可能だと考えた。このような戦い方は，大規模な兵力を動員しない点で伝統的なアメリカ流の戦争方法と異なるが，技術の力で敵を圧倒するという本質は変化しておらず，アメリカ流の戦争方法の派生形だと言える。アフガンとイラクでは，政権打倒までは政権の描いたシナリオどおりに事態が推移した。しかし，その後の安定化の段階で，米軍はベトナム戦争と同様に部族勢力やテロリストによる執拗な反乱に悩まされた。この際には，COIN を重視するペトレイアス陸軍大将が現地司令官に就任し，部隊増派と戦術転換を進めたことで，どうにか事態を好転させることができた[14)]。しかし，そもそもアメリカの戦略文化は COIN に適しておらず，米軍は反乱対処が生得的に不得手であるとの指摘も根強い[15)]。冷戦後の政権に突き付けられているのは，伝統的なアメリカ流の戦争方法では対処が難しい冷戦後の紛争をいかに戦うのかという難題である。

冷戦後の紛争を戦う上で重要となるのが，軍事行動の法的・道徳的正当性である。冷戦後には人道的介入や保護する責任という概念が注目されるようになったが，言うまでもなく，どのような場合に自衛目的でない軍事介入が正当化されるのかは，国際法上の重大なテーマの1つである。また，軍事介入には，不可避的に人的・財政的なリスクとコストが伴う。こうした負担を自国の安全が直接脅かされていない状況において引き受けることに対しては，国内から反対の声が上がることも予想される。そのため，国内的にも軍事行動の正当性を訴えて国民の支持を獲得する必要が生じる。もちろん，国際社会の安定維持のための負担は複数の国により共有されるべきであり，その方が国内を説得する上でも望ましい。他国に軍事行動への参加を求める際にも正当性の有無が論点となる一方で，多くの国が参加することにより軍事行動の正当性は高まる。

また，冷戦後の平和作戦や人道的介入においては，軍事行動の付随的被害（民間人の巻き添え被害）の回避が重視される。この種の活動は市街地で行われることが多く付随的被害の発生する確率が高い上，近年ではメディアにより戦争被害が瞬時に報道されるようになった。付随的被害の頻発は，軍事行動の正当性を損ねる上，作戦地域の住民の中に外国軍隊への敵愾心を植え付け，抵抗活動を助長してしまう可能性もある。特に，住民の心の掌握を目指すCOINにおいては，付随的被害の回避は至上命題となる。敵対勢力の側もこの点を理解しているため，メディアを利用して民間人に被害が及んでいることを訴えたり，あえて付随的被害を誘発するような戦法を取ったりする場合もある。

湾岸戦争のケースに代表されるように，アメリカは行動の正当性を訴え国際的な連合を形成することに決して消極的ではない。ただし，9.11後のアフガンおよびイラク攻撃に際しては，米軍は他国からの協力をさほど重視しなかった。これは，政権打倒（レジーム・チェンジ）を目的とする攻勢作戦だけであれば米軍のみでも遂行可能であり，むしろこの種の作戦に能力に劣る他国軍が参加すれば軍事的効率性が低下してしまうからであった。とはいえ，こうした軍事的ユニラテラリズムが表面化するのは例外的な状況においてのみであり，ブッシュJr.政権でさえも政権打倒後の安定化の段階では他国に協力を求めざるを得なかった。一方，付随的被害の回避については，いかにもアメリカらしく「技術による問題解決」を追求している。その代表がハイテクを駆使した精密攻撃であり，1990年代の軍事における革命（Revolution in Millitary Affairs：RMA）を推進したセブロウスキー海軍中将は，「無辜の市民を守ることを容易にしてくれる」精密攻撃は「道徳的にとても魅力的だ」と述べている[16)]。

3　オバマ政権の原則――安全保障における「法の支配」の確保

（1）ブッシュ Jr. 政権期の安全保障政策に対するオバマの評価

オバマ政権の安全保障政策の基礎にあるのは，前政権期の政策に対するオバマの否定的な評価である。なかでも，オバマが2002年10月に行ったイラク攻撃反対演説は，後のオバマ政権の政策の原型と言える[17)]。この演説でオバマは，「私はあらゆる戦争に反対するわけではない」と断りつつも，イラク攻撃は「愚かな戦争」であり「性急な戦争」だと批判した。続けて，イラクを攻撃すれば「米軍による占領が必要となり，その期間，コスト，結末は予測できない」だけでなく，中東で反米感情が高まり，アル・カーイダのリクルート活動に利用されてしまうと警告する。この点では，オバマに先見の明があったと言えよう。また，オバマはイラク攻撃を「無保険者の増加，貧困率の上昇，中間層の所得減少から我々の目を背けさせるための……試み」と非難する。若干うがち過ぎの嫌いがあるとはいえ，ここには内政と外交のバランスに対するオバマの姿勢が表れている。

さらにオバマは，2007年の論文において，ブッシュ Jr. 政権の過ちは，「9.11という非通常型の攻撃に対して，過去と同じ通常型の思考で対処し，問題を国家によるもの，主に軍事的に解決可能なものとして捉えてしまった」ことだと指摘する。そして，この思考に基づきイラク戦争とアブグレイブ収容所での捕虜虐待が行われ，「世界は我々の目的と原則に対する信頼を失った」と述べる[18)]。オバマによれば，こうした行為は単にアメリカの信頼性を傷つけるだけでなく，安全も損なう。たとえば，就任後の2009年５月に，オバマは，捕虜に対して行われた強化尋問テクニックという名の「拷問」が「法の支配を損ない，世界で我々を孤立させ，テロリストのリクルートの手段となり，他国の対米協力意思を低下させる一方で，我々に対する敵の戦闘意欲を増大させる」のだと論じている。同様に，グアンタナモのテロリスト収容所についても，反米感情を煽り，結果として逆に多くのテロリストを生み出していると批判する[19)]。

（2）外交・安全保障の領域における「チェンジ」

国際関係の領域における経験の浅い政治家は，内政に関する自己の経験というレンズを通して国際的な事象を解釈することが多い。オバマの場合のレンズは，コミュニティ・オーガナイザー，憲法学講師，市民権問題担当の弁護士などとしての活動である。加えて，大統領としてのオバマの国際政治観は，前述した9.11後のアメリカの行動に対する彼の否定的な評価にも強い影響を受けている。

実際，オバマは国際問題を検討する際にも，まずは対話による相互理解の可能性を追求し，国際政治の現実の前では法や道徳は大きな力を持ち得ないとする安易な現実主義には与さない姿勢を鮮明にする。また，オバマは，真にやむを得ない場合を除き，軍事行動に資金と人命を投じることには消極的で，むしろ経済再生や格差拡大への対処といった国内問題に資源を振り向けるべきだと考える。この背景には不況や財政赤字拡大といった要因が存在するが[20]，オバマ政権が前政権よりも内政を重視し，かつ，経済力を外交・安全保障の重要な基盤の１つと見なしていることも大きく作用している。

オバマは「チェンジ」を掲げて大統領に当選したが，外交・安全保障の領域における「チェンジ」とは，前政権の行動によって傷ついたアメリカのイメージを変えることと，アメリカの国力が相対的に低下した世界におけるアメリカのリーダーシップの在り方を変えることを意味すると考えてよい。両者は相互に連関しており，（とりわけイメージの悪化が対テロ戦やイラク戦争に起因するものであることを想起すれば）必然的に軍事力行使の在り方の問題へと行き着く。これらは要するに，２つの戦争からオバマが引き出した教訓でもある。

これに関連して，2008年の大統領選でオバマ陣営に加わり，2009年から2012年まで国防省の法務部門のトップを務めたジョンソン（2013年末からは本土安全保障省長官）が，興味深い発言をしている。ジョンソンによれば，大統領選でオバマ陣営が訴えたテーマの１つは「アメリカは自らの力を示すこと（example of power）によってではなく，自ら示す模範の力（power of our example）によって［世界を］リードしなければならない」ということであった。また，就任直前にオバマは政権移行チームに対して，「オバマ政権の安全保障［政策］の基礎の１つは法の支配でなければならない」と語った[21]。この「模範」と「法の支配」は，オバマ政権の安全保障政策を読み解く際の重要なキーワードである。

オバマは2008年に，アメリカ国際法学会のアンケートに対して次のような主旨の回答を行っている。すなわち，アメリカが自国の価値に合致する明確なルールを促進し尊重すれば，他国にも高い基準を要求し，ルールの違反者に対抗する際に同盟国や友好国を結集することが可能になる。ブッシュ Jr. 政権は法の遵守か安全確保かという誤った二者択一を行ったが，「法規範はまさに我々の安全確保のために存在する」のであり「私の政権では法の支配を尊重する」。拷問を禁じ，グアンタナモを閉鎖することにより，「アメリカは再び，法は強情な支配者の気まぐれに服さず，正義は恣意的なものではないとの模範を世界に示す」。これこそが「アメリカの流儀である」[22]。

オバマは2009年1月の大統領就任演説でも，誤った二者択一の拒否と，模範の力による安全確保の重要性に言及し[23]，就任直後に拷問禁止やグアンタナモ閉鎖を命じた。さらに2010年の「国家安全保障戦略（National Security Strategy：NSS）」は，アメリカが国際社会で追求すべき利益の1つに「価値」を挙げ，その中でも最初に「模範の力の強化」に言及する。NSSは，他のいかなる行動よりも「アメリカが示す模範の力こそが自由と民主主義の拡大に寄与する」と主張し，具体的措置として，拷問禁止，テロリストの拘束・訴追における合法性の確保，秘密保護と透明性の両立，国内外における法の支配の促進等を列挙する。中でも法の支配については，「法の支配に対するアメリカのコミットメントは，姿を現しつつある21世紀の課題に対処可能な国際秩序を構築しようとする我々の努力の基盤である」と強調している[24]。

オバマ政権は，前政権の行為を「過ち」と率直に認め，その過ちを正すと宣言することが，アメリカのイメージ改善の第1歩だと考えた[25]。ただし，オバマ政権の主張の核心は，法の遵守という模範を自ら示すことが結果的に自国の安全を高めるという点にある。たとえば，オバマは次のように述べる。「単なる理想主義から，こうした主張をしているのではない。我々が最も大切にしてきた価値を擁護するのは，それが正しいことだからというだけでなく，そうすることが米国を強く安全にするからでもある」[26]。このように規範重視という理想主義の要請を安全確保という現実主義の要請に結び付けることは，保守派からの批判に予防線を張ることにもなる。しかし，ブッシュJr.政権の行動を高所から断罪し，同政権に罪を押し付けるかのような姿勢は，当然，共和党から大きな反発を買った（この点は後述）。

4　オバマ政権と軍事力行使の決断

(1)「必要な戦争」と「不要な戦争」：いかなる場合に戦争が正当化されるのか

アフガンとイラクにおける２つの戦争は，伝統的なアメリカ流の戦争方法で非正規戦に対処することの困難性を再確認するものであった。それゆえ，ベトナム後やソマリア後と同様に，オバマ政権は地上部隊の派遣に消極的となった。ただし，国際社会の安定に対するアメリカの責務を肯定する以上，軍事力行使の可能性を完全に放棄することはできない。であれば，どのような場合に，どのような方法で戦争を遂行するのかが問題となる。この点でもオバマ政権は，法の支配や模範の力を重視した。これは言わば，9.11後の環境におけるオバマ政権流の戦争方法を模索する試みである。

ブッシュ Jr. 政権がイラク戦争を開始して以降，アフガンでの戦争は米国民にとって半ば「忘れられた戦争」となっていた。これは，イラクと比べればアフガンでの米兵死傷者は少なく，駐留米軍の規模も限定的だったからである。ところがオバマは大統領選において，イラク戦争を終結させアフガン戦争に集中すべきだと訴えた[27)]。これは，まず第一に戦争の正当性・合法性に対するオバマの考え方を反映している。すなわち，オバマは，9.11テロを契機に開始されたアフガン戦争は自衛戦争であり，国際社会からの広範な支持も得ているとして，「必要な戦争（war of necessity)」と位置付けた。その一方で，イラク戦争については，自ら「選択した戦争（war of choice)」であり，不要な戦争であったと批判した[28)]。

ただし，オバマにとってアフガン戦争は，あくまでも「必要悪」であった。恐らく，オバマのアフガン重視政策には，大統領選を勝ち抜くための政治的計算も反映されていた。アメリカは２つの戦争に多大な資金と人命を投じており，その米軍の活動を全否定すれば国内から反発を受ける可能性があった。また，軍の最高司令官としての資質が問われる大統領選において，弱腰とのイメージを与えかねない姿勢を示すことも困難であった。結局，オバマにとってアフガン戦争とは，速やかに終結させるべき「不本意な戦争」であり，抜け出すべき負の遺産であった。事実，ゲーツ元国防長官は，オバマはアフガン戦争を「自分自身の戦争」だと考えておらず，「大統領にとっては戦争から抜け出すことだけが全て」であったと批判的に回顧している[29)]。

では，軍事力行使全般について，オバマ政権はどのような場合に正当化され得ると考えているのであろうか。結論から先に言うと，原則のレベルではオバマ政権も歴代政権とそれほど変わらない。そもそも，あらかじめ必要な戦争と不要な戦争の境界を厳密に画定することは極めて困難である。見方を変えれば，だからこそオバマ政権は苦悩に直面しているとも言える。オバマ政権は出来る限り軍事力行使を避けたいと考えているが，環境がそれを許さないのである。

オバマは大統領就任前から，必要なら単独でも，また，世界の安全のためであれば自衛目的以外でも軍事力を行使すると明言していた。ただし，自衛目的でない場合は，他国の支持と作戦への参加を取り付けるため最大限の努力を払わなければならないとする[30)]。これはイラク戦争の教訓を踏まえた方針であり，国際社会における課題の多くはアメリカ単独では解決できない上，アメリカの財政状況も勘案すれば軍事作戦のコストは国際的に分担されるべきであるとのオバマの認識も強く影響している。

オバマが初めて軍事力行使にかかわる方針を詳細に語ったのが，2009年12月のノーベル平和賞受賞演説である。オバマ政権は，「必要な戦争」があることを訴える場として，あえてノーベル平和賞の授賞式を選択した。その理由は定かではないが，恐らく，オバマは自らの掲げる政策や理念に対する（主に国内の）保守派の疑念と（主に国外の）リベラル派の賛同の双方を意識しつつ，自分が単なる非戦論者ではないことを彼ら双方に明確に示す必要があると考えたのであろう。

この演説において，オバマはテロや内戦の脅威が増大していると指摘し，次のように訴えた。「我々が生きている間に暴力的紛争を根絶することはできない。単独であれ集団としてであれ，国家が軍事力を行使することが単に必要なだけでなく，道徳的にも正当化される場合がある」。その上でオバマは，明らかな侵略行為への制裁である湾岸戦争と自衛権に基づくアフガン攻撃が国際的にも支持されたことに言及し，軍事力行使の判断は「国際的な基準」に則って行われねばならないと強調する。オバマによれば，規範を遵守する国の立場は強くなり，遵守しない国は逆に孤立する。もしアメリカが規範を遵守しなければ，他国に規範に従うよう要求することもできなくなり，将来の介入の正当性も損ねてしまう[31)]。

この国際的基準とは，端的に言えば国際法上の合法性であり，自衛目的でない場合は国連安保理決議や国際社会からの支持の有無が鍵となる。実際，オバマ政権は軍事力行使に際して，常に国際社会の意向を気にかけている。また，後述するように，規範遵守の方針は，戦争中の個々の行動にも適用される。要するに，オバマは，たとえ窮屈に感じることがあろうとも規範を遵守する方が，総体的に見てアメリカの安全に資すると考えているのである。これは，軍事介入の正当性が問われる冷戦後の状況を反映した見解でもある。

以上の方針は2010年のNSSにおいても繰り返されているが[32]，このNSSでより顕著なのは軍事力行使に対する慎重姿勢である。すなわち，NSSは，軍事力を過剰に行使したり，外交や経済といった軍事力を補完する手段を軽視したり，パートナー国なしに行動したりすれば，「国民が担う負担は増大し，世界における我々のリーダーシップは軍事力という狭い領域に限定されてしまう」と述べる[33]。また，軍事力を行使する場合には，コストとリスクを慎重に検討し，明確な任務と目的を設定し，特に米兵を危険な地に派遣する際は任務達成に必要な訓練や装備を与えるとされる[34]。これはワインバーガー・ドクトリンに近い言い回しであり，ベトナム戦争後と同様の厭戦感がアメリカで高まっていることを象徴している。事実，2012年の「国防戦略ガイダンス」は，２つの戦争で得た教訓や能力を維持するとしつつも，「米軍が大規模で長期的な安定化作戦を遂行するために備えることはもはやない」と表明した[35]。

なお，オバマ政権は2010年の「４年ごとの国防見直し（Quad rennial Defense Review：QDR）」において，中国軍が近代化により接近阻止・領域拒否（Anti-Access/Area Denial：A2/AD）能力（ミサイル，潜水艦，航空機，防空システム等で米軍の接近を阻止し，近傍での活動を妨害する能力）を向上させていると指摘し，それに対抗するためのエアシー・バトル構想の検討を開始すると宣言した[36]。この構想は，基本的に先端兵器と海空連携を重視した正規戦を戦うためのものであり，ベトナム戦争後の米軍がソ連との大規模通常戦争を優先するようになったことと対照をなしている。

以上のように，オバマ政権の軍事力行使に対する姿勢は，自衛目的以外でも「必要な戦争」があると考える点で歴代の政権と共通しているが，そこには２つの戦争の影響も色濃く表出している。オバマ政権にとって一番の問題点は，アフガン戦争とイラク戦争の文脈を超えて「必要な戦争」と「不要な戦争」の境界線を明確に定義できていないことにある。単に合法性が重要と言うだけでは，明確な基準を提示したことにはなり得ない。また，安保理決議や他国からの支持のみを判断基準にするのであれば，それは自ら判断することを放棄しているに等しい。

オバマは国際社会の支持を集めるために努力すると言うが，では支持が集められなかった場合にどうするのか。もちろん，この境界線をあらかじめ引くことは本質的にほぼ不可能なので，これをオバマ政権の失敗と見なすことはできない。しかし，この曖昧さゆえ，オバマ政権は困難を味わうこととなる。

（2）軍事力行使をめぐるオバマ政権の逡巡

軍事力行使に対するオバマ政権の姿勢は，ベトナム戦争後の政権のそれに近い。しかし，オバマは「戦後の大統領」ではなく，「戦時の大統領」，より正確に言えば「戦争を引き継いだ大統領」である。それゆえ，オバマは不本意ながらも，戦争から抜け出すために戦争を遂行しなければならなかった。また，オバマ政権は，ならず者国家やテロリストといったポスト冷戦型の脅威にも対処しなければならい。オバマ自身がテロや内戦の脅威に対処すると明言している以上，戦争を「選択すべきか否か」という問題に直面することは避けられなかった。

オバマ政権は，必要かつ合法な戦争であるアフガン戦争に力を注ぐと宣言しつつも，軍事的コミットメントの拡大には消極的だった。オバマにアフガンの安定化を命じられた軍は，イラクの場合と同様に米兵を10万人規模にまで増派しCOINを重視するよう提案した。これに強く反対したのがバイデン副大統領で，駐留兵力を抑え，代わりにUAVを活用したパキスタンでのテロリスト掃討に的を絞るよう主張していた[37]。政権内の調整は難航し，アフガン戦略の見直しには約１年を要した。結局，オバマは2009年12月に発表した新戦略で軍の要求をほぼ認めたのであったが，その一方で，軍高官らに対して，今のアメリカには全面的なCOINを遂行する余裕はないと念を押した[38]。

一方，イラクについては，2011年末が米軍の撤退期限に設定された。しかし，撤退後の治安悪化を懸念したオバマ政権は，駐留延長をイラク側に打診した。ところがイラク政府が駐留延長の条件として駐留米軍地位協定から米兵の訴追免除条項を削除するよう要求すると，オバマ政権はあっさりと引き下がり，予定どおり米軍を撤退させた。この点について，当時の国防長官パネッタは，「ホワイトハウスはイラクから解放されることを切望するあまり，我々の影響力と利益を維持するための取り決めを結ぶことよりも撤退することを望んでいた」と批判し，イラクに圧力をかけて駐留継続を認めさせていれば，イラクのアル・カーイダ（Al-Qaeda in Iraq：AQI）から派生したテロ組織イラクとシャームのイスラーム国（Islamic State of Iraq and al-Sham：ISIS）の強大化も防ぐことができたと主張している[39]。

ただし，このようなオバマ政権の行動は，軍事的には最善ではなかったかもしれないが，国民の多くから支持されていた。たとえば，2011年12月のCNNによる世論調査では，78%がイラクからの撤退を支持するとともに，駐留を延長しても成果は得られないだろうと回答している[40]。国内の厭戦感情と経済状況を考慮すれば，オバマ政権の行動を非合理的と切り捨てることも難しい。オバマの関心は，2011年6月にアフガン撤収計画を発表した際の次の言葉に凝縮されている。「膨れ上がる債務と経済的苦境の中，過去10年で1兆ドルを戦争に費やしてきたが，今やアメリカの最も偉大な資源である国民に投資をしなければならない。……自らの国の国家建設に取り組む時がきたのだ」[41]。

2011年3月には，反政府運動を弾圧するリビアのカダフィ政権に対する攻撃が開始された。これは，オバマが初めて自ら選択した戦争である。オバマは，軍事介入を承認する国連決議が存在し，NATO諸国だけでなくアラブ諸国の一部も作戦に参加すること，民衆の虐殺を防ぐには一刻の猶予もないこと，米軍にはカダフィ政権による暴力を阻止できる能力が備わっていることを挙げ，この選択を正当化した。その一方で，作戦開始の2週間後には指揮が米軍からNATOへと移管され，米軍の活動も情報収集等の後方支援的なものに限定された。オバマは，これにより「米軍とアメリカの納税者にとってのリスクとコストは大きく低下する」と強調し，さらに地上部隊は派遣せず，任務を米軍による政権打倒にまで拡大することもないと断言した[42]。

こうした姿勢は，確かに軍事力行使に関するオバマ政権の方針と合致している。多国籍軍の活動はカダフィ政権打倒まで継続されたが，最後まで航空支援にとどめられた。しかし，体制崩壊後の安定化に欧米諸国が責任を負わなかったため，リビアの治安は崩壊し，リビアから流出した旧政権の兵器がテロ組織の手へと渡る結果となった。

リビア空爆をめぐっては，アメリカのリーダーシップの在り方も注目を集めた。オバマは，真のリーダーシップとは，自国の安全が直接脅かされない事態においても単独で行動し全ての負担を引き受けることではなく，国際社会に働き掛け負担を共有する国家連合を構築することを意味するのだと主張した[43]。これは妥当な見解であるが，他国からの支持が得られない場合には行動しないという意味にも解釈できる。また，オバマのアドバイザーの１人は，このようなリーダーシップの在り方を「後方からの指揮（leading from behind）」と形容したが[44]，実際の軍事行動でも米軍が後方に回ったこともあって，国内の保守派は，この言葉をオバマ政権の受動性や弱腰ぶりを象徴するものとして強く批判した。

一方，オバマが選択しなかったのが，シリアのアサド政権に対する攻撃である。2011年初頭に始まったシリア内戦ではリビア以上の犠牲者が発生していたが，オバマ政権は介入を躊躇し続けた。共和党のマケイン上院議員らは2012年３月頃から空爆実施を訴えており[45]，政権内でも2012年夏に反体制派への兵器供与が検討されたが[46]，オバマ政権は動かなかった。そうしているうちにアサド政権による化学兵器使用が2013年８月にほぼ断定され，オバマ政権は決断を下さざるを得なくなった。しかし，先進的な防空システムを有するシリア政府軍への空爆には軍も消極的で，検討された軍事オプションは，化学兵器使用に関連する部隊・施設に対する主に巡航ミサイルを使用した極めて限定的な攻撃であった[47]。オバマ政権は内戦の初期段階からアサド政権の退陣を求めていたが，政権打倒が軍事目標として位置づけられることはなかった。オバマも８月31日の会見で「軍事行動をとるべきだと決定した」と言いつつも，同時に，地上部隊の投入を伴わない「期間と範囲を限定した」作戦になると明言した上，軍事力行使に対する最終的な承認を議会に求めた[48]。要するに，オバマは開戦の最終的責任を負うことを回避したのである。オバマ政権がシリア攻撃に及び腰なのは明白で，結局，ロシアの仲介でアサド政権が化学兵器廃棄に同意すると軍事力行使は見送られた。

このようなオバマ政権の優柔不断さは，国内からも批判された。そのため，オバマは2014年５月の演説で，改めて軍事力行使に対する政権の考え方を説明した。ここでオバマは，次のように述べて反論している。「第二次世界大戦以来，最もコストの高かった我々の失敗の一部は，抑制の結果ではなく，結果を熟慮せず，国際的な支持と行動の正当性を獲得することなく……軍事的冒険に突き進んだ結果である」[49]。しかし，演説で示された軍事力行使の方針に新味はなかった。むしろ，ノーベル平和賞受賞演説の主眼が「必要な戦争」があるということに置かれていたのに対して，今回の演説は「不要な戦争」を戦ってはならないことを強調するものであった。事実，オバマは，この時期に記者団に対して，自らの外交政策の原則は「馬鹿げたことをするな（Don't do stupid shit）」だと語っている[50]。

米軍撤退後のイラクは，大方の予想どおり2013年になると治安が大きく悪化した。情報機関による2013年末の報告書は，シリア内戦に乗じて力を蓄えたISISがイラクの一部でも勢力を拡大していると警鐘を鳴らしていたが，イラクへの再関与に消極的なホワイトハウスは関心を示さなかった[51]。2014年1月にISISがファルージャを制圧して以降もオバマ政権の危機意識は低く，同年5月にマリキ政権から空爆実施の要請を受けても応じなかった（これはスンニ派優遇を続けるマリキ政権への支援を躊躇したからでもあったが）[52]。6月にモスルが陥落し，バグダッド侵攻までもが現実味を帯びて初めてオバマ政権も事態の深刻さを理解した。オバマは直ちに最大300人の軍事顧問団の派遣を表明し，8月8日にはイラクでの，9月23日にはシリアでの空爆に踏み切った。

オバマ政権は，この作戦の目標をISISの弱体化と最終的な壊滅に置いている。これは，政権打倒と異なり，テロ掃討は国際社会からの支持を得られやすいからであろう。また，防空システムを持たないISISへの空爆は，軍にとってもハードルが低い。ただし，今回もオバマは，「イラクに派遣された米軍に戦闘任務が与えられることはなく，我々が再びイラクで地上戦に引き込まれることもない」と述べている[53]。このため，テロ組織の壊滅に不可欠な地上戦は，イラクでは政府軍や民兵組織に，シリアではアサド政権とイスラーム過激派の双方と戦っている反体制派に委ねられることとなった。しかし，これらの部隊の能力は低く，米軍が実施する訓練のペースも遅い。さらにオバマ政権は，アサド政権への攻撃を依然として避けようとしているため，シリアの反体制派は反発を強めている。

以上のように，オバマ政権は，どちらかと言うと事態の推移に受動的に対処し，時として優柔不断な姿勢を示してきた。もちろん，いずれの事態にも単純な正解はなく，オバマ政権の行動を安易に批判することはできない。しかしながら，オバマ政権の主な関心は，「必要な戦争」を戦うことにではなく，「不要な戦争」を戦わないことにあった。その結果，行動して失敗することを恐れる余り，行動せずに失敗する危険を冒していることは否めない。

5　オバマ政権流の対テロ戦の戦い方

(1) 対テロ戦における「法の支配」の確保

オバマ政権の「法の支配」に対するこだわりは，特に対テロの領域で顕著である。以下では，まず対テロ活動全般に対するオバマ政権の方針を取り上げ，次いでより軍事的な活動に焦点を当てる。

2009年５月に国立公文書館で行った演説において，オバマは改めて拷問の禁止やグアンタナモ閉鎖の必要性を訴えた。この演説でオバマは，9.11により世界が「新たな時代」に入り，テロ攻撃を未然に防ぐための新たな手段が必要になったことを認めつつも，9.11後のアメリカが自らの信奉する原則を「もはや持つことの許されない贅沢として脇に置いてきた」と指摘している。そして，再び，拷問や虐待は逆に多くのテロリストを生み出し，アメリカの安全を損ねていると主張した[54)]。さらに同年12月のノーベル平和賞受賞演説では，オバマは次のように宣言した。「たとえいかなる規則にも従わない悪しき敵と対峙するときでも，アメリカは戦闘行為を律する基準を守らねばならないと信じている。これこそが，我々が戦う相手と我々の相違であり，我々の力の源泉である」[55)]。

しかし，事はそう単純ではなかった。グアンタナモを閉鎖するには，収容者を米本土に移送する必要があった。しかし，危険なテロリストの受け入れには反対も根強く，国立公文書館での演説の前日には，グアンタナモ閉鎖を禁ずる法案が一部の民主党議員の賛成も得て上院で可決された。そして，演説当日にはチェイニー前副大統領が，オバマ政権からの批判に反論する講演を行った。チェイニーによれば，強化尋問はごくわずかの重要テロリストに対してのみ行われる最終手段であり，将来のテロに関する貴重な情報を引き出すことに成功し，多くのアメリカ人の命を救ってきた。それゆえ，チェイニーは，尋問を「拷問」と呼び非難するオバマ政権は国家安全保障を軽視していると批判する。また，チェイニーは，アメリカ的な価値から逸脱した行動をブッシュ Jr. 政権がとったとのオバマ政権の指摘に，かなり強い不満を抱いていた。その不満は，尋問とアブグレイブでの虐待を意図的に混同したりして「真実を歪める人々に，価値について他人に講釈する資格はない」との彼の言葉に表れている。拷問や虐待が新たにテロリストを生み出しているという主張に対しても，テロリストはアメリカ的価値からの逸脱行為に対してではなく，自由や平等といったアメリカ的価値そのものに対して反感を抱きアメリカを嫌悪しているのだとチェイニーは反論した[56)]。

強化尋問の中止は政権の判断のみで可能であったが，議会の支持が必要なグアンタナモ閉鎖は，政権発足から６年が経過した2015年になっても実現していない。ラムズフェルド元国防長官は，政府による監視活動の拡大を可能にした2001年愛国者法やグアンタナモ収容所等について，我々もそれらが好きではなかったが必要だったと述べ，オバマ政権も結局より良い代替策を見つけることができていないではないかと揶揄している[57]。

それどころか，オバマ政権自身も，アメリカ的価値からの逸脱を批判された。たとえば，オバマは大統領選で前政権の秘密主義を批判し，政府の透明性向上を公約したが，実際には情報管理の徹底が目立った。安全保障に関する情報を記者に漏洩したとして訴追された政府職員の人数は，オバマ政権以前の全政権でわずか3人なのに対し，オバマ政権では8人に上る[58]。CIA 職員の訴追について取材源の公開を拒否して政府と争ったニューヨーク・タイムズ記者のライゼンは，オバマ政権を「報道の自由に対する最大の敵」と非難した[59]。また，訴追された中にはCIA 元職員のスノーデンが含まれているが，彼が暴露した大量の機密ファイルによってアメリカの情報機関が国内外で盗聴や通信傍受を含む大規模な情報収集活動をしていたことが明らかになっている。

（2）UAV によるテロリストの「合法的」な殺害

では，より軍事的な対テロ活動について，オバマ政権はどのような方針を採用したのだろうか。2009年6月のカイロ演説でオバマは，アメリカが行っているのは「イスラームとの戦争」ではなく「暴力的過激派」全般との対決であると位置付けた[60]。2010年の NSS は対象をさらに限定し，暴力的過激派との戦いの対象はテロ全般ではなく「アル・カーイダとその系列テロ組織という特定の敵」だと述べる[61]。オバマは2013年5月の演説でも，「際限の無いグローバルな対テロ戦」に陥るべきではなく，たとえ相手がアル・カーイダと名乗っていても，アメリカに脅威をもたらさないのであれば戦う必要はないと主張した。続けてオバマは，「この戦争は，全ての戦争と同様に，終わらなければならない」と語る[62]。やはり対テロ戦も，オバマにとっては「不本意な戦争」であった。

対テロ担当の大統領補佐官を務めていたブレナンは，2011年9月の講演でオバマ政権の対テロ活動の基本原則を説明している。この講演も「我々の価値と法を遵守することによる安全の強化」と題され，原則の1つとして法の支配を含むアメリカ的価値の擁護を挙げている。ただしブレナンは，アル・カーイダとの戦争は自衛権に基づく合法な行為であり，地理的な制約も受けないと主張し，他国政府にアル・カーイダへの対抗措置をとる意思あるいは能力がない場合には，国家主権と国際法を尊重しつつ，アメリカは単独で行動すると明言した[63]。

ここでいう単独行動とは，主にテロリストの拘束・殺害作戦を意味する。ただし，大規模な地上部隊の投入は，オバマ政権のオプションからは除外される。また，ビン・ラーディン殺害のような特殊部隊による強襲作戦も，米兵へのリスクが高いため頻繁には実行し難い。そこでオバマ政権が選択したのが，UAV によるテロリスト殺害作戦である。イラクやアフガンにおける COIN のような厳しい地上戦を避けたいオバマ政権にとって，UAV は理想的な攻撃手段であった。また，UAV と精密誘導弾というハイテク兵器をミックスした戦術は，対テロ作戦の危険性を技術力で乗り越える試みと言え，科学技術を偏愛するアメリカらしい戦い方でもある。

オバマ政権による UAV 攻撃は，主としてパキスタンとイエメンで行われている。攻撃対象は，前者ではアル・カーイダとタリバン，後者ではアラビア半島のアル・カーイダ（Al-Qaeda in the Arabian Peninsula：AQAP）である。ある調査団体の統計によれば，パキスタンにおける UAV 攻撃の回数は，ブッシュ Jr. 政権期の2004～07年が計11回，最大の2008年でも35回であったのに対し，オバマ政権になって以降の2009年は53回，2010年は117回，2011年は64回，2012年は46回，2013年は28回，2014年は24回を記録した。イエメンでの UAV 攻撃は，ブッシュ Jr. 政権期には2002年の１回のみであったが，オバマ政権になって増加し，2012年には41回，2013年には26回，2014年には23回に上った。この攻撃により，2009～14年の間にパキスタンでは2,244人，イエメンでは532人の戦闘員が殺害されている[64]。

しかし，UAV 攻撃に対しては，他国の領域で作戦を実施することや，テロリストを「暗殺」すること，付随的被害が発生していることなどについて法的疑義が提起された（2009～14年の UAV 攻撃により少なくとも210人の民間人が死亡している[65]）。そのため，オバマ政権は，UAV 攻撃の合法性を訴える必要に迫られた。

このテーマについて最初に触れたのは，国務省法律顧問のコーである。コーは2010年３月の講演で次のように主張した。アル・カーイダに対する攻撃は，国際法上は自衛権に，国内法上は9.11テロ直後に議会が可決した武力行使容認議会決議（Authorization for Use of Military Force：AUMF）に基づく合法な行為であるが，区別原則や均衡原則[66]といった国際人道法上のルールは遵守する。ただし，武装勢力の構成員は合法的な軍事目標であり，特定の人物を狙うことは違法ではなく

図7－1　UAV（MQ-9 Reaper）
出所：DVIDS

「暗殺」などでもない。また，UAV 攻撃を禁じた法も存在しない。むしろ，攻撃対象を特定し，最新技術を用いた精密攻撃を行うことで，付随的被害の発生を抑制できる[67]。前述のジョンソンも，こうした点を再確認した上で，AUMF に基づく攻撃対象は9.11テロに関与したアル・カーイダおよびそれと共闘する組織に限定されるが，他国の主権を侵害しない限り，いかなる場所でも軍事力を行使できると強調している[68]。

このような説明にもかかわらず，アメリカ国内では UAV 攻撃の是非に関する議論がやまなかった。また，2011年9月にイエメンで AQAP の指導者で米国籍を有するアウラキが UAV で殺害されてからは，裁判なしで自国民を「処刑」することの是非も問われるようになった。そのため，2012年4月にはブレナンが，そして2013年5月にはオバマ自身が，改めて UAV 攻撃を擁護する演説を行った。

両者の演説では，UAV 攻撃の合法性については基本的にコーが提示したロジックを踏襲しつつ，より広範な説明がなされている。たとえばブレナンは，現地政府の承認がある場合，または，脅威に対処する意思や能力が現地政府にない場合には，戦場ではない地域でも攻撃は可能だと主張する。ただし，その場合でも UAV 攻撃には政府の「最上位の高官」による承認が必要であり，しかも，攻撃が許可されるのは，目標がアメリカに重大な脅威をもたらすテロリスト（指導層やテロ攻撃を企てている戦闘員等）であることが確信できる場合，目標の拘束が不可能な場合，付随的被害が発生しないと確信できる場合に限定される。ブレナンによれば，UAV 攻撃は，精密攻撃が可能で「極めて稀」にしか付随的被害を発生させず，米兵への危険も低いため，「倫理的」かつ「賢明」な攻撃方法である[69]。

2013年の演説でオバマは，これまでに UAV 攻撃がいくつものテロを阻止しアメリカ人の「命を救ってきた」と正当化した上で，ブレナンが示した方針を正式に定めたガイドラインに署名したと公表した[70]。そしてオバマは，過去の地上戦と対比することで UAV 攻撃の賢明さを次のように強調する。地上部隊を投入すれば，占領軍と見なされ「より多くの米兵の死，より多くのブラックホーク・ダウン，より多くの現地住民との対立」を招き，新たな戦争にエスカレートしかねない。「我々の取組は，敵対的な住民が存在する遠く離れた地に米兵を派遣してきた歴史と比較して評価されねばならない」。また，オバマは自国民殺害についても，その人物が国外でアメリカとの戦争に参加し，実際にアメリカ人殺害を計画している場合は，国内の銃撃犯と同様に殺害することが容認されると正当化した。

しかし，オバマ政権による説明は，実際の行動と食い違っている面もある。UAV 攻撃の多くは米軍ではなく CIA が実施しているが，報道によれば，CIA によるイエメンでの作戦は同国政府の許可なしに行われている[71]。パキスタン政府については UAV 攻撃を暗黙に認めているとの憶測が絶えず，容認を示唆する極秘メモの存在も報じられたが，表向きは UAV 攻撃を主権侵害と批判している[72]。一部の重要テロリストしか攻撃対象とせず，付随的被害も稀であるという主張も，先に引用した死者数の統計からすると疑わしい。事実，NATO がアフガンでの作戦のために作成した攻撃・拘束対象者のリスト（キル・リスト）には，下級戦闘員や麻薬ディーラーも含まれており，付随的被害発生の可能性が高い場合はベルギーの NATO 司令部の攻撃許可が必要となるものの，運転手や男性同乗者は自動的に敵性戦闘員と見なされるという[73]。オバマ政権は，戦場であるアフガンでは前述の厳格なガイドラインを適用しないと公言しているものの，キル・リストにはパキスタンに所在する人物も含まれているし，渾然一体となったパキスタンの部族地域とアフガンで行動基準が極端に異なるとは考えにくい。

UAV 攻撃に反対する者は，オバマによる前政権の対テロ活動批判と同じロジックを用いて，オバマ政権が行っている UAV 攻撃は民間人被害者の遺族らにアメリカへの憎しみを植え付け，結果として新たなテロリストを生み出していると非難する。これに対するオバマ政権の返答は，自国民の生命を守るためには攻撃もやむを得ないというものである。この主張には一定の説得力があるが，チェイニーやラムズフェルドもオバマからの批判に対して同様の反論を行っていたことは皮肉と言えよう。オバマ政権が対テロ戦で合法性を確保できているかと問われれば，答えはノーであろう。これは作戦の性質上，避けようのないことだが，前政権と異なりオバマ政権が合法性や道徳性を繰り返し強調しているため，かえって言行不一致が目立つ結果となっている。

6　おわりに

共和党系の保守派は，オバマ政権は優柔不断で弱腰だとしばしば非難する。しかし，このような評価は，オバマ政権にとって酷であろう。湾岸戦争に勝利したブッシュ政権も，旧ユーゴとソマリアの紛争への介入には躊躇したし，クリントン政権も，ソマリアでの失敗後は軍事力行使を忌避するようになった。ブッシュJr.政権にしても，政権を打倒すれば米軍はすぐに撤退できると計算を誤ったからこそ，イラク攻撃に踏み切ることができた。仮に2つの戦争を戦っている間にアラブの春後のリビアやシリアのような事態が発生したら，同政権も軍事介入をためらったであろう。また，この2つの戦争がなければ，オバマ政権も，より積極的な政策をとることができたはずである。

問題の本質は，伝統的なアメリカ流の戦争方法を適用できない紛争に如何に対処するのかという点にある。ベトナム戦争後の政権が出した答えは，基本的に「対処しない」というものであった。これが可能であったのは，ソ連という強大な正規軍を有する敵が存在したからである。しかし，冷戦後には，テロやならず者国家のような非正規な敵がアメリカに対する脅威と認識されるようになった。このため，何らかの対処策を提示する必要が生じたが，クリントン政権もブッシュJr.政権も，技術力を駆使すれば非正規な敵も打倒可能だと考える傾向にあった[74]。このような思考は，大量の物資や兵力の投入を前提としない点では伝統的なアメリカ流の戦争方法と異なるが，技術信仰に依拠している点では限りなくアメリカ的である。ところが，2つの戦争により，これが幻想であることが明らかとなってしまった。

このような状況の中で，オバマ政権は，2つの戦争後の新たな戦争方法の在り方を提示する必要に迫られた。もちろん，これは容易なことではない。オバマ政権は，イラク戦争の反省から，軍事力行使においても法や規範を遵守することがアメリカ的価値に合致し，アメリカの安全も高めると説いた。しかし，いかなる場合に軍事力を行使するのかという点の判断基準は明確化できなかった。また，UAVによるテロリスト殺害作戦は，オバマの掲げた原則と矛盾していた。軍事的な観点からすれば，UAV攻撃は精密攻撃の発展形に過ぎず，この点ではオバマ政権も過去の政権と同様に，技術力による非正規戦への対処を継続していると言える。アメリカは，いまだ自国流の非正規戦の戦い方を見出していない。恐らく，今後もアメリカは，この難問に悩み続けるのであろう。

最後に，こうしたオバマ政権の姿勢が，日本に及ぼす影響を考察しておきたい。本稿の関心は実際の軍事力行使にあるためアジア情勢は取り上げなかったが，オバマ政権はアジアへのコミットメントを拡大するリバランス政策を採用している。この政策の主な目的は，堅実な成長を続けるアジア経済との関係を強化するとともに，台頭する中国に経済的・外交的・軍事的に対抗することにある。軍事の領域では，本文でも触れたように伝統的なアメリカ流の戦争方法と親和性の高いエアシー・バトル構想が検討されている。ただし，米中はすでに経済的に深く依存し合っているため，オバマ政権も中国との大規模戦争の回避を優先しており，エアシー・バトル構想の詳細も，中国を刺激しないようにとの配慮からか公表されていない。

中国の側にしても，米軍との全面戦争を望んではいないであろう。ただし，中国はアメリカが本格的な対決を避けようとするのを見越して，南シナ海や東シナ海で低烈度の挑発を繰り返している。軍事力行使に対するオバマ政権の消極姿勢が，中国の挑発を助長していないとは言い切れない。日本にとって当面の最大の関心事は尖閣諸島問題であるが，明らかにオバマ政権は，日中間の対立が軍事紛争に発展し米軍が対応を迫られることを懸念している。日本にとっても軍事紛争への発展は望ましくないが，それを避けるためにもアメリカの軍事的コミットメントを強化する必要がある。この点はアメリカも理解しており，外交レベルでは中国に対して，尖閣諸島にも日米安保の共同防衛条項が適用されると伝達している。しかし，今後，中東情勢への対応で米軍が手一杯になれば，アメリカが中国との対決に一層消極的になることは避けられないであろう。

注

1）Barack Obama, "Address to the Nation on the Situation in Syria," September 10, 2013.

2）George H. W. Bush, "Remarks at the United States Military Academy in West Point, New York," January 5, 1993.

3）Jimmy Carter, "The State of the Union Address Delivered before a Joint Session of the Congress," January 23, 1979; Richard Nixon, "Annual Message to the Congress on the State of the Union," January 20, 1972.

4）Barack Obama, "Remarks on Accepting the Nobel Peace Prize in Oslo, Norway," December 10, 2009.

5）Barack Obama, "Commencement Address at the United States Military Academy in West Point, New York," May 28, 2014.

6）Adrian R. Lewis, *The American Culture of War: The History of U.S. Military Force from World War II to Operation Iraqi Freedom*, New York: Routledge, 2007, pp. 21-22.

7）Russell F. Weigley, *The American Way of War: A History of United States Military Strategy and Policy*, New York: Macmillan, 1973, p. xxii.

8）Colin S. Gray, *Irregular Enemies and the Essence of Strategy: Can the American Way of War Adapt?*, Carlisle: Strategic Studies Institute, 2006, pp. 30-49.

9）このパラグラフの議論の詳細は次を参照。福田毅『アメリカの国防政策――冷戦後の再編と戦略文化』昭和堂，2011年，35-39頁。

10）同上，53-60頁。

11）Caspar W. Weinberger, "The Uses of Military Power," Speech at National Press Club, November 28, 1984.

12）Colin L. Powell, *My American Journey*, New York: Ballantine Books, 1996, p. 293.

13）福田，前掲書，138-146頁。

14）同上，239-258頁。

15）Jeffrey Record, *Beating Goliath: Why Insurgencies Win*, Washington DC: Potomac Books, 2007, pp. 137-138; Gray, *op. cit.* (note 8), pp. 10-11, 53.

16）James Blaker, "Arthur K. Cebrowski: A Retrospective," *Naval War College Review*, Vol. 59, No. 2 (Spring 2006), p. 135.

17）Barack Obama, "Transcript: Obama's Speech against the Iraq War, in Chicago on October 2, 2002".

18）Barack Obama, "Renewing American Leadership," *Foreign Affairs*, Vol. 86, No. 4 (July/August 2007), p. 4.

19）Barack Obama, "Remarks at the National Archives and Records Administration," May 21, 2009.

20）財政の視点からオバマ政権の国防戦略を分析したものとして，福田毅「米国に対する唯一最大の脅威は債務？――米国の財政危機とオバマ政権の国防政策」『海外事情』第61巻第5号，2013年5月，49-73頁。

21）Jeh Johnson, "National Security Law, Lawyers and Lawyering in the Obama Administration," February 22, 2012. オバマは2007年の論文でも，アメリカは「行動し模範を示すことで世界をリードしなければならない」と述べている。Obama, *op. cit.* (note 18), p. 4.

22）American Society of International Law, "International Law 2008 - Barack Obama."

23）Barack Obama, "Inaugural Address," January 20, 2009.

24）White House, *National Security Strategy*, May 2010, pp. 36-37.

25）NSSも，次のように述べる。「アメリカの影響力の源泉は，その完全性にではなく，不完全性を克服しようと努力している点にある。……だからこそ，我々の過去の欠点を認め，それを改めるための努力を強調することが，我々の価値を促進する手段となる。」(*Ibid.*, p. 36.)

26）Obama, *op. cit.*（note 19）.
27）Obama, *op. cit.*（note 18）, pp. 9-11.
28）Barack Obama, "Remarks in Cairo, Egypt," June 4, 2009; Barack Obama, "Remarks at the Veterans of Foreign Wars Convention in Phoenix, Arizona," August 17, 2009.
29）"Gates Faults Obama over Afghanistan," *Wall Street Journal*, January 7, 2014.
30）Obama, *op. cit.*（note 18）, p. 7.
31）Obama, *op. cit.*（note 4）.
32）White House, *op. cit.*（note 24）, p. 22.
33）*Ibid.*, p. 18.
34）*Ibid.*, p. 22.
35）Department of Defense, *Sustaining U.S. Global Leadership: Priorities for 21st Century Defense*, January 2012, p. 6.
36）Department of Defense, *Quadrennial Defense Review Report*, February 2010, pp. 31-32.
37）ボブ・ウッドワード，伏見威蕃訳『オバマの戦争』日本経済新聞社，2011年，234-236，243-246頁。
38）同上，458-466頁。
39）"Former Defense Secretary Lays out Disagreements with President Obama," *CNN*, October 7, 2014.
40）"CNN-ORC Poll, December 16-18, 2011," December 21, 2011.
41）Barack Obama, "Remarks by the President on the Way Forward in Afghanistan," June 22, 2011.
42）Barack Obama, "Address to the Nation on the Situation in Libya," March 28, 2011.
43）*Ibid.*
44）Ryan Lizza, "The Consequentialist: How the Arab Spring Remade Obama's Foreign Policy," *New Yorker*, May 2, 2011.
45）"Remarks by Senator John McCain on the Situation in Syria on the Floor of the US Senate," March 5, 2012.
46）"Backstage Glimpses of Clinton as Dogged Diplomat, Win or Lose," *New York Times*, February 2, 2013.
47）"Obama Weighs 'Limited' Strikes against Syrian Forces," *New York Times*, August 27, 2013.
48）Barack Obama, "Remarks on the Situation in Syria," August 31, 2013.
49）Obama, *op. cit.*（note 5）.
50）David Rothkopf, "Obama's 'Don't Do Stupid Shit' Foreign Policy," *Foreign Policy*, June 4, 2014.
51）"Many Missteps in Assessment of ISIS Threat," *New York Times*, September 29, 2014.
52）*Ibid.*
53）Barack Obama, "Address to the Nation on United States Strategy to Combat the Islamic State of Iraq and the Levant Terrorist Organization（ISIL）," September 10, 2014.

54) Obama, *op. cit.* (note 19).
55) Obama, *op. cit.* (note 4).
56) "Remarks by Richard B. Cheney at American Enterprise Institute," May 21, 2009.
57) "Rumsfeld Reflects on 9/11, 10 Years Later and U.S. Troop Reduction in Iraq," *Fox News*, September 7, 2011.
58) Leonard Downie Jr., "The Obama Administration and the Press: Leak Investigations and Surveillance in Post-9/11 America," Committee to Protect Journalists, October 10, 2013.
59) "Risen: Obama Administration is This Generation's 'Greatest Enemy of Press Freedom'," *Poynter*, March 24, 2014.
60) Obama, *op. cit.* (note 28, "Remarks in Cairo").
61) White House, *op. cit.* (note 24), p. 20.
62) Barack Obama, "Remarks at National Defense University," May 23, 2013.
63) John O. Brennan, "Strengthening Our Security by Adhering to Our Values and Laws," September 16, 2011.
64) Long War Journal, "Charting the Data for US Airstrikes in Pakistan, 2004-2015," January 28, 2015 and "Charting the Data for US Airstrikes in Yemen, 2002-2015," February 21, 2015.
65) *Ibid.*
66) 区別原則とは軍事目標と民間人・民用物の区別（後者を攻撃対象とすることの禁止）を，均衡原則とは軍事的利益と付随的被害の均衡（攻撃により得られるであろう軍事的利益を上回る付随的被害が発生することが予期される攻撃の禁止）を意味する。福田毅「国際人道法における兵器の規制とクラスター弾規制交渉」『レファレンス』687号，2008年４月，42-49頁。
67) Harold Hongju Koh, "The Obama Administration and International Law," March 25, 2010.
68) Johnson, *op. cit.* (note 21).
69) John O. Brennan, "The Ethics and Efficacy of the President's Counterterrorism Strategy," April 30, 2012.
70) Obama, *op. cit.* (note 62). 公表されたガイドラインは，White House, "U.S. Policy Standards and Procedures for the Use of Force in Counterterrorism Operations Outside the United States and Areas of Active Hostilities," May 22, 2013.
71) "Drone Strikes' Risks to Get Rare Moment in the Public Eye," *New York Times*, February 5, 2013.
72) "Secret Memos Reveal Explicit Nature of U.S., Pakistan Agreement on Drones," *Washington Post*, October 24, 2013.
73) "Obama's Lists: A Dubious History of Targeted Killings in Afghanistan," *Spiegel Online*, December 28, 2014.
74) 福田，前掲書，174-195，225-232頁。

第8章
日本流の戦争方法
――ソフト・パワーと日本の国家戦略――

石津朋之

1　はじめに

本章の目的は，長年にわたって筆者が唱えてきた「日本流の戦争方法」について再考することである。

「日本流の戦争方法」という概念は，今日に至るまで必ずしも市民権を得たとは言えない。これは，「イギリス流の戦争方法」という概念を援用したものであるが，かつて20世紀を代表するイギリスの戦略思想家バジル・ヘンリー・リデルハートは，イギリスが「イギリス流の戦争方法」と呼ばれる国家戦略を用いて大英帝国の維持および運営を図ろうとしたと指摘した。また，今日までのアメリカは様々な批判を浴びながらも，その圧倒的な技術力と産業力，そして民主主義というイデオロギーを基盤とした「アメリカ流の戦争方法」を確立しつつあるとされる。

そうした中，今日の日本に検討が求められていることが，日本独自の世界観に立脚した「日本流の戦争方法（The Japanese Way in Warfare）」なるものを構築する必要性と可能性についてであるというのが本章での筆者の基本的立場である。

当然ながら，「日本流の戦争方法」とはあくまでも比喩的な表現に過ぎず，断じて戦争を積極的に肯定する概念ではない。むしろ，その意味するところは，日本が置かれた地政学的条件や軍事力のあり方といった狭義の要件はもとより，歴史を基礎として日本の戦争観や平和観に十分に目配りした日本独自の国家戦略思想である。

もちろん，これが直ちに日本が過去において独自の国家戦略を持ち得なかった事実を示唆するわけではない。筆者の立場は逆である。たとえば第二次世界大戦後のいわゆる「吉田路線」に対しては，日本独自の国家戦略としてさらに高く評価されて然るべきであろう[1]。だが同時に，外交および安全保障政策の大きな転換点を迎えたとされる今日，日本がもう少し積極的に国際秩序形成に参画すべきであるとの意味において，新たなる国家戦略思想である「日本流の戦争方法」の構築が必要とされているというのが筆者の真意である。

そこで本章では，第一に，「戦争文化」あるいは「戦略文化」という視点に注目しつつ，歴史上，独自の戦争方法を構築し得たとされる国家の事例を概観する[2]。第二に，過去における日本の戦略家に焦点を絞り，その思想を紹介する。最後に本章では，「日本流の戦争方法」を構築する必要性や可能性について論じてみたい。

2　「ローマ流の戦争方法」から「ビザンツ流の戦争方法」へ

歴史を通じて独自の戦争方法について考えるに当たり，最初に確認すべき視点として，「戦争文化」（あるいは「戦略文化」）が挙げられる。つまり，軍事戦略の次元であれ国家戦略の次元であれ，戦略，さらには戦争そのものもその地域や国家に固有な文化によって大きく規定されている事実である。

そして，こうした事例として直ちに「ローマ流の戦争方法」が思い浮かぶであろうが，古代ローマ帝国の戦争文化は古代ギリシアの影響を強く受けているため，最初に古代ギリシアの戦争方法について概観してみよう。

古代ギリシアの戦争文化を形成する上で最も大きな原動力となったのは，ホメロスの『イリアス』や『オデュッセイア』に代表される叙事詩の伝統であったとされる。こうした叙事詩の中では，戦争を通じて示される兵士の勇気は最も崇高な美徳であると考えられた。ギリシアの繁栄を支えた主たる軍事力は，高い規律を維持する密集した重装歩兵部隊「ファランクス」であったが，この「ファランクス」の戦いでは，軍規はもとより，個々の兵士が示す勇気や闘争精神といった要素こそが勝利を約束する要件であった[3]。

そして，こうした古代ギリシアの伝統を継承したのが古代ローマ帝国であった。イタリアの政治哲学者ニコロ・マキャヴェリは，ローマ市民軍の軍規の厳格さと窮乏を耐え抜くために彼らが示した驚くべき献身性，軍事的栄光に対するローマ社会の強い衝動と渇望，そして，帝国主義的な征服を通じてのみ満たされ得るローマの領土獲得欲について，鋭く考察している[4]。

周知のように，古代ローマ帝国の指導者は，戦場で自らの勇気を証明するか，あるいは司令官として戦果を挙げることを通じてのみ，政治的に昇進するために必要とされる栄光と名声を獲得することができた。当然ながら，対外政策を決定する立場にある指導者は，国家を常に戦争状態に置く傾向が強くなり，また，そうすることによって初めて，自らの勇気という美徳を示す機会を得ることができたのである[5)]。事実，三次にわたるカルタゴとのポエニ戦争（紀元前264～146年）において，軍規，名誉，献身性などを特徴とする古代ローマの戦争文化が，帝国の勝利のために重要な役割を果たした。

また，ローマ帝国で実践された「一〇分の一処刑」という刑罰ほど，残忍さと復讐心の強さに象徴される「ローマ流の戦争方法」の特異性を示す事例はないであろう。すなわち，戦場で不名誉な敗北を喫した部隊に対して指導者から「一〇分の一処刑」の命令が下ると，ローマ軍の司令官は，部隊全体から10人に１人の割合で「くじ引き」で犠牲者を抽出して処刑を実施したのである。さらに残忍なことには，実際にこの処刑を執行したのは抽選で外れた同じ部隊の兵士であったという。

だが，このような社会制度を用いながらも古代ローマ帝国は，市民兵を基礎とする強大な戦士国家の構築に成功した。一旦，戦争に参加すれば，ローマ帝国の兵士は最後まで戦い抜くことが求められた。その結果，ローマはいかなる負担も耐え忍び，いかなる犠牲を払うことも厭わない真の戦士国家へと発展したのである[6)]。

こうした「ローマ流の戦争方法」とは対極に位置し，リデルハートが同時代のイギリスの国家戦略への類比としてしばしば参考にしたのが「ビザンツ流の戦争方法」という概念であった。

古代ローマ帝国が395年に東西に分裂した後，東ローマ帝国（ビザンツ帝国）の生き残りを賭けたこの戦争方法の最も顕著な特徴は，現状維持国としてあくまでも防勢に徹するとの基本方針であった。そこでは，仮に他に適切な手段が存在するのであれば，可能な限り戦争を回避するとともに，一旦，戦争が勃発すれば，最小限の兵力や資源で戦争の勝利を得ることこそ理想的な戦い方であるとされた[7)]。当然ながら，正義や道徳といった抽象的な価値の名の下で戦争を遂行することなど，絶対に許されない「贅沢」であった。

2009年に出版された『ビザンツ帝国の大戦略』，さらには論考「大戦略を考える――ビザンツ帝国を中心に」でアメリカの国際政治学者エドワード・ルトワックは，たとえ同時代の人々が明確に認識していなかったとしても，すべての国家には大戦略――国家戦略――が存在すると主張した。そして，明示的に語られることはなかったにせよ，疑いなくビザンツ帝国にはある種の大戦略が存在しており，ルトワックはそれを「オペレーショナル・コード」と呼ぶ。彼によれば，ビザンツ帝国の「オペレーショナル・コード」は以下のようにまとめられる。

1．すべての考え得る状況において，可能な限りの方策を用いて戦争を回避する。しかし常に，いつ何時(なんどき)戦争が始まっても良いように行動する。
2．敵とその考え方に関する情報を集め，継続的に敵の動きを監視する。
3．攻勢と防勢の双方で精力的に軍事行動を実施するが，多くの場合は小規模な部隊で攻撃し，総攻撃よりも斥候，襲撃，および小規模な戦闘に重点を置く。
4．消耗戦争は「非戦闘（nonbattle）」の機動に置き換える。
5．全般的な勢力均衡を変えるために同盟国を求め，戦争を首尾よく終結できるよう目指す。
6．敵の政府の転覆は，勝利への最善の道である。
7．外交や政府の転覆が十分でなく，戦争を行わなければならない場合，戦争は，敵の最も顕著な強みを引き出させず，敵の弱みを突いた「相関的［合理的］（relational）」な作戦と戦術を用いるべきである。

そして，こうした戦争方法を用いることでビザンツ帝国は，西ローマ帝国が476年に崩壊した後も約1,000年もの間（ビザンツ帝国の終焉は1453年），その繁栄を享受できたのである。

3　「イギリス流の戦争方法」から「アメリカ流の戦争方法」へ

こうした「ビザンツ流の戦争方法」を参考としながら，やはり現状維持国たるイギリスの国家戦略のあるべき姿を強く唱えたのがリデルハートである[8)]。

リデルハートによれば，伝統的にイギリスはヨーロッパ大陸での敵国を無力化するため，大規模な陸軍力派遣の代替策として海軍力を中核とする経済封鎖に依存したのであり，また，この戦略が同国に成功と繁栄をもたらした。つまりリデルハートが主唱する「イギリス流の戦争方法」とは，本質的にはイギリスが誇る海軍力をもって適用される経済的圧力のことであり，この戦争方法の究極目的は，ヨーロッパ大陸での敵の国民生活に対して経済的困難を強要することにより，その戦意および士気の喪失を図るというものである。さらには，海軍力を用いることで敵国本土とその植民地の間の交易を妨害し，また，小規模な水陸両用作戦によって植民地そのものを奪取することにより，敵の戦争資源の枯渇を図ると同時に自らの資源確保にもつなげるというものであった。

リデルハートは，イギリスは今後ヨーロッパ大陸では大国間の勢力均衡に多少の影響力を行使しつつも，基本的には不関与――あるいは限定的関与――政策に留まるべきであり，その間にグローバルな次元での大英帝国の維持および拡大を図るべきであると主張した。また，仮に不幸にもヨーロッパ大陸において，第一次世界大戦に続いて再び大国間で戦火を交える事態が生起すれば，イギリスはその「伝統」に回帰し，主として海軍力（そして第一次世界大戦以降，新たに発展を遂げつつあった空軍力）と財政支援をもってヨーロッパ大陸の同盟諸国に対する責務を果たすべきであると唱えた。こうしたリデルハートの戦略思想が，海洋国家としてのイギリスの文化を色濃く反映したものであることは言うまでもない。

では次に，同じ自由民主主義を標榜する国家であるにもかかわらず，イギリスとは極めて異なる文化的土壌から生まれた「アメリカ流の戦争方法」について考えてみよう。

周知のように，21世紀の今日においてアメリカは，他国の追随を全く許さないほどの圧倒的な軍事力，とりわけ空軍力を保有している。端的に言って，唯一アメリカだけが今日，真の意味での「エア・パワー国家」の名に相応しい[9)]。当然ながら，このアメリカの空軍力重視志向は，同国民の科学技術至上主義という文化の反映である。実際，空軍力の運用を中核とするアメリカの国家戦略と軍事戦略は，今日まで１世紀以上にわたって同国が採用し続ける基本方針であり，航空機が数多く戦場に登場し始めた第一次世界大戦以降，同国が関与した戦争や紛争にはいずれも，空軍力の優勢が重視され，かつ，それが実践されてきた事実が顕著にうかがわれる。もちろん，こうした志向には常備軍に対するアメリカ国民の一般的な認識，とりわけ常備陸軍力に対する国民の忌避が色濃く反映されている。

さらにアメリカは，空軍力を効果的に運用することにより人的被害を極小化できるとともに，短期間の戦いの可能性が高まり，敵の政治および軍事中枢を大規模かつ精確に破壊できると期待しているため，とりわけ空軍力を重視する[10)]。こうして，アメリカの文化を基礎とした空軍力を軍事力の中核に据える「アメリカ流の戦争方法」が確立されてきたのである。

アメリカの歴史家ラッセル・ウェイグリーは，その著『アメリカ流の戦争方法』の中で，「アメリカ流の戦争方法」の存在とその伝統の重要性を強調したが，この点についてはアメリカの国際政治学者であるサミュエル・ハンチントンも同様の見解を示している[11)]。ハンチントンは以下のように述べている。

> アメリカの軍事エスタブリッシュメントは，同国の地理，文化，社会，経済，歴史の所産であり，それらを反映したものである。…（中略）…アメリカ国民をドイツ人，イスラエル人，さらにはイギリス人のようなやり方で戦争を戦うよう教育できるとのロマンチックな幻想によって足下をすくわれてはならない。そうした幻想は反歴史的であるばかりか，非科学的である[12)]。

さらにハンチントンは，「端的に言ってアメリカの戦略は，政治的にも軍事的にも同国の歴史や組織に比例したものでなければならない。それらは，国家の必要性に応じたものばかりでなく，アメリカという国家の強さや弱さを反映したものである。この両者を認識することから，真の意味での理解が始まる」[13)]と述べている。

もちろん，「アメリカ流の戦争方法」とは前述の空軍力重視だけに留まる概念ではない。実際，アメリカの国際政治学者エリオット・コーエンは，「アメリカ流の戦争方法」の特徴として次の８つを挙げている[14)]。戦争文化あるいは戦略文化の問題とやや重複するが，その８つとは，歴史に対する無関心，技術開発の様式と技術志向的な問題解決，忍耐力の欠如，文化的差異に対する無理解，大陸国家的な世界観と海洋国家としての位置付け，戦略に対する無関心，遅れがちではあるが大規模な軍事力の行使，政治の忌避，である。

一方，イギリスの国際政治学者コリン・グレイは，「アメリカ流の戦争方法」には次のような12個の特徴が認められると指摘する。それらは，非政治的，非戦略的，反歴史的，問題解決型あるいは楽観的，文化的に無知，技術に依存，火力の集中，大規模，極めて通常型，忍耐不足，兵站の分野では優秀，犠牲者に敏感，である[15]。

また，グレイにとって「アメリカ流の戦争方法」とは，以下のような内容を前提とする概念であった[16]。第一に，戦争に対するアメリカ独自のアプローチ方法が存在することである。第二に，このアメリカ固有のアプローチ方法は同国の歴史的経験や感情に深く根差したものであるため，たとえ「神話」や「伝説」が含まれていようと，アメリカ国民がこれを文化として堅持していることである。第三に，こうした具体的に示された文化としての「アメリカ流の戦争方法」が，大規模かつ継続的な物質的現実を基礎としている事実である。最後に，「アメリカ流の戦争方法」は常に何らかの修正が必要とされる概念である事実である。

ここでは，コーエンとグレイがともに，「アメリカ流の戦争方法」と同国の文化的な要因の関連性を重視している点が興味深い。

もとより，こうした「ローマ流の戦争方法」や「ビザンツ流の戦争方法」，さらには「イギリス流の戦争方法」や「アメリカ流の戦争方法」といった戦争方法が，はたして現実に存在し得るのか，あるいは単なる概念やイデオロギーに過ぎないのか，そして，仮にこうした戦争方法が実在するとして，それらがどれほど有用に機能したかについては議論が分かれるであろう。

実際，たとえばリデルハートが主唱した「イギリス流の戦争方法」に対しては，歴史学の立場から数多くの批判が寄せられた[17]。また，ヴィクター・デイヴィス・ハンセンとハリー・サイドボトムの論争，そして，「軍事オリエンタリズム」をめぐるパトリック・ポーターの著作が明らかにしたように，はたして今日多くの論者が唱えている「西側流の戦争方法」との概念が，古代ギリシアおよびローマの戦争方法を現実に継承したものであるのか，それとも想像あるいは信念の産物に過ぎないのかをめぐる論争は，全く決着に至っていない[18]。

確かに，文化という言葉が意味するところの曖昧性，さらには，いわゆる「文化決定論」という陥穽には十分に留意することが求められる。だがその一方で，たとえ曖昧で不可測なものであるにせよ，ある国家や地域には固有の文化が存在し，これがその国家や地域の戦争方法はもとより，広義の生活様式さえも規定しているのは，疑いようのない事実である。

イギリスの歴史家ジョン・キーガンが，プロイセン・ドイツの戦略思想家カール・フォン・クラウゼヴィッツの戦争観を批判した際に文化的な要因の重要性を強調したのは，まさにこの理由による[19]。この点に関する筆者の結論は，仮に明確な定義を提示できないにせよ，こうした概念は戦争や戦略を考えるための大きな枠組みを提供するものとして極めて有用であるというものである。

そこで以下では，ものの見方，ものの考え方，さらには接し方（アプローチ）といった大局的な観点から，「日本流の戦争方法」とは何かについて考えてみよう。

4　「日本流の戦争方法」について

前述したように，「日本流の戦争方法」という言葉は朝鮮半島の存在が日本の安全保障に及ぼし得る地政学的意味，また，海洋国家としての日本の展望などといった議論に代表される，重要とは言えやや表層的で狭義の意味だけに用いられるものではない。それ以上に，国家としての日本の戦争観や平和観，より具体的には，仮に日本国外で戦争や紛争といった緊急事態が生起した場合，日本がどれほど国際社会への責務を果たす意思があるのか，また，本当にそれを日本の国家政策の一つの手段として有効に活用することができるのかといった根源的な問題を多角的かつ重層的に思索することこそ，「日本流の戦争方法」とは何かについて明確にするための第一歩なのである。

とは言え，実際に「日本流の戦争方法」を構築する作業は容易でない。かつてアメリカの空軍戦略思想家アレグザンダー・セヴァースキーが鋭く指摘したように，ローマが陸軍力国家であり，イギリスが海軍力国家であるのと同様，アメリカは空軍力国家であり，これらの３つの大国はそれぞれ自国に固有な文化，国家戦略，軍事力を活用して，すなわち固有の戦争方法を用いて世界を支配し，平和――つまり秩序――をもたらしたのである[20)]。

そうしてみると，たとえば空軍力国家としての資質に乏しい日本，また，決して大国とも言えない日本において，空軍力を基礎とする独自の国家戦略を構築する可能性は存在するのであろうか。それ以上に，アメリカには地球規模での勢力均衡の維持者として，最後の手段の保護者として，集団安全保障の調整および指導者として，そして，人権の擁護者としての国家戦略が存在し，これらの国家戦略を遂行するための手段として空軍力の価値が高く評価されているが，はたして日本は，空軍力を活用するためのいかなる国家戦略を提示できるのであろうか[21)]。

よく考えてみれば，空軍力国家としてのアメリカとは対照的に，歴史的に日本は大陸国家あるいは陸軍国家的な傾向が強く，簡単には空軍力国家に発展し得ないように思われる。空軍力をめぐる政府の方針，防衛および航空機産業の裾野の広がり，空に対する国民の意識，そして，とりわけ文化といった要因を考えれば，アメリカとの違いは決定的である。

かつてアメリカの海軍戦略思想家アルフレッド・セイヤー・マハンは，国家の海軍力（シー・パワー）に影響を及ぼす基本的な要素として6つの項目を挙げた[22)]。それらは，「地理的位置」「地勢（産物や気候を含む）」「領土の拡がり」「人口数」「国民の性質」「政府の性質（国家の制度を含む）」であるが，その中でも「人口数」と「国民の性質」でマハンは，特に海運や漁業のような海上での活動に従事する人々の数を重視するとともに，これに対する国民の志向を問題にした。また，海上や植民地における自国民の活動を積極的に支援する政策の存在が，その国家を地球規模な勢力にまで高める最大の要因であるとする。これがマハンの言う「政府の性質」であるが，ここで強調した3つの要素は，そのまま空軍力や陸軍力にも当てはまるように思われる。

もちろん，大陸国家あるいは陸軍国家という言葉も日本の歴史および現状を正確に表現し得ているとは言い難い。日本はかつてのドイツやロシア（ソ連），そして中国のような広大な領土や強大な陸軍力を保持しておらず，これらを基礎とした大陸国家的な国家戦略も存在しない。今日の日本が置かれた状況を最も適切に表現するための言葉をあえて探せば，残念ながらそれは「島国」ということになろう。日本は真の意味での大陸国家ではない。だが同時に，その地理的条件，さらには食糧や産業資源などに対する海洋への高い依存度にもかかわらず，日本は古代フェニキア人（たとえばカルタゴ）や古代アテネ，中世のヴェネチアやジェノヴァ，さらにはイギリスに代表される海洋国家でもないのである。

なるほど歴史上，日本の視線が何度か海洋（あるいは海洋を超えた朝鮮半島，中国大陸，東南アジアなど）に向けられた時期はある。朝鮮半島との関わりを例に取れば，663年の白村江の戦い，1274年および81年の元寇（文永および弘安の役），14世紀に始まった倭寇，1592～98年の豊臣秀吉の朝鮮出兵（文禄および慶長の役）などが挙げられる。

しかしながら，今日，とりわけ海洋に対する国民の意識の希薄さを考えるとき，日本は海洋国家としての資質に乏しいと言わざるを得ない。繰り返すが，こうした問題を考える上で重要な要素は，国民および国家の意識，すなわち世界観と意思である。確かに近年，マハンの言う「政府の性質」では大きな進展が見られる。たとえば，国際海洋法条約（1982年策定，1994年発効，1996年日本批准）の締結を受けて，日本政府は，「海の日」の設定（1996年施行），海洋政策の総合的促進を謳った海洋基本法（2007年），さらには海洋基本計画（2008年）と新海洋基本計画（2013年）の策定に代表されるように，積極的にその海洋政策を推進している。

その一方で，国民の意識，すなわちマハンの言う「国民の性質」はどうであろうか。日本で7月に「海の日」が制定されたのは，同国が海洋国家である事実を改めて国民に認識させるためであるとされるが，はたして日本国民は自国の生き残りのための海洋への依存度をどれほど理解しているのであろうか。

そうしてみると，当然とは言え今日の日本に求められていることは，「ローマ流の戦争方法」や「ビザンツ流の戦争方法」，そして，「イギリス流の戦争方法」や「アメリカ流の戦争方法」とも異なる，日本独自の世界観に立脚した日本独自の接し方（アプローチ）を構築することなのであろう。

前述したように，過去にこれまでにも「日本流の戦争方法」の構築を模索した思想家や実務者は数多く存在した。たとえば，いわゆる鎖国政策の結果の一つとして近隣諸国との戦争をほとんど経験することがなかった江戸時代でさえ，『鈐録』の荻生徂徠，『海国兵談』の林子平，『兵法一家言』の佐藤信淵に代表される戦略思想家の名に相応しい人物が数多く登場した。また，明治時代から第二次世界大戦を経て今日までの時期においても，前述の吉田茂をはじめとする多くの人物が日本の国家戦略や軍事力の運用方法をめぐって思索を続けた[23)]。本章では，その中から石原莞爾と佐藤鐵太郎という2人の旧日本帝国軍人を取り上げてみよう。

石原莞爾の名前は今日に至るまで広く知られている。石原の評価をめぐってはいまだに論争が続けられており，すでに多くの著作も出版されているが，今日，石原の戦略思想とその政策への具現化について改めて振り返ることの意義として，とりわけ彼が用いた手法を挙げることができる。すなわち，戦争の将来像を明確に見極めた上で，それに対応する国家戦略および軍事戦略という国家のグランド・デザインを構築するために思索した石原の姿勢は，評価されて然るべきであろう。

そしてこれは，冷戦という枠組みの下，アメリカやソ連が提供する国際環境にただ反応しさえすれば良かった時代が過ぎ去った今日，日本独自の国家戦略や軍事戦略を日本独自に構築する必要に迫られているからこそ，重要なのである。そこにはまた，今日の日本に欠如しているとされる強固なリーダーシップの問題，石原自身の表現を用いれば「戦争指導」の問題も含まれる[24]。

疑いなく石原は，当時の軍人としては特異かつ傑出した存在であった。彼は，戦争の本質に強い関心を抱き，また，同時代の戦争の様相である総力戦が意味するところを考え，さらには，戦争の将来像を明らかにしようと試みた数少ない軍人であった。確かに石原は，日米最終戦争不可避論という決定的なまでに間違った前提に立っており，また，その勝敗をめぐる見通しを大きく誤っていた。だが，将来の戦争像および国際環境に対応するための国家戦略と軍事戦略を独自の戦争観に基づいて構築し，さらには，そのために必要な政策をトップ・ダウン方式で立案および実施しようとした稀有な人物であったこともまた事実である。

次に，佐藤鐵太郎について考えてみよう[25]。佐藤は明治時代からの日本の伝統的な国家戦略とも言えるいわゆる「陸主海従」政策に対して，自らが地政学的条件が似ていると考えたイギリスの国家戦略を類比の材料として「海主陸従」政策を唱え，アジア大陸への進出ではなく海洋への平和的発展を唱えたことで知られている。

佐藤は日露戦争後，アジア太平洋地域の平和と安定のために日英同盟の堅持とアメリカとの協調を強く唱えたが，実は彼は，国家の防衛を規定する３つの要素として，「地理的条件」「経済」「国民への影響（軍事負担の大小）」を挙げた上で，同時代の国際環境に見合った軍事力の構築を唱えた。そしてその論理的帰結が，最小限のコストで最大限の効果が期待された「海主陸従」政策であった。

もちろん「海主陸従」政策には，海軍軍人としての佐藤が，自らの組織の利益を最優先した側面も認められるが，それにしても民生への負担を最小限に留め，経済発展の結果として所要の軍事力の構築が可能になるとの発想は，前述の石原とは対照的である[26]。また，徴兵制度が必要となる陸軍力は日本には不要であり，海洋国家の利点を十分に活用して志願兵を中核とする海軍力で国家の防衛を全うしようと唱えた彼の発想は，やはり問題点は多々挙げられる一方で，今日でも十分に検討に値する。

佐藤によれば，イギリスの繁栄の源泉は同国がヨーロッパ大陸への進出を自重し，海軍力を中核とする防勢的な国家戦略を用いたところにある。これを踏まえて彼は，たとえば日本がこの当時までに獲得していた満州や朝鮮半島をあえて放棄することが，日本の安全保障や国益につながるとの持論を展開した。こうした発想は，後年の石橋湛山の「小日本主義」や，第３節で述べたリデルハートの「イギリス流の戦争方法」と同様のものと言える。

もちろん，ここで紹介した石原や佐藤の戦略思想そのものに対する疑問に加えて，これが今日の日本の安全保障政策にいかなる示唆を与え得るかについては議論の分かれるところであるが，その一方で，本章で改めて強調したい点は，日本が直面する問題に対して真摯に取り組んだこの２人の姿勢と，問題の解決に向けて両者が用いた手法についてである。

かつて1870年代および80年代を中心として，世界の主要諸国の多くが戦艦の建造に乗り出す中で，フランス海軍の「青年学派（ジュネコール）」と呼ばれる革新的将校は戦争の将来像とフランスが置かれた国際環境を検討した結果，もはや戦艦は同国海軍には不要であると主張した[27]。彼らによれば，将来のフランス海軍の主力は，仮想敵国イギリスに対する通商破壊戦に必要とされる魚雷艇や高速巡洋艦，後には潜水艦であった。そして，ここで筆者が「青年学派」に触れた理由も，やはり新たな発想，そして独自の発想の必要性を強調したいからである。

戦争の新たな様相が明らかになりつつある21世紀の今日，過去の遺産にあまりにも固執することは危険ですらある。新たな様相の戦争には新たな国家戦略，軍事戦略，そして，より具体的な軍事力が必要とされるのであり，その一例が広義の意味での「エア・パワー」を中核とするネットワーク化された統合戦力であるというのが筆者の結論である[28]。そして，当然ながらその統合戦力とは，独自の文化――統合文化――に支えられたものである必要がある。

5　「日本流の戦争方法」――試論

戦争が軍人の専権事項であった時代は，遠く過去のものとなった。今日に至るまで継続している総力戦時代の戦争には，またその一方で，核兵器の強大な破壊力やテロリズムという「非対称戦争」に象徴される近年の戦争においては，戦略形成の優れた術（アート）が必要とされるのであり，その意味でも文民（シビリアン）を中心とした「日本流の戦争方法」の構築が強く求められる。

かつてフランスの宰相ジョルジュ・クレマンソーは第一次世界大戦を経験して，「戦争は将軍だけに任せておくにはあまりにも重大な事業（ビジネス）である」と述べたが，今日において戦争は，軍人と政治家だけに任せておくにはあまりにも重大な国民の事業（ビジネス）になっている。

「日本流の戦争方法」を考えるに当たって，当然ながらたとえば日本が置かれた地政学的条件といった個別具体的な問題を検討することは重要である。その一例として，縦深の欠如という日本固有の地理的問題を挙げておこう。すなわち，日本は島嶼国家としての利点を有する反面，相当の脆弱性も抱えている。航空機やミサイルが大きく進歩した今日，長い海岸線に沿って各地に主要な鉄道や幹線道路，さらには，原子力発電所などが存在する日本において，国民生活に不可欠なこうした施設を保護することは絶対に必要とされるが，現実には海上や上空からの攻撃に対して極めて脆弱である。これが，縦深の欠如と言われる問題であるが，確かにこうした軍事戦略の次元での分析の積み重ねが，「日本流の戦争方法」をいわば下から支えている。

だがその一方で，国家戦略の次元での大きな枠組みを提示することも「日本流の戦争方法」の構築のためには求められる。たとえば，日本の国家戦略として軍事力に過度に依存することなく，国家のソフト・パワー（あるいはスマート・パワー）を大きく掲げる方策も一つの選択肢なのかもしれない[29)]。すなわち，国際社会における「文化国家」としての日本のパワーに国家の安全保障を委ねるといったやり方である[30)]。イギリスの海軍戦略思想家ジュリアン・コルベットから今日学ぶべき点があるとすれば，それは，軍事力だけが国家の安全保障を約束する手段ではないとの単純な事実であり，また，クラウゼヴィッツの戦争観から何か学ぶべきことがあるとすれば，それは，「戦争は外交とは異なる手段を用いて政治的交渉を継続する行為に過ぎない」との事実である[31)]。

そうしてみると，結局，日本が最初に決めるべきことは，日本の国家目標の明確化である。換言すれば，「国益」という言葉を復活させる必要がある。日本がどこへ向かおうとしているのか，国際社会においていかなる役割を果たす意思があるのか（あるいは，ないのか）といった国家戦略の次元でのトップ・ダウンの問題を無視して，日本の軍事戦略や軍事力のあり方について検討しても無意味である。今日の日本に求められていることは，明確な日本の国家戦略を定め，いかなるときに，どのような目的で，いかに軍事力を行使するのか（あるいは，行使しないのか）を規定することである。なぜなら，ベトナム戦争やコソボ紛争で見事に実証されたように，軍事力が支えるべき国家戦略に問題があれば，軍事力そのものの有用性が大きく損なわれるからである。結局のところ，国家戦略とは国家の「生き様」に他ならない。

そこで，以下ではこうした事実を念頭に置きながら，「日本流の戦争方法」を構築するための手掛かりを改めて考えてみよう。

単純化の誹りを恐れずに前述したことをまとめれば，「ローマ流の戦争方法」とは，ローマ帝国全域から集まる富と戦士国家としての市民の社会精神（エートス）を基礎とする陸軍力を中核とした「直接アプローチ戦略」であり，「イギリス流の戦争方法」とは，産業革命によってもたらされた財政力と自由主義経済を基礎とする海軍力を中核とした「間接アプローチ戦略」であった。また，「アメリカ流の戦争方法」とは，圧倒的な技術力および産業力と民主主義を基礎とする空軍力を中核とする「直接アプローチ戦略」であった。そうしてみると，「日本流の戦争方法」とは，(1)何（物資的要素と精神的要素）を基礎とする，(2)何（いかなるパワー）を中核とした，(3)いかなる国家戦略なのであろうか。

ここからは，あくまでも筆者の試論，そして個人的見解であるが，最初に確認すべき点として，日本は自らの生存と繁栄を国際社会の平和——すなわち秩序——に大きく依存する現状維持国であるとの事実がある。そうであれば，少なくとも「ビザンツ流の戦争方法」や「イギリス流の戦争方法」から何らかの示唆を得られる可能性がある。その場合，ビザンツ（東ローマ）帝国と同様に日本は，現状維持国としてあくまでも防勢に徹する一方で，いかなる理由があるにせよ，国際社会の平和を揺るがす国家や非国家主体に対しては，軍事的側面を含めた断固たる態度で臨むことが求められるであろう。これには地域性といった要素が考慮される余地はほとんどない。また，こうした国家戦略の下では，基本的には政策決定に正義や道徳といった抽象的な問題が入り込む余地はないが，これは，国際世論の影響の大きさ，さらには「人道的介入」が規範となりつつある今日の時代精神の下では，厳しい試練にさらされることになるであろう。

何れにせよ，現状維持国にとって平和とは秩序に他ならないのであり，国際秩序を乱す国家や非国家主体を見過ごすことは絶対に許されない。この意味においては，国際秩序あるいは平和を維持する目的で，軍事的側面を含めた日本のさらなる関与が求められる。

他方で，第二次世界大戦後の日本は，いわゆる「軽武装国家」としてその繁栄を享受した。そして，冷戦という当時の国際環境が大きく変化した事実は認めながらも，基本的には今日でもこの方針を維持することが望ましい――国益に適う――ように思われる。そしてこの文脈において，アメリカの軍事力を「矛」とする抑止態勢のさらなる強化が求められるのであり，また，日米同盟の強化が必要とされるのである。

誤解を恐れずにさらに述べれば，一見，自国の利益だけを最優先するかのようなこうした方針も，国家の「神聖なるエゴイズム」として許されるはずであり，この戦略方針を正当化するためには，いわゆる「平和憲法」を戦略的に活用することさえ躊躇してはならない。また，そうした戦略方針を貫くためにも，限られた要員や資源，さらには予算の中での日本の軍事力には，その統合化やネットワーク化が他のいかなる諸国にも増して必要とされる。

同時に，産業資源や食糧などの供給を海外に依存せざるを得ない資源小国たる日本にとって，またその一方で，必要最低限の軍事力しか保持しない日本にとって，国際社会に誇れる国家の資産とはマンパワー，すなわち高度な教育を受けて優れた技術力を有する国民しか考えられない。はたして今日の日本が「文化国家」の名に値するかは筆者には不明であるものの，ソフト・パワー（あるいはスマート・パワー）を一つの基盤とする国家戦略も十分に検討に値する。

6　おわりに

最後に，ここまでの論述を踏まえて，将来の日本の国家戦略を前述のフォーマットに当てはめてみれば，「日本流の戦争方法」とは，(1)高度な技術力および知的な人的資源とグローバリズムを基礎とする，(2)ソフト・パワーを中核とした，(3)「間接アプローチ戦略」，ということになろう。

そして，こうした国家戦略の下で必要とされる軍事力とは，まさにかつてリデルハートが主唱したような，小規模な職業軍人から構成され，高度の機動性と柔軟性を備えた，戦争あるいは紛争の火種を早期に消し去るために迅速に行動可能という意味での「消防隊員」をイメージさせるものである[32)]。また，その軍事力は，高度にネットワーク化され，真の意味での統合化がなされるとともに，統合文化を備えたものでなくてはならない。

本章は，「日本流の戦争方法」を構築するための手掛かりを提示した試論である。今日，日本でも国家安全保障会議（NSC）が設立され，情報および情報機関の重要性が強く認識される反面，いまだに明確な国家戦略の不在が指摘されることが多い中，本章が「日本流の戦争方法」の構築に向けて何らかの示唆を提供できたとすれば，筆者の当初の目的は達したと言える。

［付記］本章の内容は，筆者の個人的見解である。

注

1）この点について詳しくは，北岡伸一「海洋国家日本の戦略——福沢諭吉から吉田茂まで」，中西寛「敗戦国の外交戦略——吉田茂の外交とその継承者」石津朋之，ウィリアムソン・マーレー共編著『日米戦略思想史——日米関係の新しい視点』彩流社，2005年を参照。

2）「戦争文化」や「戦略文化」といった視点は，戦争の様相およびその遂行方法には集団や国家，さらにはその地域固有の歴史や文化，そして社会のあり方に規定されるとの認識を前提としている。戦争文化あるいは戦略文化について詳しくは，マーチン・ファン・クレフェルト著，石津朋之監訳『戦争文化論』（上下巻），原書房，2010年，マーチン・ファン・クレフェルト著，石津朋之監訳『戦争の変遷』原書房，2011年を参照。

3）古代ギリシアの戦争については，ヴィクター・デイヴィス・ハンセン著，遠藤利国訳『古代ギリシアの戦争』東洋書林，2003年（Victor Davis Hanson, *The Western Way of War: Infantry Battle in Classical Greece* [London: Hodder and Stoughton, 1989]），Victor Davis Hanson, *Why the West Has Won: Carnage and Culture from Salamis to Vietnam* (London: Faber and Faber, 2001)，ハリー・サイドボトム著，吉村忠典・澤田典子訳，澤田典子解説『ギリシャ・ローマの戦争』岩波書店，2006年，ドナルド・ケーガン，永末聡訳「ペロポンネソス戦争におけるアテネの戦略」ウィリアムソン・マーレー，マクレガー・ノックス，アルヴィン・バーンスタイン編著，石津朋之・永末聡監訳，「歴史と戦争研究会」訳『戦略の形成——支配者，国家，戦争』（上巻），中央公論新社，2007年を参照。

4）この点については，マキャヴェリの代表作である『リウィウス論』と『君主論』を参照。こうした著作の中でマキャヴェリは，古代ローマ社会の「ヴィルトゥ（技量）」と「フォルトゥーナ（運命）」を高く評価するとともに，国家の指導者にはフォルトゥーナを自ら引き寄せるだけのヴィルトゥが必要とされると述べている。アルヴィン・H・バーンスタイン，永末聡訳「戦士国家の戦略——ローマの対カルタゴ戦争，前264～前201年」マーレー，ノックス，バーンスタイン編著『戦略の形成』上巻。

5）古代ローマ帝国の戦争について詳しくは，エイドリアン・ゴールズワーシー著，遠藤利国訳『古代ローマの戦い』東洋書林，2003年を参照。なお，ローマ帝国と今日のアメリカの類似性に注目する論者は，こうしたエリート層の社会的背景を強調する。

6）「一〇分の一処刑」について詳しくは，バーンスタイン「戦士国家の戦略」を参照。

7）「ビザンツ流の戦争方法」については，Edward N. Luttwak, *The Grand Strategy of the Byzantine Empire* (Cambridge, MA: Belknap Press, 2009)，エドワード・ルトワック「大戦略を考える——ビザンツ帝国を中心に」防衛研究所編『平成21年度戦争史研究国際フォーラム報告書』防衛省防衛研究所，2010年，ポール・ルメルル著，西村六郎訳『ビザンツ帝国史』白水社，2003年を参照。

8）リデルハートと「イギリス流の戦争方法」について詳しくは，石津朋之著『リデルハートとリベラルな戦争観』中央公論新社，2008年，第9章を参照。

9）石津朋之「エア・パワー――その過去，現在，将来」石津朋之・立川京一・道下徳成・塚本勝也共編著『エア・パワー――その理論と実践（軍事力の本質シリーズ①)』芙蓉書房出版，2004年，ハリー・G・サマーズ著，杉之尾宜生・久保博司訳『アメリカの戦争の仕方』講談社，2002年。

10）Eliot A. Cohen, "The Mystique of U.S. Air Power," *Foreign Affairs*, Vol. 73, No. 1（January/ February 1994）.

11）ウェイグリーの見解については，ラッセル・F・ワイグリー，戸部良一訳「アメリカの戦略――その発端から第一次世界大戦まで」ピーター・パレット編，防衛大学校「戦争・戦略の変遷」研究会訳『現代戦略思想の系譜――マキャヴェリから核時代まで』ダイヤモンド社，1989年，Russell F. Weigley, *The American Way of War: A History of United States Military Strategy and Policy*（New York: Macmillan, 1973）を参照。

12）Samuel P. Huntington, *American Military Strategy*, Policy Paper 28（Berkeley: Institute of International Studies, University of California, Berkeley, 1986）, p. 33.

13）*Ibid*.

14）エリオット・A・コーエン，塚本勝也訳「無知の戦略？――アメリカ，1920～1945年」マーレー，ノックス，バーンスタイン編著『戦略の形成』下巻。

15）Colin S. Gray, "The American Way of War: Critique and Implications," in Anthony D. Mc Ivor, ed., *Rethinking the Principles of War*（Annapolis, MD: Naval Institute Press, 2005），コリン・S・グレイ，大槻佑子訳「核時代の戦略――アメリカ，1945～1991年」マーレー，ノックス，バーンスタイン編著『戦略の形成』下巻。

16）Gray, "The American Way of War."

17）この点について詳しくは，Michael Howard, "The British Way in Warfare: A Reappraisal," "Three People: Liddell Hart, Montgomery, Kissinger," in Michael Howard, ed., *The Theory and Practice of War*（London: Cassell, 1965）, Paul M. Kennedy, *Strategy and Diplomacy*（London: Fontana, 1984）, David French, *The British Way in Warfare*（London: Unwin Hyman, 1990）, Hew Strachan, "The British Way in Warfare," in David Chandler, ed., *The Oxford Illustrated History of the British Army*（Oxford: Oxford University Press, 1994）を参照。

18）サイドボトム著『ギリシャ・ローマの戦争』所収の澤田典子による解説，Patrick Porter, *Military Orientalism: Eastern War through Western Eyes*（London: Hurst & Company, 2009）。

19）ジョン・キーガン著，遠藤利国訳『戦略の歴史――抹殺・征服技術の変遷　石器時代からサダム・フセインまで』心交社，1997年，ジョン・キーガン著，井上堯裕訳『戦争と人間の歴史――人間はなぜ戦争をするのか？』刀水書房，2000年。

20）平和とは何かについて詳しくは，Michael Howard, *The Invention of Peace & the Reinvention of War*（London: Profile Books, 2002）を参照。

21）Colin S. Gray, "Air Power and Defense Planning," in Colin S. Gray, *Explorations in Strategy*（Westport, CT: Praeger, 1996）.

22）アルフレッド・T・マハン著，北村謙一訳『海上権力史論』原書房，1982年，第１章。

23）北岡「海洋国家日本の戦略」石津，マーレー共編著『日米戦略思想史』。

24）石原莞爾について詳しくは，石津朋之「総力戦，モダニズム，日米最終戦争――石原莞爾の戦争観と国家・軍事戦略思想」石津，マーレー共編著『日米戦略思想史』を参照。また，戦争指導とは何かについては，石津朋之著『戦争学原論』筑摩書房，2013年，第７章を参照。

25）佐藤鐵太郎の戦略思想については，Sadao Asada, *From Mahan to Pearl Harbor: The Imperial Japanese Navy and the United States*（Annapolis, MD: Naval Institute Press, 2006）が詳しく考察を行っている。

26）佐藤の人物像について詳しくは，麻田貞雄編・訳『マハン海上権力論集』講談社学術文庫，2010年所収の解説「歴史に及ぼしたマハンの影響」を参照。

27）「青年学派」の戦略概念について詳しくは，Lawrence Sondhaus, *Naval Warfare, 1815–1914*（London: Routledge, 2001）を参照。

28）石津朋之「エア・パワーと日本の国家戦略」石津朋之，ウィリアムソン・マーレー共編著『21世紀のエア・パワー――日本の安全保障を考える』芙蓉書房出版，2006年。

29）ジョセフ・S・ナイ著，山岡洋一訳『ソフト・パワー――21世紀国際政治を制する見えざる力』日本経済新聞社，2004年。

30）国家のパワーの源泉として文化が備えた可能性については，川勝平太著『文化力――日本の底力』ウエッジ，2006年に詳しい。

31）コルベットの戦争観について詳しくは，石津朋之「シー・パワー――その過去，現在，将来」立川京一・石津朋之・道下徳成・塚本勝也共編著『シー・パワー――その理論と実践（軍事力の本質シリーズ②）』芙蓉書房出版，2008年を参照。また，クラウゼヴィッツの戦争観については，カール・フォン・クラウゼヴィッツ著，清水多吉訳『戦争論』中公文庫，2001年，上巻，24頁，および下巻，522頁，清水多吉，石津朋之共編著『クラウゼヴィッツと「戦争論」』彩流社，2008年を参照。

32）もちろん，アメリカ軍の存在はこうした軍事力のあり方の前提条件である。なお，リデルハートが唱えた「消防隊員」の概念について詳しくは，石津『リデルハートとリベラルな戦争観』，エピローグを参照。

第9章
ロシア流の戦争方法
——「ハイブリッド戦争」——

名越健郎

1　はじめに

ロシアのプーチン政権が2014年にウクライナで展開したクリミア併合と東部への干渉は，各種戦術を複合的に採用したかく乱作戦であり，北大西洋条約機構（NATO）は「ハイブリッド戦争」と名付けた。特殊部隊や民兵を駆使して勢力圏を広げ，サイバー攻撃や宣伝工作，情報操作，経済的圧力，政治工作など，軍事と非軍事を組み合わせた戦争が，ハイブリッド戦争だ。ロシアはこれによって，戦わずしてクリミア半島をロシア領に強制併合した。ウクライナ東部では，親露派を決起させて物的・人的支援を行い，ウクライナの弱体化や東部の離反を図った。ロシアの戦争形態は従来，正規軍を主体にした古風な陣取り合戦が特徴だったが，ウクライナ干渉は，ロシアが戦争形態を練り直し，高度化させたことがわかる。

ロシア当局は「ハイブリッド戦争」の用語を使用していないが，NATOはロシアの新しいハイブリッド戦略を研究し，対抗策を検討する特別調査チームを設置した[1)]。これまでNATOが欧州大陸で想定していなかった新しい戦争形態に，西側陣営は衝撃を受けたようだ。冷戦後，旧ユーゴスラビア紛争や対テロ作戦に忙殺されてきたNATOは，再びソ連の後継国・ロシアを主敵とし，新戦略への対応を強いられている。本章では，プーチン政権が仕掛けたウクライナでのハイブリッド戦争を解剖し，過去のロシア・ソ連の戦争形態と比較しながら，今後の旧ソ連圏でのロシアの膨張戦略を探った。

2　クリミア併合は「孫子の兵法」

親露派・ヤヌコビッチ政権が2013年11月，欧州連合（EU）との連携協定調印をキャンセルしたことに端を発したウクライナの政変は，マイダンと呼ばれるキエフの独立広場を舞台に展開された。14年２月，政権側の弾圧に親欧米派デモ隊が過激化したことから一気に緊迫。正体不明のスナイパーによる銃撃戦で百人以上の死者を出す凄惨な流血惨事となった。デモ隊は大統領府など主要施設に乱入。身の危険を感じたヤヌコビッチ大統領は２月21日深夜，夜逃げ同然にロシアに脱出した。スナイパーが誰なのか，なぜデモ隊が暴走したのか，なぜ大統領があっけなく逃亡したのかなど，この間の経緯は，検察の捜査も行われておらず，謎が多い。ウクライナ危機は，ロシアが主催するソチ冬季五輪の終盤と並行して進行し，プーチン大統領は平和の祭典である五輪期間中は静観したが，閉幕後直ちに始動した。

クリミアでは，キエフの政変を受けて，２月26日から「自警団」と称した黒装束の部隊が登場し，中心地シンフェローポリの自治共和国主要施設を掌握した。27日には，武装集団が議会を制圧する中，議会は執行部を更迭し，親露派の弱小政党「ロシアの統一」のアクショーノフ党首を自治共和国首相に選出。自警団は徐々に増加して各地に展開し，28日までにクリミア全土をほぼ掌握した。セバストポリに展開するウクライナ海軍は武装解除された。ロシアは当初，自警団をクリミア住民と主張していたが，プーチン大統領はその後，「住民保護のため，自警団の中にロシア将兵がいた」ことを公然と認めた。彼らは，二国間合意で２万５千人までの駐留が容認されている黒海艦隊所属の部隊やロシアから派遣された特殊部隊とされる。

３月16日に実施されたロシア編入を問う住民投票は，95％の圧倒的支持で承認された。プーチン大統領は２日後にクレムリンで演説し，「クリミアをウクライナ領とした違憲行為の歴史的過ちをただす」「投票結果を無視するのは裏切り行為だ」などとし，ウクライナ政府の頭越しにクリミア指導部と編入条約に調印した[2)]。この間の展開は，唐突かつ意表を突く速攻だった。欧米諸国やウクライナは展開を座視するだけで，何ら効果的な対抗策を打てなかった。多くの専門家が，ロシアは住民投票を駆け引きに利用し，併合に突き進むことはないと考えていた。

ロシアの軍事専門家，アレクサンドル・フラムチュヒン氏は独立新聞で，クリミア併合作戦について，「ロシア軍による周到に準備された電撃的な作戦だった。見事な行動であり，孫子の兵法に完全に合致し，ロシア軍は戦わずして勝利を収めた。まず電撃的行動で驚かせ，完全なる優位を確立した。国際政治において，軍事力が再び決定的な意味を有することを示した」と述べ，「戦わずして勝つ」という孫子の兵法を地でいく圧勝だったことを強調。「西側諸国は『不敗のソフト・パワー』という神話を自ら創作し，信じた。しかし，彼らはハード・パワーが強化されなくては，ソフト・パワーも無意味だということを見落としていた」と皮肉った[3)]。

クリミア併合に際し，ロシアは軍事的威圧だけでなく，情報工作や経済的圧力を総動員し，「ハイブリッド戦争の成功例」（ニューズウィーク誌）といわれる。プーチン大統領は14年４月のテレビ対話で，「ロシアは領土併合を意図しておらず，軍事介入も計画していなかった。２月の政変で状況が変わり，クリミアのロシア系住民が脅威にさらされ，自決権の問題を提起し始めた。ロシアには同胞を守る責任がある。まさにその時，我々はクリミアを支援しようと決意したのだ」と説明し，ロシア系住民への人権侵害と国連憲章が定めた民族自決権を介入の口実とした[4)]。政権に近いロシアのメディアは，第二次大戦中にナチスドイツと組んでソ連軍と戦った西部の独立運動指導者バンデラの支持者がウクライナ政府に参画しているとし，「ファシスト」と非難。ロシア系住民の人権状況が悪化し，ウクライナ新政権に恐怖感を抱いているなどとキャンペーンを展開した。実際には，クリミアで人権侵害が行われた形跡はなく，虚偽の情報操作だったが，ロシア国内ではこの虚報が広く信じられた。わが国でも，バンデラ主義者や右派セクターなど西部過激派の暗躍が報じられたが，筆者が現地で取材すると，ウクライナ国内での西部過激派は泡沫組織にすぎず，キエフの銃撃戦でも前面には出ていないことがすぐにわかった[5)]。各国の専門家を容易に騙せる世論操作も，ハイブリッド戦略の重要な要素だ。

クリミアはもともと「ロシア固有の領土」（プーチン大統領）とされ，ソ連時代の1954年にフルシチョフ指導部が唐突にロシア共和国からウクライナ共和国に移管した。当時は単一国家内の領域変更であり，問題にならなかったが，ソ連崩壊後に大問題となり，多数派のロシア系住民がロシア編入を要求した。しかし，ロシア政府はこれまで，クリミアがウクライナ領であることを尊重し，国際条約でも承認していた。プーチン政権が今回，クリミアを強引に併合し，東部への介入に着手したのは，ヤヌコビッチ政権崩壊で，ウクライナが一気に西側化することに恐怖感を抱いたためだ。ウクライナが西側化すれば，NATO軍がロシア国境まで近づき，セバストポリ港に欧米の軍艦が停泊することになり，黒海が「NATOの海」（プーチン大統領）になることを恐れたのだ。大陸国家・ロシアは伝統的に過剰な安全保障を求め，周辺部に緩衝地帯を構築しようとする。

加えて，ウクライナが欧米化すれば，自由化機運が国境を越えてロシアに波及しかねないとの危機感もあった。親露派政権崩壊を放置すれば，国内で「弱腰」批判を招きかねなかった。ロシアは伝統的にウクライナを「家族の一員であり，同胞国家」（プーチン大統領）とみなしており，歴史的なウクライナに対する宗主国意識がある。格下の国の領土は奪っても構わないという歪んだ優越感も垣間見えた。

プーチン大統領は4月のテレビ演説で，クリミアでの行動は「前もって準備したり，計画したものではなかった。その場で状況と要請を聞き，実行に移さざるを得なかった」と述べ，その場しのぎに近かったことを認めた[6]。ただしロシアは，以前からウクライナの有事に備え，クリミアを掌握する構想を密かに検討していた模様だ。内部告発サイト，ウィキリークスが公表した06年12月7日付の在ウクライナ米大使館の公電によれば，04年のオレンジ革命で親欧米派のユーシェンコ政権が発足した後，ロシアはクリミアの親露派勢力に資金を提供し，現地でロシア愛国主義を扇動して少数派のウクライナ人やタタール人を挑発していたという[7]。ボルカー米大使は「ロシアの秘密活動は，クリミアを不安定化させ，ウクライナを弱体化させるのが目的だ。世論操作と情報操作は成功を収めている」と報告していた。ロシアはクリミアで有事に備えた工作活動を水面下で進め，今回のウクライナ危機でその蓄積を実行に移したと言える。

クリミアのロシア編入は，「第二次大戦後，欧州で初の領土強制併合」（英紙フィナンシャル・タイムズ）であり，欧州の国際秩序に大きな打撃をもたらした[8]。米国やEU，日本は「国際法違反」として対露制裁を次々に発動，ウクライナのポロシェンコ政権もクリミアの返還を要求している。これに対し，ロシア側も報復制裁で臨み，「新冷戦」の緊張を招いたことは周知の通りだ。ただ，ロシアはクリミア編入の既成事実化を進めており，少なくともプーチン時代にロシアが返還に応じることはあり得ない。欧米諸国も現状変更は不可能とみて，クリミア併合を事実上容認し，東部情勢で譲歩を求める外交シグナルを送る動きもある。核大国が暴走すれば，手がつけられないという冷徹な国際政治の現実も明白になった。ロシアにとっては，ハイブリッド戦略が成果を挙げたと言えるだろう。

3　東部情勢は消耗戦へ

無血のクリミア併合とは対照的に，ウクライナ東部のドネツク，ルガンスク両州では，分離を目指す親露派武装勢力とウクライナ政府軍の激しい戦闘が続いた。国連人権高等弁務官事務所（UNHCR）は，市民を含めた双方の死者が15年９月初めまでに7,962人に上ったと発表した[9)]。負傷者は１万7,800人。ロシアや他のウクライナ各地に逃れた難民は数十万人といわれる。７月17日には，東部親露派によるとみられる対空ミサイルの誤射で，マレーシア機撃墜事件が発生し，乗客乗員298人が全員死亡した。ロシアは東部でも，人的・物的支援や情報・政治工作で東部親露派を支援するハイブリッド戦略を展開したが，クリミアとは状況が大きく異なっており，目的を達成できていない。欧米の経済制裁が強まり，原油価格下落もあってロシア経済がじわじわと弱体化している。ウクライナ経済も急激な悪化が目立ち，双方が消耗する長期戦の様相だ。

東部の混乱はクリミア併合が一段落した14年４月初めに始まり，ドネツク，ルガンスク両州の親露派デモ隊が武装蜂起して議会や行政機関を占拠。それぞれ「ドネツク人民共和国」「ルガンスク人民共和国」の設立を宣言した。ウクライナ政府は退去を要求したが，親露派は立てこもりを続けたため，軍を派遣して解放作戦に着手し，戦闘が始まった。戦況は14年８月中旬までウクライナ軍が優勢で，両州の親露派は掃討寸前とみられたが，８月末にロシアが大規模介入し，戦況が逆転。親露派の支配地区が広がった。劣勢に陥ったウクライナ側はNATO加盟を可能にする法案を議会に提出する一方，ロシア側と停戦交渉を行い，９月５日，ベラルーシのミンスクでロシア，ウクライナ，欧州安保協力機構（OSCE）三者間で停戦合意が調印された。両人民共和国はオブザーバー参加だった。合意文書は停戦の国際監視や捕虜交換，市街地からの撤退など12項目に上り，両州の分権化拡大や特別な地位付与が盛り込まれている。調印後，戦闘は下火になったものの，15年１月に再燃し，親露派が要衝を次々に制圧。ドイツのメルケル首相は危機感を抱いて米露両国を訪れてシャトル外交を行い，２月12日に二度目の停戦合意が結ばれた。だが，メルケル首相自身が「もろい合意にすぎない」と言うように，停戦がいつ破棄されるかもしれないリスクをはらんでいる。

クリミアと東部の二つの「ハイブリッド戦争」には違いがある。クリミア併合プロセスは，ロシアの政府や議会要人が頻繁に現地を訪れるなど政府の関与が目立った。黒海艦隊の正規軍を投入してクリミアを実効支配させたし，地元の行政府や議会が編入運動の先頭に立った。これに対し，東部二州でロシアは「戦っているのは義勇軍だ」とし，直接関与を否定，親露派勢力と距離を置いた。ドネツク人民共和国では，旧ソ連の多くの紛争に参加してきた軍参謀本部情報総局（GRU）出身のストレリコフ国防相，ボロダイ首相のコンビが当初先頭に立ったが，いずれもよそ者だった。地元の有力政治家は参加せず，二流エリートや外部からの退役軍人やならず者，麻薬密売業者までが参加，無法地帯と化していた。一方で，ロシアは国境を自在に越えて，志願兵らを派遣し，兵器や物資，資金の供給を行った。国境地帯のロシア側では，正規軍が常時軍事演習を実施して圧力をかけ，８月の親露派の反抗に際しては数千人規模で精鋭部隊をウクライナ領に投入したことが判明した。さらに，ロシアのメディアを通じて親露派の英雄的戦いを紹介したり，ロシアに逃れた難民の苦境を伝えるなど，情報操作を駆使した。これも一種のハイブリッド戦略と言えるが，クリミアに比べて関与の程度があいまいで，不完全だった[10]。

両地域の住民投票でも，プーチン政権の対応は大きく違った。クリミアの住民投票結果は直ちに承認して編入に動いたのに対し，プーチン大統領は東部二州が５月に実施した独立や自治拡大を問う住民投票では，投票の延期を親露派に要請した。実施後も「投票結果を尊重する」としながら，結果を承認することは慎重に避けた。二州の住民投票は不正が多く，実際の投票率も低かったが，東部の親露派にすれば，梯子を外された思いだろう。ロシアは親露派を十分コントロールできていないとの見方も多い。

クリミアで併合に突き進んだロシアが，東部で消極姿勢を見せたのは，第一に，ロシア編入論が圧倒的なクリミアと違って，東部の情勢は複雑で，ドネツク州では編入支持は15〜20％にすぎないためだ。軍事介入すれば，反発を招き，収拾困難になることを恐れたようだ。経済の実権を握る東部の新興財閥もロシア編入には反対している。第二に，人口200万のクリミアと違って，ドンバスだけで670万人に上り，ロシアにはこれを引き取る経済的余裕はない。第三に，東部に本格介入するなら，欧米が強力な経済制裁を導入するのは必至で，ロシア経済が持ちこたえられなくなる。第四に，ロシアの世論調査では，76％がクリミア併合を支持したものの，ウクライナとの軍事衝突を懸念する者は70％前後に上っており，国民は兄弟国であるウクライナとの戦争を望んでいない。第五に，NATO はウクライナ危機を受けて対露即応体制を強化しており，東部に軍事介入するなら，NATO の強力な対抗措置を受けることになる。クレムリンには，東部二州に侵攻し，併合する意思も余裕もなかったと言えよう。

カーネギー財団モスクワセンターのトレーニン所長は，「プーチン大統領には，ウクライナ東部に侵攻し，分断する意図はない。クレムリンは東部にロシアのアイデンティティを代表する勢力を作り，親欧米派とのバランスをとりたいのだ」と指摘した[11)]。とはいえ，親露派が形勢不利になると，８月末に短期間軍事介入したように，親露派が一掃されることも望んでいない。数百台に及ぶ人道援助のトラック派遣のような公式支援も組織し，同胞を見捨てていないこともアピールした。

プーチン大統領はクリミア併合演説で，ウクライナ南東部を18世紀の呼称に沿って「ノボロシア」と呼び，「ロシアの歴史的領域だ」と強調した。また，「ボリシェビキ政府がノボロシアを不当にウクライナ領に編入し，ロシアから引き裂いた」と旧ソ連指導部を非難した[12)]。一方で，同大統領は二州をウクライナ国内にとどまらせ，外交を含む国政の重要案件の決定権を付与する「連邦制」の導入を主張している。ウクライナを弱体化させ，紛争を継続させることで，ウクライナの NATO や EU 加盟を阻止できるとの思惑もあるようだ。クリミアとは異なるアプローチながら，こうした政治，外交，軍事圧力を多角的に採用してウクライナをいたぶるのも，形を変えたハイブリッド戦略と言えよう。

4　NATO は複合脅威に対抗

ハイブリッド戦争とは，民兵や特殊部隊，正規軍が不規則に参画し，宣伝工作，経済圧力，外交戦，情報戦を組み合わせた複合的な戦争形態だ。米軍制服組トップのデンプシー統合参謀本部議長は『フォーリン・ポリシー』誌に寄稿し，「今日の世界の問題の大半は軍事的手段だけで短期に決着させることはできない」と強調。「軍事力の使い方を選ぶこと，また外交や経済的手段と軍事力をより効果的に組み合わせることがカギになる」とし，ハイブリッド戦争の時代が到来したことを指摘した[13]。同議長は，複合脅威に対抗するには，多様な手段を総動員する必要があるとし，米軍が対応策の検討を始めたことを表明した。米軍海兵隊のビル・ネメス司令官はハイブリッド戦争を「最新の科学技術と最新の動員手段を駆使した現代のゲリラ戦」と形容した[14]。豪州の軍事専門家，デービッド・キルクレン氏は「ハイブリッド戦争は，不規則戦や内戦，ゲリラ戦，テロを複合させた現代の紛争形態だ」と書いている[15]。

ハイブリッド戦争のもう一つの要素は，民衆を動員し，政治的に利用することにある。ロシアはクリミア住民の圧倒的なロシア編入論を前面に出して併合を正当化したし，東部でもウクライナからの分離独立を志向する親露派勢力の主張を擁護した。民衆の抗議や不満を利用して勢力を拡張するやり方は，中東過激派組織「イスラーム国」と共通する。米海軍のロバート・ワーク次官は，「米国の敵対勢力は市民の中に隠されたハイブリッド戦士を目的達成に利用している」と指摘した[16]。ハイブリッド戦争自体，2014年になって登場した新たな軍事用語なのだ。ロシアのメディアはこの用語をしばしば伝えるが，政権や軍の当局者は使用していない。しかし，ロシアでは，軍近代化や新軍事ドクトリン策定，機動的な職業軍への再編といった軍改革の必要がこの十年強調されており，従来の戦略・戦闘形態では複雑化した軍事情勢に対応できないとの反省が強かった。

それまで，旧ソ連・ロシアの戦闘行動はスマートとは言えず，地上部隊が正面から介入する単調な作戦が多かった。冷戦時代を通じて，ソ連は紛争介入には比較的慎重で，朝鮮戦争やベトナム戦争，数次にわたる中東戦争では武器援助やモラルサポートにとどめ，自らは介入しなかった。米国が介入する地域紛争では自制を貫き，米ソの直接交戦を慎重に避けた。冷戦期には米ソが直接交戦しない暗黙の了解が働いたと言えるが，ソ連は自国の勢力範囲での危機には果敢に行動した。

たとえば，1953年のスターリン死後東ベルリンで起きた旧東独の暴動では，ソ連軍が出動し，戦車で反政府デモ隊を鎮圧し，数百人の死者が出た。56年のフルシチョフによるスターリン批判後，ハンガリーの民衆が自由回復や労働条件改善を求めて全土で蜂起したハンガリー動乱では，ソ連軍が投入され，全土を一時占領。鎮圧の過程で数千人が死亡した。68年，チェコスロヴァキアのドプチェク政権が「人間の顔をした社会主義」を目指し，国民が結集した自由化運動でも，ブレジネフ政権は社会主義共同体を防衛する目的で軍事介入し，親ソ派政権を擁立した。自由化が社会主義圏の維持に脅威と映ったとき，旧ソ連指導部は果敢に軍事介入した。だが，一連の侵攻は各国の反ソ感情を高め，結局は89年の東欧革命の誘引となった。冷戦期の東欧三国への正規軍侵攻は，外交的根回しも宣伝戦もお粗末で，国際的な非難を浴び，左翼運動やソ連型社会主義への国際的評価を決定的に貶めた。

ソ連時代の最大の軍事介入は，79年12月のアフガニスタン侵攻だった。同年九月，アフガンで親ソ派のタラキ政権がクーデターによって倒され，アミン新政権がソ連離れを図り，イスラーム色を強めると，ソ連指導部は南部に反ソ国家が誕生することを恐れ，十万規模の正規軍を電撃的に侵攻させた。介入計画は共産党政治局に設置された「アフガン委員会」が密かに主導し，アンドロポフ KGB（国家保安委員会）議長，ウスチノフ国防相らタカ派閣僚を中心に密室で決定された[17)]。だが，10年にわたるアフガン戦争は，勇猛なムジャヘディン（イスラーム教ゲリラ）の抵抗に遭い，ソ連軍は都市部と幹線道路という点と線を掌握しただけで，面の支配はできなかった。正規軍を前面に出したソ連軍の戦略は，アフガンの複雑な地形を想定せず，ゲリラ戦に苦しんだ。ソ連軍の死者は２～３万人に上り，「ソ連のベトナム」となってソ連社会に爪痕を残した。市民を含めたアフガン側の死者は100万人以上とされる。外交戦，宣伝戦も欧米や中国に劣り，ソ連の国際的孤立を招いた。ゴルバチョフ政権の新思考外交で全面撤退が決まったが，無謀なアフガン侵攻がソ連邦崩壊の一因となり，惨憺たる失敗に終わったと言える。平和だったアフガンはソ連軍侵攻に伴い，長期の内戦時代に突入。後の国際テロ組織アル・カーイダの暗躍やイスラーム原理主義組織タリバンの台頭につながり，冷戦後の国際政治に重大な波紋を投じることになる。

新生ロシアの主な軍事介入としては，第一次・第二次チェチェン戦争，グルジア戦争，それに14年のウクライナ干渉，15年のシリア反政府勢力空爆がある。94年の第一次チェチェン戦争は，独立宣言を採択して分離政策を進める南部のチェチェン共和国に対し，エリツィン政権が武力介入した内戦。ここでもロシア軍はチェチェンの山岳地形を無視して正規軍を強引に投入し，勇猛なチェチェン人のゲリラ攻撃に大苦戦を強いられ，ロシア軍は六千人近い戦死者を出した。圧倒的な軍事力の優位にもかかわらず，ロシア軍はソ連崩壊後の混乱や予算削減で弱体化していることが示された。首都グロズヌイへの強引な空爆が多数の民間人の死者を出し，イスラーム諸国など国際社会から非難を浴びた。ロシア軍は戦争目的を達成できず，97年の和平協定でチェチェン側は実質的な自治権を獲得した。開戦決定はエリツィン政権の一部幹部による密室決定で，情勢分析や冷静な判断を欠いていた。

首相時代のプーチン氏が指揮した第二次チェチェン戦争は，同年夏にモスクワなどで頻発したアパート爆破事件をチェチェン独立派の仕業と極め付けて始まった。第一次戦争の反省から，ロシア軍は空軍を投入して要衝を爆撃し，大型地上部隊を展開，独立派政府を首都から追放した。ロシア軍はクラスター爆弾や弾道ミサイルも駆使し，民間人への被害も拡大した。この戦争を通じて，メディアはプーチン氏の活躍を大々的に報じ，人気が急上昇して大統領選出の足がかりとなった。しかし，内戦を通じ，ロシア，チェチェン双方による略奪や拷問，横領，密輸が大規模に行われ，人権侵害が問題となった。第一次，第二次戦争を通じてチェチェン人の犠牲者は20万人とされ，ロシア社会に大きな禍根を残した。山岳部に追われた独立派武装勢力はその後，報復の大型テロをモスクワなどで敢行し，市民を恐怖に陥れた。

第一次と第二次戦争の違いは，政権側が第一次戦争の反省から，戦略や投入装備を高度化させたこと，情報戦を周到に進めたことだ。第一次戦争は内外の大きな反発や批判を浴びたが，第二次戦争では報道統制を強化し，チェチェン武装勢力と国際テロ組織を同一視させ，「テロとの戦い」と位置づける宣伝工作を実施した。折から，01年の9.11米同時テロ事件で，チェチェン問題の国際的な受け止め方も変わった。プーチン政権は対テロ戦でブッシュ米政権と共闘し，米露関係も良好だった。プーチン大統領は「チェチェン紛争は国際テロとの戦いだ」と表明。メディアもアル・カーイダとチェチェン武装勢力の連携や資金援助を大きく報じた。両者間に実際にどれほどの連携があったかは不透明だが，政権側の情報操作が奏功し，欧米の人権侵害批判をかわすことができた。プーチン政権はテロの脅威を口実に，中央集権体制やメディア規制の強化を進めた。戦闘が沈静化すると，政権は親露派政権にチェチェンの統治を委ねる「チェチェン化政策」を進めた[18)]。

5　グルジア戦争での反省

2008年８月のグルジア戦争は，ロシアがソ連邦崩壊後初めて他国に武力介入した軍事作戦だった。この戦争でロシア軍推定２万人以上がグルジア各地に進撃。中部のゴリ，ポチなどの都市を制圧した。ロシア軍は停戦合意が成立した後も，撤収しようとせず，１ヵ月以上グルジアに居座った。米政府は「野蛮な軍事的エスカレーション」（ブッシュ大統領）とロシアを非難したが，介入は避けた。戦争の発端は，親米派のサーカシビリ政権軍がグルジアからの離脱を目指す南オセチア自治州の州都ツヒンバリを制圧したことだったが，ロシア軍の出動は迅速で，二日後には州都を奪還した。空軍機がグルジア各地の軍事施設を空爆し，数都市を占領。アブハジア自治共和国にも部隊を増派し，戦線を拡大した。グルジア戦争の死者は市民も含めて2,000人とされる。ただ，グルジア軍は南オセチア以外では直接交戦を避け，実際の軍事衝突は少なかった。

グルジア戦争は，ロシアの出方を甘く見たサーカシビリ大統領の誤算でもあり，同大統領は五年後に政権を追われた。プーチン政権には，米国と連携してNATO加盟を図り，旧ソ連圏で民主化革命を扇動したサーカシビリ氏への怨念が鬱積しており，過剰攻撃につながった。その直前，ロシアは南部軍管区で大型演習を実施しており，グルジア側の出方を事前に読んでいた節もあった。交戦当初，プーチン首相は北京五輪開会式出席のため北京に滞在し，メドベージェフ大統領も休暇中だったが，迅速に対応し，装備と兵力で圧倒した。

しかし，グルジア戦争ではロシア軍の装備や戦略のお粗末さも浮き彫りになった。進撃はスムースだったが，戦車や装甲車の隊列が一本道をだらだら進み，空軍の支援もなかった。グルジア軍は無人偵察機を巧みに利用し，ロシア軍の動きを察知したが，ロシア軍は無人機を使えなかった。中距離爆撃機バックファイアを含め，ロシア空軍機推定８機がグルジア側の対空システムで撃墜された。現地取材した『ニューズウィーク』誌のオーエン・マシューズ・モスクワ支局長は，「戦略は旧式で，欧米の最新の軍隊と対峙していたら，壊滅状態だったろう」「軍内部の調整もお粗末で，空軍機は勝手に行動していた。情報活動も頼りなく，ある軍高官はグルジアで使える携帯電話のICチップを貸してくれと頼んできた。グルジア軍の最前線はどこかとも聞いてきた」と書いた[19]。作戦拠点となったロシア南部ウラジカフカスで取材したAFP通信記者は，実際に戦ったロシア軍兵士の話として，「ロシア軍の死傷者は公表よりはるかに多い。ロシアのテレビが伝えることはでたらめであり，多数の負傷兵がウラジカフカスに担ぎ込まれている」と伝えた[20]。

ロシアはこの戦争で，戦争目的は達成したものの，古風な戦闘形態や時代遅れの戦略戦術，旧式の兵器が西側軍事専門家の嘲笑を呼んだ。この屈辱から，ロシア政府は軍需産業再編，軍備近代化，軍事ドクトリン改編など大規模な軍再編計画に着手することになる。10年に政府は，2020年までに20兆ルーブル（約60兆円）を投入して軍の装備と国防産業の近代化を行う方針を承認。イスラエルから無人兵器を購入したり，フランスから最新鋭揚陸艦ミストラルの購入を決めた。これは，対グルジア上陸作戦で旧式の揚陸艦を使用したため，陸揚げ作業に26時間も要し，使いものにならなかったからだった。14年には部隊の緊急展開や軍の機能調整を重視した新軍事ドクトリンを策定した。

ロシアがウクライナ介入で展開したハイブリッド戦略は，グルジア戦争の反省を踏まえた軍近代化計画の一環として構想したものだろう。旧ソ連圏での民衆蜂起による「カラー革命」や，11年の「アラブの春」を「西側による陰謀」とみなすロシアは，欧米諸国が民衆を利用した革命を仕掛けていると警戒し，対抗策を検討した。ゲラシモフ軍参謀総長は12年，「住民のポテンシャルを活用した新たな軍事作戦」を策定するよう論文で訴えた。13，14年には，極東一帯で15万人規模の大型演習を抜き打ちで実施。この演習では，長距離の緊急移動能力や機動性の向上，小規模戦争への対応などもテストされた[21]。ロシア軍をコンパクトで機敏性のある部隊に再編する試みであり，クリミアへの緊急投入やウクライナ東部でのかく乱工作につながったとみられる。

グルジア戦争が14年のウクライナ介入に至る誘引になったのは間違いない。当時のメドベージェフ大統領はグルジア戦争直後の08年８月，「外交五原則」を発表し，①国際法の順守，②多局世界の実現，③外国居住のロシア国民の生命・財産保護，④親露的な地域での特権的利益を保持——などを表明。旧ソ連圏に居住するロシア系住民の擁護や旧ソ連圏での特権的利益保持が，ロシア外交のキーワードとなった。「特権的利益」をもつ地域について，大統領は「国境付近の地域を含むが，その地域に限定しない」とし，旧ソ連圏の広範な地域に及ぶことを示唆した。ロシアはまた，グルジア戦争直後，グルジアからの分離を目指す南オセチアとアブハジアの独立を承認し，事実上の保護領とした。このように，グルジア戦争が旧ソ連圏のロシア系住民擁護を名目に出動し，旧ソ連圏の国境を修正する前例となったわけで，それはウクライナ介入に引き継がれた。

グルジア戦争では，欧米諸国の反発が強くなかったこともウクライナ介入の誘引となった。欧米諸国はグルジア侵攻で強力な制裁に踏み込まず，やがて制裁は緩和された。オバマ米政権は就任後，米露関係のリセットを進め，新戦略兵器削減条約（START）に調印。グルジア新政権もやがてロシアとの関係改善に舵を切った。この「成功体験」がウクライナへの安易な軍事介入に道を開いたが，グルジアとウクライナでは欧州安全保障への重みが全く異なり，欧米はかつてない厳しい対露制裁を発動した。グルジア戦争は「正当防衛」の要素があったのに対し，クリミア介入には大義名分がなく，欧米から「違法」と糾弾された。ロシアはクリミアを強制併合したものの，ウクライナのほぼ全域を敵に回すことになり，ウクライナが今後，ロシアの勢力圏に復帰することはあり得ない。その意味で，ウクライナ介入は将来的に，ロシアに禍根を残すことになろう。

一方，ロシア軍は15年９月末からシリアで空爆作戦を行い，イスラム国（IS）や反政府勢力の支配地区を攻撃した。「正統政府であるアサド政権の要請を受けた空爆作戦であり，地上軍は投入しない」（プーチン大統領）としている。窮地に陥るアサド政権の擁護が大義名分だが，IS に参加するチェチェン人武装勢力の殲滅，米軍が撤収する中東の空白への進出，地政学リスクを高めることによる原油価格引き上げなどの狙いが観測されている。ロシアが中東で軍事作戦を行ったのはソ連時代を通じても初めて。近年のプーチン政権は，軍事作戦発動の敷居を下げ，安易な介入が目立つのが気になる。

6　「ミニ・ソ連」構築目指す？

ロシア系住民保護を口実に，正規軍や民兵を展開し，情報戦や宣伝戦を組み合わせるハイブリッド戦争は，ロシア系住民の多い他の旧ソ連諸国に衝撃を与えた。人口の23％がロシア系のカザフスタンは，クリミアの住民投票に「理解」を示しながらも承認は避け，ウクライナの領土保全を求める国連総会決議を棄権した。ロシアは伝統的に，カザフ北部を「ロシア固有の領土」とみなしており，クリミア問題は，ロシアがカザフ北部のロシア系住民擁護と称して併合に乗り出す論理的可能性を開いた。カザフにとっては，ロシア批判は避けながら，原則は同調しないぎりぎりの抵抗と言える。ベラルーシも歴史的，経済的にロシアの影響力が大きい。両国は名目的な連邦国家を形成しており，いずれロシアがベラルーシの吸収に動く可能性も指摘されている。

反露感情が根強いバルト三国も，ロシアがハイブリッド戦争を仕掛けてくる可能性を憂慮している。バルト三国は04年，NATO と EU に加盟したものの，ソ連時代にロシア人の移住が進み，ソ連崩壊後も多くは残留した。リトアニアのロシア系住民は５％程度だが，ラトビアは30％，エストニアは25％に達する。ラトビアでは11年，プーチン政権に近いロシア系政党が総選挙で第一党となり，ラトビア系が連立して何とか政権を維持する騒ぎもあった。エストニアでは，ソ連崩壊後ロシア国籍を取った市民が９万人に上る。ロシアは14年，国外に住むロシア系住民の国籍取得を簡素化する法律を制定した。ウクライナ危機と平行して，ロシア軍機がバルト諸国との国境上空に飛来し，NATO 側がスクランブルをかける動きも頻発した。三国は14年９月，オバマ大統領を招いてエストニアで首脳会談を開き，米側の軍事支援と連携の強化を確認した。

バルト三国は NATO の集団安保体制に組み込まれており，ロシアが NATO との対決というリスクを犯して介入する可能性は低い。しかし，バルト側には「ロシアは欧州全体には対抗できないが，バルトのような弱い環に力を集中し，経済圧力やサイバー攻撃，民族主義扇動によって不安定化を図る可能性がある」（パブリクス元ラトビア国防相），「反露感情の強い高齢者はロシア軍戦車が1940年代のように国境を越えてやって来ることを恐れている。一般市民も，国内のロシア系住民が混乱を起こすことを恐れている」（カトリン・キルナ・タリン大学教授）とされる[22)]。「宣戦布告なき戦争」とされるロシアのウクライナ干渉が，旧ソ連地域に不安を呼び起こしているのだ。

ロシアはこのほか，グルジアからの独立を承認したアブハジアや南オセチア，それにモルドバからの独立を志向する沿ドニエストルなど「未承認地域」のロシア連邦編入を画策するかもしれない。プーチン政権は「ミニ・ソ連」の形成を目指し，ハイブリッド戦略を行使する可能性がある。エリツィン政権が旧ソ連諸国の主権と領土保全を尊重した1990年代の旧ソ連圏は比較的安定していたが，膨張志向のプーチン体制下で旧ソ連圏は一転して動揺の時代に突入した。

7　日本の対露戦略

日本政府はウクライナ危機を通じて,「力による現状変更は認められない」との立場を貫いてロシアを批判した。日本もクリミア同様，北方領土を武力によって占領されており,「北方領土も力による現状変更」（岸田外相）との立場だ。この表現には中国の尖閣諸島干渉をけん制する狙いもあるようだ。安倍政権はG7（主要七ヵ国）の一員として，対露制裁を段階的に導入した。制裁は欧米のように経済分野に踏み込まず，クリミアやウクライナ東部の要人の入国禁止や一部日露対話の凍結にとどまるソフトな内容だったが，ロシアは対抗措置を取った。この結果，日露関係は後退を強いられ，14年のプーチン大統領訪日は延期となった。安倍，プーチン両首脳の個人的親交もあって進展した日露関係は，モメンタムを失う形となった。その背後で，米国やカナダがプーチン訪日に反対する意向を日本側に伝えていたことも明らかになっている。

国際法や民主主義を順守するG7の一員である日本が，ロシアのクリミア不法占拠や東部介入を批判するのは当然のことだ。一方で，わが国はロシアと北方領土問題を抱え，戦後処理が終わっておらず，ロシアと平和条約交渉を強化する必要がある。ウクライナ危機は欧州外交の失敗の結果であり，日本は当事者ではない。この点で，安倍政権の立ち位置は適切と言える。反面，アジアで対露制裁を行ったのは日本だけで，アジアでのロシアの強硬姿勢は日本に向かっている。欧米から孤立するロシアは，数少ない友好国で，ロシアのウクライナ政策に「理解」を示した中国への傾斜を強め,「向中一辺倒外交」が顕著だ。この結果，2015年の戦後70周年も絡み，日本は中韓露の歴史包囲網に直面する動きもあった。ロシア極東軍は日本の対露制裁への対抗措置として，日本周辺で航空機の威嚇（いかく）飛行を強化した。防衛省によると，領空侵犯の恐れがあるロシア機に対する航空自衛隊機の緊急発進（スクランブル）回数は2014年，前年より133回多い943回に及び，冷戦期の1984年に次いで2番目に多かった。

とはいえ，ロシアのハイブリッド戦略は，ウクライナなど旧ソ連地域が対象であり，アジアでそれを行う意思もなければ能力もない。革命の輸出を図った旧ソ連と比べて，国力，軍事力，経済力が衰え，介入の大義名分もないからだ。極東開発を優先するプーチン政権はアジア・太平洋では，経済的参入を目指す微笑路線を続けるだろう。日露間でも，平和条約問題を除いて，経済的補完関係や安全保障協力という関係改善の基調は変わっておらず，ウクライナ情勢が安定化すれば，関係緊密化が進みそうだ。長期的には，中国の経済的膨張，軍事力台頭を警戒する日露が，中国の暴走を防ぐことで結束する構図が生まれるかもしれない。欧州とアジアの戦略環境は異なっており，日本は米国との戦略対話を強化し，日米間で本音の議論を深めるべきだろう。

注

１）『毎日新聞』2014年６月25日。
２）ロシア大統領府 HP <http://kremlin.ru/>
３）Aleksandr Khramchuhin, *Nezavisimaya Gazeta*, April 18, 2014.
４）ロシア大統領府 HP <http://kremlin.ru/>
５）名越健郎「ウクライナ最新ルポ――定着する「脱露入欧」高まる国家意識」『Foresight』2014年８月27日 <http://www.fsight.jp/28933>
６）ロシア大統領府 HP <http://kremlin.ru/>
７）*Christian Science Monitor*, March 11, 2014.
８）*Financial Times*, March 14, 2014.
９）『時事通信』2014年10月８日。
10）藤森信吉「分権化・連邦制・分離独立の狭間に立つウクライナ」『JBpress』2014年９月22日。
11）Dmitri Trenin, *Moscow Times*, May 28, 2014.
12）ロシア大統領府 HP <http://kremlin.ru/>
13）Martin Dempsey, *Foreign Policy*, July 25, 2014.
14）Bill Nemeth <http://en.wikipedia.org/wiki/Hybrid_warfare>
15）David Kilcullen <http://en.wikipedia.org/wiki/Hybrid_warfare>
16）Robert Work <http://www.newsherald.com/>
17）ソ連軍のアフガン侵攻の経緯と決定過程については，たとえば，金成浩『ブレジネフ政治局と政治局小委員会』（『スラヴ研究』45号，北海道大学）参照。
18）チェチェン戦争の展開については，木村汎・名越健郎・布施裕之『新冷戦の序曲か』北星堂，2008年，268-281頁。
19）Owen Matthews, *Newsweek*, Sep. 10, 2008.
20）*AFP*, Aug 12, 2008.
21）小泉悠「ロシアが４年ぶりの極東大演習を実施した理由――『ヴォストーク2014』に見るロシア軍の焦りと北方領土問題」『JBpress』2014年10月６日。
22）*Reuters*, Sep. 2, 2014.

第10章
中国流の戦争方法
——習近平政権下の軍事戦略——

土屋貴裕

1　問題の所在

(1) 戦略空間の拡大と戦略の変化

中華人民共和国（以下,「中国」）は，建国以来，朝鮮戦争や中印国境紛争，中ソ国境紛争，中越戦争など周辺諸国と数度にわたる軍事衝突を経験してきた。しかし，他方で中国は建国以前から中国の特色ある「積極防御」の戦略思想を一貫して掲げている。時代の変化に伴って，数度の再定義を行っているものの,「積極防御」戦略の「性質は終始不変」とされている[1]。これは，一見すると軍事行動と戦略思想とが矛盾しているようにみえる。

そのため，中国の「積極防御」戦略が変質したのではないか，あるいは再定義の過程で換骨奪胎されたのではないかとみる向きもある。しかし，中国は，あくまで中国の主権と領土の侵犯という「核心的利益」に対して「積極防御」を行っているという主張を堅持している。とりわけ近年は，中国の対外拡張とそれに伴う周辺諸国との摩擦・衝突が急増しているが，これは,「戦略的国境」（原語は「戦略辺疆」）の概念に基づく「防御」である。

1989年４月に『解放軍報』に掲載された徐光裕（少将）の「合理的な戦略国境の追求」という論文によれば,「戦略的国境」とは，地理的国境に対比したものであり，総合的な国力の変化に伴って変動する概念であるという[2]。つまり,「積極防御」という戦略自体に変容がみられるというよりは，戦略環境の変化に伴って再定義がなされ，また国力や軍事力の増大に伴い，戦略空間や「防御」する対象も拡大してきたと理解するのが適切であろう[3]。

中国は，この「積極防御」の戦略思想に基づき，国防と軍隊建設を行ってきている。特に，1982年以降，一貫して国防費を増額し，国防と軍隊の近代化建設が積極的に進められてきた。それでは，中国はどのような長期戦略に基づいて国防と軍隊の近代化建設を行っているのだろうか。広く知られているのは，1997年12月7日の中央軍事委員会拡大会議で江沢民が掲げた国防と軍隊の近代化建設「三段階」（原語は「三歩走」）戦略である[4)]。

「三段階」戦略とは，具体的には，第一段階の2010年までに中国の軍事力のしっかりとした基礎を築き，第二段階の2020年前後に機械化を基本的に実現し，ハイテク武器装備の力を大きく発展させ，第三段階の21世紀中頃までに情報化された軍隊の構築と情報戦争における勝利という戦略目標を実現するというものである[5)]。この構想に基づいて軍隊建設が進められ，急速に軍事力を強化してきている。

（2）習近平政権の軍事戦略の特徴

翻って，習近平体制下で，中国の海洋進出が2012年末から一段と加速し，渤海・黄海・東シナ海・南シナ海の「近海」のみならず，西太平洋からインド洋へと広く展開されるようになってきている。そのため，中国が長期的な計画を着々と推し進めていることが指摘されている[6)]。これは中国の国力・軍事力の拡大とともに，戦略空間が拡大し，戦略自体も変化していることを示唆している。

こうした海軍発展戦略については，1982年に鄧小平が提起し，1985年に劉華清が打ち出した「近海防御」戦略が人口に膾炙している[7)]。この戦略は，第一段階として2010年までに「第一列島線」の支配，第二段階として2020年までに「第二列島線」の支配を確立することを目指すものであった。さらに，第三段階として2040年までに空母をはじめとする打撃群によって太平洋およびインド洋における優位を確立することを目指すことが示された。

この海軍発展戦略が示す通り，近年の中国の海洋進出は，習近平政権発足以降に突如として進められたというわけではない。しかし，それが周辺国にとっては現実的な脅威となりつつある。さらに，中国は，中国共産党第18期全国代表大会でも示されているように，現在の戦略環境を「重要な戦略的チャンスの時期」（原語は「重要戦略機遇期」）と認識しており，戦略空間を拡大させている[8)]。

実際，中国の国益は，領土・領海・領空のみならず，「海洋，宇宙およびサイバースペース」へと拡大していることが強調されている[9)]。そのため，近年の周辺諸国との摩擦・衝突は，中国の海洋進出および海軍建設面のみならず，立体的に捉える必要がある。また，安全保障の領域における戦略空間の拡大に伴って，習近平政権下の軍事戦略や作戦・戦術も，これまでと比較して特徴的な点がいくつかみられる。

そこで本章では，軍事戦略と戦争方法における「連続性」と新たな特徴としての「非連続性」に着目し，習近平体制下の軍事戦略および国防・軍隊建設の特徴を明らかにする。以下，第一に，習近平政権下の軍事指導理論と軍隊の体制・編制改革，および党軍関係を分析する。第二に，近年進められている訓練・演習の特徴，および接近阻止・領域拒否（Anti-Accsess/Area-Denial：A2/AD）能力の構築について考察する。その上で，若干の政策的含意に言及したい。

2　軍事戦略の連続性と非連続性

（1）習近平の軍事戦略と軍隊改革

①歴代指導者と習近平の同格化

習近平政権下の軍事戦略は，これまでの政権とどのような点で相違がみられるのだろうか。習近平政権下で進められる中国の国防・軍隊改革の方向性は，2013年11月15日，中国共産党第18期中央委員会第3回全体会議（三中全会）において公表された「改革の全面的深化における若干の重大な問題に関する中共中央の決定」（以下，「決定」）内，第15項目「国防・軍隊改革の深化」にみることができる[10]。

「決定」文書の同項目序文には，「党の指揮に従い，勝つことができ，優良な作風を持った人民の軍隊を建設するという，新情勢下における党の強軍目標を目指し，国防と軍隊の建設の発展を阻む矛盾と問題の解決に尽力し，軍事理論を革新・発展させ，軍事戦略の指導を強化し，新たな時期の軍事戦略方針を練り，中国の特色ある近代的軍事力体系を構築する」ことが示されている[11]。

ここでいう「軍事理論」とは，「党の軍事指導理論」を指しており，「軍事理論の革新・発展」とは，毛沢東の軍事思想，鄧小平の新時期軍隊建設思想，江沢民の国防と軍隊建設思想および胡錦濤の国防と軍隊建設思想を堅持し，革新・発展することを指す。

これに先立ち，2013年3月に行われた第12期全国人民代表大会第1次会議の解放軍代表団全体会議では，習近平が「胡錦濤の国防と軍隊建設思想」という呼称を初めて用いた[12]。胡錦濤のこれまでの「重要論述」を「思想」として位置づけ，習近平の「国防と軍隊建設に関する重要論述」を歴代指導者と並べたことで，習近平の軍に対する思想的正統性を担保したものと考えられる[13]。

「決定」公表直後の11月21日には，習主席と中央軍事委員会の審査・決定，批准を経て，総政治部が「胡錦濤の国防と軍隊建設思想学習綱要」を全軍へ印刷・発布し，胡錦濤の「科学的発展観」に基づく軍事思想を全軍に学習するよう指示した[14]。この綱要は，「第18回党大会の精神と習主席の一連の講話精神を深く学習，貫徹し，全軍が胡錦濤の国防と軍隊建設思想の学習，理解を進めるため」に出されたものである[15]。

同綱領では，「胡錦濤の国防と軍隊建設思想を，毛沢東の軍事思想，鄧小平の新時期軍隊建設思想，江沢民の国防と軍隊建設思想と結びつけ，習主席の一連の講話精神，特に国防と軍隊建設思想の重要論述と結びつけ，国防と軍隊建設推進の強大な思想的武器をしっかりと掌握しなければならない」とされた[16]。これにより，軍内で胡錦濤の国防と軍隊建設思想の学習を進めるとともに，習近平の軍事理論を展開する素地を固めたものと考えられる。

② 習近平が掲げる「強軍目標」

さらに，2014年３月16日には，全軍および人民武装警察部隊の各級党委員会（支部）の会議室に毛沢東，鄧小平，江沢民，胡錦濤，習近平の「重要題詞」を掲示することを，習主席と中央軍事委員会が共同で批准・指示した[17]。習近平の題詞は，「党の指示に従い，戦いに勝てる，優良な作風を持った人民の軍隊を努力して建設すること」と記された[18]。

これには２つの意味がある。第一に，歴代指導者の重要思想と習近平の指示とを並べることで，習近平の軍に対する領導の正統性を担保するものであるという点である。第二に，政治思想工作の一環として指導者の重要指示を掲げることで，「党の軍に対する絶対領導」を貫徹するものであるという点である。習近平の国防と軍隊建設思想はまだ体系化されていないが，現在，習近平の掲げる「強軍目標」に関する重要講話や重要論述などについて，軍内で学習が進められている。

就任して間もない指導者の軍事思想・戦略が全軍に展開されるのは極めて異例であり，さらに政権発足からわずか１年の指導者の軍事理論を歴代指導者の重要思想と同格化することは前例がない。そのため，習近平と軍との関係をめぐって，様々な憶測がなされている。その１つに，習近平は軍を掌握できていないため，毛・鄧・江・胡という歴代指導者の権威を持ち出し，同格化を急いだのだという見方がある。

江沢民，胡錦濤は軍歴がないことが，軍の統制上，不利に働いていたのではないかと指摘されることが少なくない。しかし，習近平は，1979年から82年にかけて中央軍事委員会の辦公庁秘書を務めたことや，元副総理であった父の習仲勲が第一野戦軍兼西北軍区の政治委員であったこと，軍内に旧知の友人が少なくないこと，妻の彭麗媛が少将の階級を有し，軍歌舞団団長であったことなどから，軍との関係が深いとみられている。

習近平と軍との関係はそれだけではない。1983年，河北省正定県党委員会書記に就任した際に県武装部第一政治委員を兼任，福建省および浙江省の在任期間には，南京軍区の国防動員委員会副主任，福建省および浙江省の国防動員委員会主任，さらに福建省では高射砲予備役師団第一政治委員を歴任している[19]。いずれも直接軍を指揮したわけではないが，少なくともこれまでの２人の指導者とは出自が異なることは明らかである。

（２）軍の体制・編制の調整・改革

① 習政権下で進む軍事闘争準備

習近平は，政権発足以降，「強軍の夢」を掲げ，「新たな情勢下での党の強軍目標」の実現のために，「戦うことができ，戦って勝つことができる」軍隊の建設を進めている。それでは，習近平はいかなる現状認識に基づき，どのような軍の体制・編制の調整・改革を行おうとしているのだろうか。

2013年３月，習近平は，前述の第12期全国人民代表大会第１次会議の解放軍代表団全体会議における講話の中で，「軍の近代化水準と国家安全のニーズとの格差は依然として非常に大きく，世界の先進的な軍事水準との格差は依然として非常に大きい」，「軍の近代化戦争を戦う能力は不足しており，各級幹部の近代化戦争を指揮する能力は不足している」と述べ「２つの格差」と「２つの不足」を指摘した[20]。

この習の指摘を受けて，南京軍区空軍政治委員の于忠福は『解放軍報』紙上で，「軍の建設におけるボトルネックと弱点を明確に指摘」したものとして，「軍事闘争準備」を指針として軍の近代化建設の全般的な発展を推し進めることなどを掲げている[21]。「戦うことができ，戦って勝つことができる」軍隊とするために，中国で取り組まれているのが，この「軍事闘争準備」である。

2011年12月6日には，胡錦濤が，海軍第12回中国共産党党代表大会の代表らと会見した際，海軍の「軍事闘争準備」強化を掲げた[22]。これと同様に，習近平は，2012年12月5日，第二砲兵第8回中国共産党党代表大会の代表らと会見した際，「第二砲兵は中国の戦略的威嚇の核心であり，わが大国の地位の戦略的支柱であり，国家の安全を維持する重要な礎である」と述べた[23]。また，「部隊の全面的な建設と軍事闘争準備を強化し，強大で情報化した戦略ミサイル部隊を建設するよう努力しなければならない」と強調した[24]。

さらに，2013年11月18日には，全軍軍事闘争後勤準備工作会議を開催し，習近平を含む中央軍事委員会の全委員が参加者代表との会見に参加した[25]。加えて，2014年6月17日には，空軍第12回中国共産党党代表大会の代表らと会見した際，「戦闘精神の育成と戦闘力の向上に力を入れ，党の組織強化に励み，作風の改善と正しい気風の発揚に努力しなければならない」と述べるとともに，「空天一体，攻防兼備」型の空軍建設を強調した[26]。

このように，習は，第二砲兵，空軍，後勤部門の軍事闘争準備を強調するとともに，陸・海・空・第二砲兵の各兵種にまたがる統合参謀機能を有する司令部の構築を目指している。これもまた異例であるが，2014年9月20日には，全軍参謀長会議が北京で開催された[27]。この会議は，「新たな情勢の下での司令機関建設の研究のための重要会議で，新たな歴史の起点から司令機関建設のための踏み込んだ動員と戦略的手配を進めるもの」であるという。

習近平は同会議に出席した代表らと会見した際，「国家安全保障における新情勢および軍事闘争準備の新たな要請を前に，党の指揮に従い，戦争計画に長けた新型の司令機関の構築に努力し，軍事活動の革新発展を推進し，部隊を組織・指揮し，情報化という条件下での局地戦争に勝利する能力を強化し続けなければならない」と強調した。これは「新型の司令機関」構築を目指すものであると同時に，軍令面における統制を強化するものである。

②「反腐敗」と党軍関係の強化

軍の指揮・統制面で，「党の軍に対する絶対領導」に疑念がもたれることが少なくない。これは，中国の海洋進出や海軍の現役将校や退役軍人の発言が，中国の主張する「党の軍に対する絶対領導」から逸脱しているようにみえることに起因する。もし軍が党の領導から逸脱して海洋進出やそれに伴う言動や行動を行っているのだとすれば，中国のみならず日本を含む近隣諸国や国際社会にとって深刻な問題であると言えよう。

しかし，現実には党は軍の近代化を進めるとともに政治工作を強化することで，「主体的文民統制」を確立している[28)]。党および中央軍事委員会による軍事戦略は，中国共産党の各軍党代表大会で政治委員や司令員らが共有し，貫徹すべく軍隊建設の目標を確定している。つまり，党および中央軍事委員会が決定する軍事戦略は，党代表大会を通じて軍内で共有され，それに基づき軍隊建設の目標が確定しているというメカニズムとなっている。

さらに，それは軍中党組織および政治委員によって担保されている。そのため，軍の専門職業化が進んでも，党と軍との水平型分裂は起こりにくい。しかし，党の内部対立や派閥が軍にも影響し，垂直型分裂を起こす可能性は否定できない。

そうした中，2014年3月31日，谷俊山前総後勤部副部長が，横領，収賄，公金流用，職権乱用の容疑で軍事法院に起訴された[29)]。その直後，4月2日には『解放軍報』紙上に，軍の各部門の幹部18人が習近平に忠誠を誓った記事が掲載された[30)]。また，7月2日付の『解放軍報』は，徐才厚前中央軍事委副主席の党籍剝奪に関する党中央の決定について，「全軍ならびに武装警察部隊の将兵は党中央の正しい決定を断固支持し，あらゆる行動において党中央，中央軍事委員会，習主席の指揮に従う旨表明した」と報じた[31)]。

軍の汚職・腐敗はこれまでにも数多く指摘されており，谷俊山や徐才厚に限った話ではない。それでは，なぜ党は徐才厚らに対して「反腐敗」闘争をしかけたのだろうか。天安門事件の際も，民主化運動を支持する党内勢力の影響を受けた軍の一部が反対した。周永康，薄熙来らとの関係が指摘されている徐才厚に関しても，同様のことが想定される。そのため，習は，軍内部で同調する動きを牽制すべく，軍中の腐敗に対して鉄腕を振るい，「形式主義・官僚主義・享楽主義・贅沢の四つの悪しき作風に断固反対し，撲滅に取り組まなければならない」と強調し，決定に対して全軍の支持表明を求めたものと考えられる。

8月には，軍官最高位の笵長龍中央軍事委員会副主席が，チベットおよび青海駐屯部隊を視察した際，「全軍と人民武装警察部隊は，周永康への立件・審査，徐才厚への調査・処分という党中央の正しい決定を断固擁護し，党中央，中央軍事委員会および習主席の指揮に断固従わなければならない」と強調し，軍内の動揺を抑える発言を行った[32]。

また，10月30日には，福建省古田鎮において全軍政治工作会議が開催された。翌31日の会議の席上で習は，「軍隊建設，特に思想政治建設において存在する突出した問題を正視しなければならない。特に，徐才厚事件を高度に重視し，厳粛に対応し，深刻に教訓を再認識し，徹底的に影響を一掃しなければならない」と述べた[33]。また，「軍魂工作の形成」「中高級幹部の管理」「優良な作風建設と反腐敗闘争」「戦闘精神の育成」「政治工作の刷新，発展」の５つをしっかり摑むことに力を入れなければならないと強調した。

さらに，政治工作強化のため，10月26日には，中央軍事委員会の批准を経て，総政治部が「重大任務執行中の政治工作規定」を発布した[34]。この規定は，緊急災害援助，反テロ，権益保護，安全保障警戒，国際平和維持，国際救援，重大な科学研究試験，国防施工などの任務時において，政治工作，すなわち軍中党組織（党委員会，政治機関，政治幹部）による領導を貫徹することを目的としている[35]。

同月には，海軍の早期警戒機に「政治工作戦闘部署」を設立し，政治委員も同乗して，「思想政治工作の業務保障領域を積極的に開拓し，訓練において政治工作の的確性と有効性を強化する」ことも規定された[36]。実際，この規定の直後，海軍の三大艦隊航空兵が戦闘攻撃機による対抗型の航空戦闘研究訓練を実施した。これは「海軍史上最大規模」の訓練で，初めて早期警戒機上の空中指揮所で攻撃を指揮したことが明らかにされている[37]。

このように，党の軍に対する領導は，習近平体制下で着実に強化されていると言えよう。

3　戦争方法の連続性と非連続性

（1）主権，領土，海洋国土の保全

① 陸・海・空の統合化と立体化

以上の通り，習近平政権下の周辺諸国との摩擦・衝突は，党の領導の下で行われているとみてよいだろう。それでは，中国はどのような形態の戦争方法を想定しているのだろうか。前述の三中全会の「決定」に関して，香港紙の『星島日

報』は陸・海・空・第二砲兵の4軍種合同の「連合作戦司令部」成立の可能性を報じた[38]。その上で，陸軍主体の軍区の調整が行われ，済南軍区が廃止となる可能性を指摘した[39]。

「決定」では，そもそも「軍区」という単語は用いられておらず，当該関連記述として，「軍事委員会の連合作戦指揮機構と戦区連合作戦指揮体制を整備し，連合作戦の訓練と保障の体制の改革を推進する。新型作戦部門の領導体制を整備する。情報化建設の集中的な統一管理を強化する」と述べられており，「軍区」の調整ではなく，「戦区」について，「連合作戦指揮体制」が整備されることを示している。

中国における「軍区」は陸上の地理的境界線に基づく区分であるが，「戦区」は軍区と同一区域内における戦時における戦略的計画の実現，戦略任務の実行のための区域概念である。そのため，「軍区」の指揮機構は「戦区」の指揮機構でもある。作戦区域の範囲は，陸上から海域・空域へと拡大していることから，「戦区」と呼ぶ場合，海域・空域における軍事作戦が想定される。

このことから，少なくとも，「決定」に基づき，今後「戦区」内における陸・海・空・第二砲兵など諸軍種の連合作戦における軍事委員会の指揮機構と戦区の指揮体制を整備することが読み取れる。また，「決定」では「新型作戦部門」の領導体制整備が掲げられており，宇宙やサイバースペースにおける作戦部門の領導体制についても整備が進められることが推察される。

習近平政権発足直後の2013年4月に公表された白書『中国の軍事力の多様化された運用』では，「国家の安全保障戦略と軍事戦略の視野を広げ，情報化という条件下での局地戦争に勝利することを立脚点とし，積極的に平時における軍事力の運用を図り，さまざまな安全保障上の脅威に効果的に対応し，多様化した軍事任務を完遂する」ことが明記されている[40]。つまり，局地的な戦争，小規模な紛争の発生が想定されている。

そのため，軍は高烈度の紛争を戦うことができ，勝利することができる軍を目指し，統合作戦能力を強化しようとしている。その対象地域が台湾海峡であることは言うを待たない。しかし，他方で習政権下では「近海防御」戦略に基づき，台湾有事以外の周辺海域における潜在的な紛争にも重点を置き，南京戦区および広州戦区を中心に軍区横断・軍兵種合同の演習が繰り返し実施されるなど，国防と軍隊の近代化建設の深化に取り組んでいる。

② 軍・警・民の一体化と三線化

今日，東シナ海では，台湾有事を想定した軍事闘争準備のみならず，沖縄県の尖閣諸島に関して，「中国政府は日本側の種々の挑発行為に対して，『釣魚島およびその付属島嶼の了解基線に係わる声明の発表』，『当該海域における中国海警艦船による常態化権益保護巡航の展開』，『釣魚島およびその付属島嶼に対する中国の管轄権の行使』といった力強い反撃を行ってきた」ことが喧伝されている[41]。

ただし，実際には，周辺海域で直ちに事態をエスカレーションさせ，高烈度の紛争段階に引き上げることはなく，民兵や海警などを組織化し，法を整備し，プロセスを制度化し，活動を常態化させるなど，既成事実を積み重ねることで「合法的権益保護」（原語は「維権」）を行おうとしている。海上法執行機関の統合による2013年７月の中国海警局の創設や同年11月の「東海防空識別区」の設定はその好例であろう[42]。

他方で，中国は自国に有利なパワー・バランスを追求すべく，海・空軍を中心に急速な軍備拡張を続け，南シナ海でも「海洋権益保護」を進めている[43]。2014年５月２日には，中国が西沙（パラセル）諸島海域に石油掘削装置（オイルリグ）「海洋石油981」を設置し，同海域における領有権をめぐって争っているベトナムと約２ヵ月にわたって衝突を繰り返した[44]。この時，中国は海上法執行機関や軍の艦船に加えて，漁船100隻以上を展開した。

また，同年７月には，中国とフィリピンなどが領有権を争う南シナ海の南沙（スプラトリー）諸島にある永暑（ファイアリークロス）礁，赤瓜（ジョンソン南）礁，南薫（ガベン）礁と華陽（クアテロン）礁などの岩礁で埋め立てを行い，港湾施設や滑走路を整備していることが明らかとなった。こうした岩礁の埋め立てには，海上民兵も動員されている。同海域で海上法執行機関の巡航監視を常態化することは，中国の「権益保護」強化につながる。また，人工島にレーダーサイトを設置すれば，南シナ海における軍の遠方展開基地となる。

こうした「権益保護」のための「軍事闘争準備」の一環として，2014年３月20日，中央軍事委員会は，習近平主席の批准を経て，「軍事訓練の実戦化水準向上に関する意見」を発布した[45]。これに基づいて，同月，全軍連合訓練領導小組および全軍軍事訓練監察領導小組が新たに創設された。この全軍連合訓練領導小組によって，軍事訓練・演習に関する集中・統一管理を行い，現有体制下で統合訓練を計画・実行する運用メカニズムを構築した。

また，５月から10月にかけて，計７回の合同軍事演習「連合行動2014」シリーズを実施した。同演習は，陸・海・空・第二砲兵に加え，民兵・予備役部隊が参加し，統合訓練を行ったほか，民間航空や地方戦備輸送隊，国防動員関連部門も訓練の部分的な課目に参加した[46]。このように，中国は，軍のみならず民兵・予備役に加えて，地方政府や警察，民間企業をも有事の際に動員することを想定していることが見て取れる。

この「軍・警・民」の一体化，三線化による「辺海防安全の保衛」，「海洋権益の維持」は，習近平政権下の特徴の１つとして挙げられる[47]。事実，前掲の白書『中国の軍事力の多様化された運用』の中で，すでに「民兵が戦備任務に積極的に参加し，辺海防地区の軍・警・民の共同防衛を行う」ことや，「海監・魚政などの法執行部門の連携した仕組みを構築し，軍・警・民の共同坊衛を構築，整備する」ことが言及されていた[48]。

しかし，それより10年以上前，習近平は福建省在任期間の2002年９月に南京軍区政治部の機関誌『東海民兵』に論文を寄稿しており，現役部隊と民兵・予備役部隊の同時建設・発展などの建軍理念を提出している[49]。こうした習近平が進める軍・警・民の一体化は，毛沢東による「人民戦争」への郷愁であるように思われる[50]。それは，「人民戦争」の核心が正規軍と非正規軍（人民による武装民兵）との有機的結合にあることからも説明できよう。

（２）接近阻止・領域拒否能力構築

①　核抑止力の獲得と能力の向上

他方で，中国は，周辺海域における摩擦・衝突に米国が介入することを回避しようとしている。それでは，どのように米国の西太平洋におけるプレゼンスに対抗しようとしているのだろうか。1995年から1996年に発生した台湾海峡危機での経験から，中国は米国との間で高烈度の紛争が生じることを警戒するようになった。

そこで，先制攻撃を含む軍事侵攻を重視するアプローチから「接近阻止・領域拒否」（A2/AD）能力の構築によって相手の弱点や脆弱性をついて有利に戦いを進める「システム・オブ・システムズ」アプローチによって東アジアへの戦力投射に対処する方向を追求している[51]。つまり，近年中国は，弾道ミサイルや巡航ミサイルなどに重点を置き，米軍の空母や港湾，飛行場およびその他の米軍関連施設などへの攻撃能力を増強してきている。

こうしたA2/AD能力を持つ兵器としては，たとえば，日本および在日米軍を射程に収める短距離弾道ミサイル（SRBM）の東風16号（DF-16）や準中距離弾道ミサイル（MRBM）の東風21号C（DF-21C），対艦弾道ミサイル（ASBM）の東風21号D（DF-21D），グアムを射程に収める中距離弾道ミサイル（IRBM）の東風26号C（DF-26C）などに加えて，巡航ミサイル，対衛星攻撃兵器，防空システム，潜水艦，魚雷，機雷などが挙げられる。

さらに，米国の核戦力に対する最小限抑止力として，核戦力の生存性や第二撃能力の確保に努めている。たとえば，米国国防総省の2014年版報告書では，核戦力について「DF-31を増やし，サイロ発射型の大陸間弾道ミサイル（ICBM）を補完し，生存性を高めている。射程1万1,200km超で米国本土のほとんどが射程に入る。より大型のDF-41も開発中で，複数個別誘導弾頭（MIRV）を搭載する可能性もある」と指摘されている[52)]。

また，第二撃能力の確保として重要な役割を担うのが，潜水艦発射弾道ミサイル（SLBM）発射型の原子力潜水艦（SSBN）である。中国は，SLBMとして巨浪2号（JL-2）を配備し，094型晋（JIN）級SSBNを3隻就役させている。ただし，JL-2の射程は7,400km以上とみられているが，中国近海から発射しても，アラスカを含む米国本土の一部を射程に収めることしかできない[53)]。また，晋級SSBNは静粛性に問題があることが指摘されている。

そのため，中国は，現在SLBMの射程延長と，SSBNの静粛性能力向上を進めている。とりわけ，後者はSSBNの行動範囲を拡大させることにつながるため，伊豆諸島を起点に，小笠原諸島，グアム・サイパン，マリアナ諸島，パプアニューギニアに至るラインである「第二列島線」を超えて実戦哨戒が可能となれば，米国全土を射程圏内に収め，中国が米国に対して第二撃能力を確保することとなるだろう。

②　通常兵器とその先端技術開発

近年の新たな動向として，中国は従来の抑止力である核弾頭を搭載するICBMに加えて，核兵器以外のハイテク兵器の研究・開発を進めている。2007年と2010年には，DF-21を基に開発されたSC-19ロケットに搭載した対衛星攻撃兵器（ASAT）による衛星破壊実験を行った[54)]。

また，2014年1月9日には，中国は極超音速飛翔体（Hypersonic Glide Vehicle）「WU-14」の発射実験を実施，同年8月7日および12月2日にも再試射したとみられている[55]。これは宇宙空間から敵地に音速の数十倍の早さで滑空して突入するもので，飛行速度がマッハ10（時速1万2,359km）を超える極超音速飛翔体の試射に成功したのは米国に続いて2ヵ国目である。

将来的には，ASBMとして，あるいは核弾頭を搭載することも可能であるため大量破壊兵器として用いることもできるとみられている。そのため，中国の「WU-14」は米国の弾道ミサイル防衛（BMD）網を突破する次世代の抑止力となる可能性もある。こうしたハイテク兵器が実用段階となり実戦配備されれば，中国の米国に対する抑止力となる。それは，延いては，周辺海域における中国のアプローチを変化させることとなるだろう。

4　結論および若干の政策的含意

本章では，習近平政権下の軍事戦略について，軍事戦略と戦争方法における連続性と非連続性に着目し，習近平体制下の軍事戦略および国防・軍隊建設の特徴を描出した。

第一に，習近平は，従来の「積極防御」戦略を堅持するとともに，自らの国防と軍隊建設思想を歴代指導者と同格化し，「新たな情勢下での党の強軍目標」実現を掲げ，軍隊の体制・編制改革を進めていることがみてとれる。なかでも，各軍兵種にまたがる統合参謀機能を有する司令部の構築を進めると同時に，軍内においても「反腐敗」闘争を展開し，軍令・軍政両面で「党の軍に対する絶対領導」を強化している点は特筆すべき点である。

第二に，習近平政権下の戦争方法として，「陸・海・空」の統合作戦能力強化により，高烈度の紛争を戦うことができ，勝利することができる軍を目指している。また，「軍・警・民」の一体化，プロセスの制度化という，新たな人民戦争ともいうべき特徴がみられる。他方で，中国は米国の介入を避けるべくA2/AD能力の構築を着実に進めている。

中国は，決して極端な単線的発展ではないが，トライアンドエラーを繰り返すも，長期戦略に根ざして急速に軍事力の近代化を達成しているとみるべきであろう。しかし，中国は依然として軍事力では米国に大きく及ばないことを認識している。それゆえ，国際公共財への責任分担を果たすことよりも，軍事力の拡張を優先しているものと考えられる。

中国が自国の利益保護・促進を行うこと自体は問題ではない。それが，他国の利害と衝突するため問題となる。裏を返せば，中国の海洋進出が，関係諸国との協議に基づき各国の利益や地域秩序を損なわないならば問題はないだろう。そこで，関係諸国は，中国による一方的な現状変更や秩序形成を避けるべく，多国間での国際的協力強化を基に，中国を規範化や制度形成に関与・参画させる既存秩序へのビルトインの努力を怠ってはならない。

しかし同時に，脅威に備え安全を確保することは安全保障の基本である。中国の一方的な現状変更に対して関係諸国はいまだ有効な抑止政策を見出せていない。だが，関係諸国が中国との紛争を抑止し，万が一の偶発的衝突に適切に対処するためには，中国の軍事戦略，戦争方法およびその手段である軍事力を正確に理解した上で，対応能力を向上させる必要がある。同時に，中国が当該国を軽視できないような国際環境の構築が必要となる。

日本にとって，高まる偶発的衝突リスクの回避に向けて中国と連絡メカニズムを構築することは喫緊の課題である。同時に，軍事バランスを維持することは肝要であるが，急速に増強が進む中国の軍事力の「正攻法」に対する備えとして，日本が単独で能力を対称させるのは非現実的である。そこで，米国とその同盟諸国および関係諸国との緊密な連携強化によって，中国の戦略環境を主観的にも客観的にも変化させない努力が求められる。

言うまでもなく，アジア・太平洋地域における拒否的抑止の要は米国の存在感である。そのため，日本国内の反米感情やナショナリズムを逆手にとった日米離間にも注意する必要がある。加えて，2014年７月には米国の主催する「環太平洋合同演習（RIMPAC）」に中国海軍が初参加，同年10月には中米豪が初の合同陸上軍事演習「コワリ（Kowari）2014」を実施するなど，中国が積極的な「軍事外交」を展開している点にも留意すべきである。

また，海上民兵や海上法執行機関のみならず，漁船による体当たり，石油掘削リグ，島礁の造成などを用いた中国の「奇法」への備えも必要である。「奇法」への対処としては，国際法のグレーゾーンや国内法の不足・欠陥を認識し，「想定外」を想定して，不測の事態に備えて事前に対応策を検討すること，そして何よりも既存の国際法や航行・飛行の自由などの国際社会と共有する国益を守る意思を示すことが抑止成立のために不可欠であろう。

（2015年３月11日脱稿）

注

1）軍事科学院軍事戦略研究部編著『戦略学（2013年版）』（北京：軍事科学出版社，2013年），41-50頁，および田越英『図解中国国防』（北京：人民出版社，2014年），46-47，50-51頁。積極防御の戦略方針は，1956年３月６日に中国共産党中央軍事委員会拡大会議以来，中国人民解放軍の軍事工作の基本指導思想となっている。積極防御戦略の歴史的変遷については，斉藤良「中国積極防御軍事戦略の変遷」『防衛研究所紀要』第13巻第３号（防衛省防衛研究所，2011年），25-41頁などにも詳しい。

2）徐光裕「追求合理的三維戦略辺疆」『解放軍報』1989年４月３日。

3）軍事力と外交との関係については，たとえば，ポール・ゴードン・ローレン，ゴードン・A. クレイグ，アレキサンダー・L. ジョージ著，木村修三ほか訳『軍事力と現代外交――現代における外交的課題』（有斐閣，2009年）などを参照。

4）李昇泉，劉志輝主編『説説国防和軍隊建設新藍図』（北京：長征出版社，2013年），13頁。この三段階発展戦略は，2006年，2008年，2010年版の白書『中国の国防』にも明記されている。

5）江沢民「実現国防和軍隊現代化建設跨世紀発展的戦略目標」（1997年12月７日）『江沢民文選』（北京：人民出版社，2006年），83-84頁。

6）たとえば，Office of the Secretary of Defense, “Annual Report to Congress: Military and Security Developments Involving the People’s Republic of China 2014,” Washington, D.C.: United States Department of Defense, 2014.

7）「“中国不発展航母，我死不瞑目！”――劉華清与中国海軍」『中国青年報』2013年３月22日。

8）孟祥青，楊沛「中国戦略機遇期内涵與条件変化評価」国防大学戦略教研部戦略研究所主編『国際戦略形勢與中国国家安全（2013-2014）』（北京：国防大学出版社，2014年），263頁，および徐堅「未来十年中国戦略機遇期的新変化」『光明新聞』2013年10月30日。

9）万鵬「劉光明：海洋，太空，網絡“三大空間”攸関我国国家安全」中国共産党新聞網，2012年11月16日，<http://theory.people.com.cn/n/2012/1116/c148980-19603178.html>。なお，本章におけるインターネット情報の最終アクセス日は2015年３月４日である。

10）「授権発布：中共中央関於全面深化改革若干重大問題的決定」新華網，2013年11月15日<http://news.xinhuanet.com/politics/2013-11/15/c_118164235.htm>。

11）同上。

12）「総政治部発出通知要求全軍和武警部隊 認真学習貫徹習主席在解放軍代表団全体会議上的重要講話」『解放軍報』2013年３月14日。

13）なお，思想化の前段階として，在任中に重要論述の一部について，「重大戦略思想」と位置付けられることもある。胡錦濤の場合，「国防と軍隊建設の主題と主線に関する戦略思想」がそれに該当する。「主題」は，「国防と軍隊建設の科学的発展の推進」，「主線」は「戦闘力形成モデルの転換の加速」を指す。2013年７月25日に，許其亮中央軍事委員会副主席が，習近平の「強軍目標」を「重要戦略思想」と初めて呼び，「習主席の重要戦略思想を意識的に用いて理論武装せよ」と述べていることは，習近平の「重要論述」を思想化する動きとして注目に値する。

14）「経習主席和中央軍委審定批准《胡錦濤国防和軍隊建設思想学習綱要》印発全軍」『解放軍報』2013年11月22日。

15）同上。

16）同上。

17）「経習近平主席和軍委領導批准 全軍和武警部隊各級党委（支部）会議室統一懸掛 毛沢東鄧小平江沢民胡錦濤習近平重要題詞指示」『解放軍報』2014年３月17日。

18）同上。

19）習は2014年７月末までに７大軍区全てを視察したが，最後に訪問した先が，「古巣」である南京軍区第31集団軍に属する福建省の高射砲予備役師団であった。『解放軍画報』第902期（北京：解放軍画報出版社，2014年08期下半月），および「習近平八一前夕看望慰問駐福建部隊官兵時強調 扎実推進国防和軍隊建設改革 堅決完成党和人民賦予的各項任務」『福建日報』2014年８月１日。

20）中国人民解放軍総政治部編『習近平関於党在新形勢下的強軍目標重要論述摘編』（北京：解放軍出版社，2014年），６および48頁。

21）于忠福「対照“両箇差距”“両箇不夠”貫徹落実強軍目標」『解放軍報』2014年９月11日。なお，于忠福は，2014年７月に中将に昇格，現職に就任。

22）「胡錦濤分別会見海軍党代会和全軍装備工作会議代表」『人民日報』2011年12月７日。

23）「習近平在会見第二砲兵第八次党代会代表時強調 深入学習貫徹党的十八大精神 建設強大的信息化戦略導弾部隊」『解放軍報』2012年12月６日。

24）同上。

25）会議の主要任務は，「党の第18回大会と第18期３中全会の精神を掘り下げて学習・貫徹し，国防・軍建設に関する習主席の重要論述を学習・貫徹し，現代的後勤の全面的な建設という全体目標の実現と，現代化戦争の勝利を保障する後勤，部隊の現代化建設に奉仕する後勤，情報化に向けてモデル転換する後勤の建設をめぐり，重大な理論・現実問題に関する研究を繰り広げ，『戦うことができ，戦いに勝つことができる』という要求に基づき，軍事闘争後勤準備工作任務の拡大・深化について検討，任務配分を行うこと」とされている。なお，「軍事闘争準備」と銘打った「全軍」における「後勤」工作会議が開かれるのは，これまでに前例がない。「習近平接見全軍軍事闘争後勤準備工作会議代表」『人民日報』，2013年11月19日。

26）「習近平在接見空軍第十二次党代会代表時強調 堅持従厳治党切実抓好空軍党的建設 為建設強大人民空軍提供可靠保証」『解放軍報』2014年６月18日。

27）「習近平在接見全軍参謀長会議代表時強調 努力建設新型司令機関 増強組織指揮打贏能力 范長龍許其亮参加接見」『解放軍報』2013年９月23日。なお，「全軍参謀長会議」は定例の会議体ではなく，『人民日報』によれば，1982年12月，1999年11月についで，今回が３回目となる。「全軍参謀長会議提出在新的一年里　努力開創軍事工作的新局面」『人民日報』1983年１月４日，および「1999年11月12日 全軍参謀長会議在北京挙行」『人民日報』1999年11月12日。

28）詳しくは，土屋貴裕『現代中国の軍事制度：国防費・軍事費をめぐる党・政・軍関係』（勁草書房，2015年），第２，３章を参照されたい。

29）「谷俊山涉嫌貪汚，受賄，挪用公款，濫用職権犯罪案提起公訴」新華網，2014年３月31日 <http://news.xinhuanet.com/legal/2014-03/31/c_1110031771.htm>。

30）「深入学習貫徹習主席関於国防和軍隊建設重要論述」『解放軍報』2014年４月２日。

31）「全軍和武警部隊官兵表示 堅決擁護党中央的正確決定」『解放軍報』2014年７月２日。

32）「范長龍：不断提高部隊履行職能任務能力」新華網，2014年８月17日 <http://news.xinhuanet.com/2014-08/17/c_1112109567.htm>。

33）「習近平在古田出席全軍政治工作会議併発表重要講話強調 発揮政治工作対強軍興軍的生命線作用 為実現党在新形勢下的強軍目標而奮斗」『解放軍報』2014年11月２日。

34）「総政印発《執行重大任務中政治工作規定》」『解放軍報』2014年10月26日。

35）これらは，政治工作条例ですでに規定されているが，重要任務執行時における党組織や軍幹部の役割，新聞宣伝，世論コントロール，大衆工作などについて，より具体的に規定がなされた。

36）「万米高空，預警机上設政工戦位」『解放軍報』2014年10月18日。

37）「海軍三艦隊空戦対抗実打実」『解放軍報』2014年10月28日。

38）「解放軍或設連合作戦司令部」星島日報ウェブページ，2013年11月16日 <http://std.stheadline.com/yesterday/chi/1116eo01.html>。

39）「軍隊改革伝総装備部併入後勤部」星島日報ウェブページ，2013年11月18日 <http://std.stheadline.com/yesterday/chi/1118eo01.html>。

40）中華人民共和国国務院新聞辦公室編『中国武装力量的多様化運用』（中華人民共和国国務院新聞辦公室，2013年）<http://www.gov.cn/jrzg/2013-04/16/content_2379013.htm>。

41）「我外交部発言人表示　日本対釣魚島附属島嶼命名非法無効　中国駐日本大使館向日方提出抗議」『人民日報』2014年８月２日。

42）また，2012年後半には，中央海洋権益工作領導小組辦公室が設置され，翌2013年末には東シナ海合同作戦指揮センター（原語は「東海聯合作戦指揮中心」）が設置されたことも報じられている。「中国設東海聯合作戦指揮中心」文匯網，2014年７月30日 <http://news.wenweipo.com/2014/07/30/IN1407300021.htm>。
これに対して，2014年７月31日に開かれた国防部の７月度定例会見では，耿雁生国防部新聞事務局局長・報道官が，東シナ海統合指揮センターについて，「統合指揮体制を築き，情報化条件下で聯合作戦を実施するのは必然的な要求である」と述べ，報道を否定しなかった。「国防部：対社会各界給予軍演的理解支持表示感謝」中華人民共和国国防部ネット，2014年７月31日 <http://news.mod.gov.cn/headlines/2014-07/31/content_4525859.htm>。

43）中国の南シナ海における近年の「海洋権益保護」活動については，「中国南海維権的“悄然之変”」『新京報』2014年８月27日などを参照。

44）2014年７月15日，オイルリグを管理・運営する中海油田服務有限公司の親会社である中国石油集団総公司（CNOOC）が，当初予定よりも１か月早く掘削作業を完了したと発表したことを受けて，翌16日に中国外交部も同海域での作業終了を公表した。「外交部発言人洪磊就中建南項目完成作業答記者問」中国外交部ホームページ，2014年７月16日

<http://www.fmprc.gov.cn/mfa_chn/fyrbt_602243/t1174834.shtml>。

45）「経習近平主席批准　中央軍委頒発《関於提高軍事訓練実戦化水平的意見》」『解放軍報』2014年3月21日。

46）「我軍成系列組織7場大規模連合実兵演習」新華網，2014年10月29日 <http://news.xinhuanet.com/mil/2014-10/29/c_1113031425.htm>。

なお，軍と民間との統合化を進める上で，聯合訓練領導機関の必要性は以前より軍内で認識されていた。王建成，蒋学武，周天印「聯合戦役軍民聯保問題研究」『装備学院学報』第24巻第4期（北京：総装備部装備学院，2013年8月），21-22頁参照。

47）その際，民兵を第一線，海警など海上法執行機関を第二線，軍を第三線として位置づけている。たとえば，「三沙市推動軍警民連防機制 構建三線海上維権格局」中国新聞網，2014年11月21日などを参照 <http://mil.chinanews.com/gn/2014/11-21/6803776.shtml>。

48）「中国武装力量的多様化運用」『人民日報』2013年4月17日。

49）「"我臨東海情同深"：習近平在福建工作期間関心支持国防和軍隊建設紀事」『福建日報』2014年8月1日。

50）孟立聯「習近平新的人民戦争戦略呼之欲出」中国改革論壇，2014年9月1日 <http://people.chinareform.org.cn/m/menglilian/Article/201409/t20140901_205783.htm>。

51）U.S.-China Economic and Security Review Commission, Hearing on China's Military Modernization and its Implications for the United States, Testimony of Fuell, Donald L., Broad Trends in Chinese Air Force and Missile Modernization, January 30, 2014 <http://www.uscc.gov/sites/default/files/USCC%20Hearing%20Transcript%20-%20January%2030%202014.pdf>.

なお，「システム・オブ・システムズ」（system of systems）とは，「個々のシステムを組み合わせ，全体としてシステム化することで，それぞれの相乗効果を発揮させること」を指す。「第4章　情報RMAと東アジアの戦略環境」防衛省防衛研究所編『東アジア戦略概観2001』防衛省防衛研究所，2001年，75-76頁。

52）Office of the Secretary of Defense, "Annual Report to Congress: Military and Security Developments Involving the People's Republic of China 2014", Washington, D.C.: United States Department of Defense, 2014, p. 7 <http://www.defense.gov/pubs/2014_DoD_China_Report.pdf>.

53）*Ibid.*, p. 8.

54）クラッパー（James R. Clapper）米国家情報長官が2015年2月26日に上院情報特別委員会に提出した「世界の脅威に関する評価報告書」では，2014年7月にもASAT開発のためのミサイル実験を行ったことが指摘されている。

55）ただし，『サウスチャイナモーニングポスト』紙によれば，8月7日の実験は失敗であったとみられている。"China's second hypersonic glider test fails as PLA trials nuclear weapons delivery system," *South China Morning Post*（WEB），August 22, 2014 <http://www.scmp.com/news/china/article/1578756/chinas-second-test-nuclear-armed-hypersonic-glider-fails>.

第11章
北朝鮮流の戦争方法
——軍事思想と軍事力，テロ方針——

宮本　悟

1　はじめに

1950年6月25日に勃発した朝鮮戦争以来，北朝鮮は，韓国やアメリカと軍事的に対立してきた。そのため，北朝鮮にとって戦争とは，韓国やアメリカとの戦争を意味する。1953年7月27日に朝鮮人民軍や中国人民志願軍，そして，ほとんどが米軍で構成される国連軍の代表が停戦協定に署名し，軍事境界線を確定させて，朝鮮戦争は停戦した。それ以降，韓国軍や在韓米軍との間で小規模な戦闘は発生したが，大規模な戦争は発生していない。

ただし，大規模な戦争が発生していないのは，停戦協定が守られてきたからとは言い難い。そもそも，韓国軍の代表は停戦協定に署名していない。さらに，停戦協定の実施を監視するために中朝側5名と国連軍側5名で構成され，板門店に設けられた軍事停戦委員会は，現在機能していない。停戦協定に未署名である韓国軍の将校が1991年3月25日に国連軍司令部首席代表に任命されたことに中朝軍側が抗議して，軍事停戦委員会は開催されなくなった。板門店の国連軍司令部代表は，1994年5月24日に設置された朝鮮人民軍板門店代表部と連絡を取っているが，お互いに代表権を認めていない。

朝鮮戦争停戦以来，大規模な戦争が発生していないのは，停戦協定というよりも南北朝鮮および在韓米軍の軍事バランスによるところが大きい。そのため，北朝鮮の軍隊は，韓国軍や在韓米軍と同等の軍事力をもとうとしている。冷戦時代に，韓国が弾道ミサイルを開発すれば，北朝鮮も弾道ミサイルを開発した。韓国が核保有国であるアメリカと軍事同盟を締結したのに対して，北朝鮮も核保有国であるソ連と軍事同盟を締結した。さらに，北朝鮮は中国とも軍事同盟を締結し，その後に中国は核保有国になっている。冷戦後にソ連や中国が韓国と国交を締結すると，北朝鮮は日本やアメリカとも国交締結を試みたが，結局は自ら核兵器を保有するに至った。

しかも，北朝鮮には，朝鮮半島の統一という目的があり，そのための軍事的手段は排除していない。そのために，北朝鮮では，韓国軍と在韓米軍を凌駕する軍事力を保有しようとする。もちろん，それは韓国でも同じである。南北朝鮮は，お互いに相手の軍事力を凌駕しようとする安全保障のジレンマに陥っており，特に北朝鮮はその国力に比べて大きい軍事力を維持・発展しようとしている。では，現在の北朝鮮では，具体的にどのようにして韓国軍や在韓米軍に対抗しようとしているのであろうか。本章では，北朝鮮の軍事思想や軍隊の編成，常備兵力数から北朝鮮がその大きな軍事力を維持しようとしていることを考察する。さらに，国際的な問題となっている国際テロに対する北朝鮮の方針を論じ，北朝鮮がどのようにして韓国軍や在韓米軍に対抗しようとしているのかを明らかにしたい。

2　北朝鮮の軍事思想

北朝鮮では，思想統制が厳しいことは周知のとおりである。1974年に発表された十大原則では，第４条で「偉大な首領金日成同志の革命思想を信念とし，首領の教示を信条化しなければならない」とされた[1]。この十大原則の第４条は2013年に改訂されて，「偉大な金日成同志と金正日同志の革命思想とその具現である党の路線と政策で徹底的に武装しなければならない」になった[2]。いずれにせよ，最高指導者の革命思想を守らなければならないという点では変わりない。

最高指導者の革命思想とは，2013年４月１日に修正された社会主義憲法によると，主体思想と先軍思想である。先軍思想は，国家や民族の主体性を重視する主体思想を実現するために軍事をすべてに優先して問題を解決していくことを主張した思想である[3]。その先軍思想を具現化した政治スタイルが先軍政治となっている。2013年８月25日に金正恩は「先軍政治は軍事を第一の国事とし，人民軍を中核，主力として祖国と革命，社会主義を守り，社会主義建設全般を力強く推し進める社会主義政治スタイルです。先軍政治は，先軍思想の原理と原則を全面的に具現した自主的な政治スタイル」であると語った[4]。

1999年６月16日に朝鮮労働党の機関紙である『労働新聞』と機関誌である『勤労者』の共同論説において先軍政治の内容が初めて公にされた[5]。しかし，その後も，先軍思想や先軍政治には次々に新たな内容が付け加えられた。現在では，先軍思想が始まったのは，1930年6月30日から7月2日まで開催された中国長春での卡倫会議で，金日成が抗日武装闘争を提起したときとされている[6)]。また，先軍政治が始まったのは，1995年1月1日に金正日が，高射砲部隊である第214軍部隊の小松林（タバクソル）哨所を訪問したことから始まったことになっている[7)]。もちろん，当時には，先軍思想や先軍政治という言葉はなく，後に意味が付け加えられただけである。

先軍政治では，軍事力の強化が最も重要な課題となっている。先軍政治では，平和とは「哀願によって得られるものではない。それはただ銃を手にして戦い取らなければならない。戦争の抑止とは平和を守ることであり，戦争の抑止力は平和の保障である」とされている[8)]。抑止力として核兵器をもつことも，「先軍政治は軍事を第一の国事」とするということも，この理念に由来している。現在の先軍政治では，軍事力を強化し，核兵器を保有することが，平和を守るために最も重要な課題なのである。

核保有について，金正恩は，2013年3月31日に開催された朝鮮労働党中央委員会2013年3月全員会議において「経済建設と核武力建設を併進させる戦略的路線は，我々の戦争抑止力を著しく強化し，経済建設にさらに拍車をかけて社会主義強盛国家建設偉業を輝かしく実現できるようにする正当な路線です。我々の核武力は頼もしい戦争抑止力，民族の自主権を守る保障になります。核兵器が世界に出現して以降およそ70年間，世界的規模の冷戦が長期間続き多くの地域で大小の戦争もたびたびありましたが，核兵器保有国だけは軍事的侵略を受けませんでした」と語った[9)]。金正恩は，「経済建設と核武力建設の併進路線」を提起して，核兵器を保有することで平和を守り，経済発展も可能にするという政策を進める考えであると言えよう。

核兵器による抑止にもかかわらず，戦争になった場合について北朝鮮ではどのように備えているのであろうか。先軍政治の解説書によると，現代における戦争とは「前線と後方が分かれないまま進められる立体戦であり，軍隊だけではなく，全体人民が動員されて，敵と戦う全民抗戦である」という認識を示している[10)]。北朝鮮で言われる立体戦とは，Three-Dimensional Warfare の訳語ではなく，意味としては総力戦に近い。2006年に出版された朝鮮語大辞典では，「陸海空軍をはじめとする数多くの人員が，陸海空など全ての場所で現代的な戦闘技術機材をもって全面的に行う戦争」と定義されている[11]。戦争になれば，ほぼすべての国民が戦争に動員されて，ミサイル攻撃からゲリラ戦に至るまでありとあらゆる戦闘を繰り広げることになるであろう。

国民がほぼすべて動員されるといっても，兵員ばかりではない。先軍政治の解説書では，「自立的で現代的な国防工業は先軍政治の全面的確立の物質的土台を形成する」とされ，外国に頼らずに兵器生産を継続できる体制を構築することも先軍政治の重要な構成要素となっている[12]。韓国軍や在韓米軍に対抗するために，兵員のみならず，生産分野も含めて，国民のほぼすべてを戦争遂行のために動員できるシステムを構築することが，先軍政治の本質と言えよう。

北朝鮮では，国民を動員するなど量的な軍備だけではなく，軍事技術の発展など質的な軍備にも注目している。先軍政治の解説書でも「情報技術が発展するに伴い，情報技術を利用した色々な現代的な武装装備が出現しており，そのため電子戦・宇宙戦争という新しい形態の戦争方法が生まれた」と解説している[13]。電子戦や宇宙戦争の意味は明らかではないが，おそらくサイバーテロや人工衛星・ミサイル迎撃システムのことも含んでいると考えられる[14]。これらの軍事技術の発展に注目している北朝鮮は，それらに対しても備えようとするであろう。実際に，北朝鮮によるものと考えられるサイバーテロ事件は発生している[15]。北朝鮮は，韓国軍や在韓米軍に対抗するために，軍事技術の発展にも力を入れており，それに伴ってこれからも軍隊の編成も変えてくる可能性があろう。

3　現在における北朝鮮の軍隊の編成

北朝鮮の正規軍は朝鮮人民軍である。2015年３月現在，核兵器とその運搬手段である弾道ミサイルや爆撃機を保有している。1946年８月に創設された保安幹部訓練所とその司令部である保安幹部訓練大隊部が根幹となって，1948年２月８日に政党や団体の連合組織である統一戦線の軍隊として創設された。９月９日に北朝鮮政府が成立するとともに，国家の正規軍になった。1958年２月８日に朝鮮労働党の軍隊と宣言され，朝鮮労働党によって統制されることが公式化された。1977年12月14日に，朝鮮人民軍の創建日が，抗日パルチザン部隊である朝鮮人民革命軍が創建されたと言われる1932年４月25日に変更され，抗日パルチザンの伝統を継承する軍隊としての形式が整えられた。

朝鮮人民軍は，創設された時点では，陸海空軍という軍種には分かれていなかった。2015年３月現在，朝鮮人民軍の軍種は，陸軍と海軍，航空および反航空軍，戦略軍によって構成されている。人民軍最高司令官である金正恩が最高指揮権を持つ。人民軍最高司令官を擁する最高司令部が最も上部に位置する司令部である。陸軍では陸軍司令部がなく，人民軍最高司令官の命令は，軍事行政（軍政）を担当する人民武力部長（防衛大臣に該当），部隊の軍事作戦に関する命令である軍令を担当する総参謀長，教育・宣伝などの政治指導を担当する総政治局長などを通じて，各軍団司令部など各司令部に命令が下される形になっている。しかし，実際には，人民軍最高司令官や最高司令部から各司令部に直接命令が下される場合も多い。

海軍は，1949年８月28日に艦隊が初めて創設され，９月に海軍司令部が設置されて独立軍種になった。航空および反航空軍は，1947年８月20日に最初の航空部隊が編成され，1951年１月に航空司令部が設置されて独立軍種になって空軍と呼ばれていたが，平壌反航空司令部を吸収して，航空および反航空軍に改称したことが2012年５月３日に確認された。戦略軍は，もともとは戦略ロケット軍と呼ばれていた。2012年３月２日に戦略ロケット司令部の存在が判明し，４月15日に戦略ロケット軍として独立軍種になっていたことが判明した。2013年12月29日までは戦略ロケット軍と呼ばれていたが，2014年３月５日に戦略軍と改称したことが判明した。金正恩が最高指導者になってから，航空および反航空軍と戦略軍が発足しており，軍事技術の発展と共に，軍隊の再編成が行われていることが理解できる。

各軍団の司令部の配置については，2002年に北朝鮮から亡命したという朝鮮人民軍幹部・安永哲（仮名）へのインタビューが比較的正確と考えられる。これは，韓国国防部が隔年で発表している『国防白書』などでは把握していないものも含まれている。彼によると，最高司令部の中心となる野戦指揮所は平壌市三石区域国士峰（標高444m）の地下にあり，鉄峰閣と呼ばれている。最高司令部には予備指揮所もあるが，これは中朝国境地帯である慈江道中江郡山頭山（標高1,283m）の地下にあり，入口は約20km 離れた慈江道和坪郡五佳山（標高1,227m）にあって，そこから地下トンネルでつながっている[16)]。

各軍団の司令部は，基本指揮所と予備指揮所に分かれているが，司令部と呼ばれるのが基本指揮所のことであり，予備指揮所は軍団の前線司令部（前方指揮

表11-1　軍団司令部の位置（第9軍団以外は全て地下にある）[17]

軍団名	基本指揮所（司令部）	予備指揮所（前線司令部）
第1軍団	江原道淮陽郡鉄嶺（標高677m）	江原道金剛郡直洞嶺（標高932m）
第2軍団	黄海北道平山郡滅悪山（標高818m）	黄海南道峰泉郡主之峰（標高713m）
第3軍団	南浦市龍岡郡陽谷里	黄海南道殷栗郡九月山（標高954m）
第4軍団	黄海南道海州市首陽山（標高946m）	黄海南道甕津郡国師峰（標高527m）
第5軍団	江原道洗浦郡梨木里623高地（標高623m）	江原道金化郡五聖山（標高1,050m）
第6軍団	慈江道江界市斗興里中支峰（標高1,241m）	慈江道古豊郡文徳里栢彼嶺（標高892m）
第7軍団	咸鏡南道咸興市東興山の丘	咸鏡南道定平郡泗水山（標高1,746m）
第8軍団	平安南道陽徳郡霞嵐山（標高1,485m）	黄海北道新坪郡石岩里シル（시루）峰（標高1,181m）
第9軍団	野外指揮所	
第10軍団	咸鏡北道鏡城郡冠帽峰（標高2,540m）	咸鏡北道漁郎郡白沙峰（標高1,478m）
第11軍団	平安北道朔州郡角狗峰（標高588m）	なし
第12軍団	黄海北道沙里院市正方山（標高481m）	黄海北道瑞興郡夫人堂山（標高659m）

表11-2　最高司令部の位置

位置	司令部名
A	最高司令部野戦指揮所［鉄峰閣］（平壌市三石区域国士峰　標高444m)
B	最高司令部予備指揮所（慈江道中江郡山頭山　標高1,283m)
C	最高司令部予備指揮所入口（慈江道和坪郡五佳山　標高1,227m）

注：位置は図11-1に対応。

所）を意味すると推定される。安永哲によると，12軍団があり，第9軍団以外の指揮所は全て，地下にある。また，第11軍団だけは予備指揮所がない。第1軍団から第12軍団までの基本指揮所と予備指揮所の位置を一覧にすると表11-1のようになる。ほとんどの指揮所が地下化されており，攻撃を受けにくいように構築されている。

安永哲のインタビュー記事がすべて正しいとは考えられないが，軍団司令部の位置については他の資料でも確認できる部分があるので，おおよそ正しいのではないかと思われる。たとえば，第5軍団の隊号は第549大連合部隊であるが，

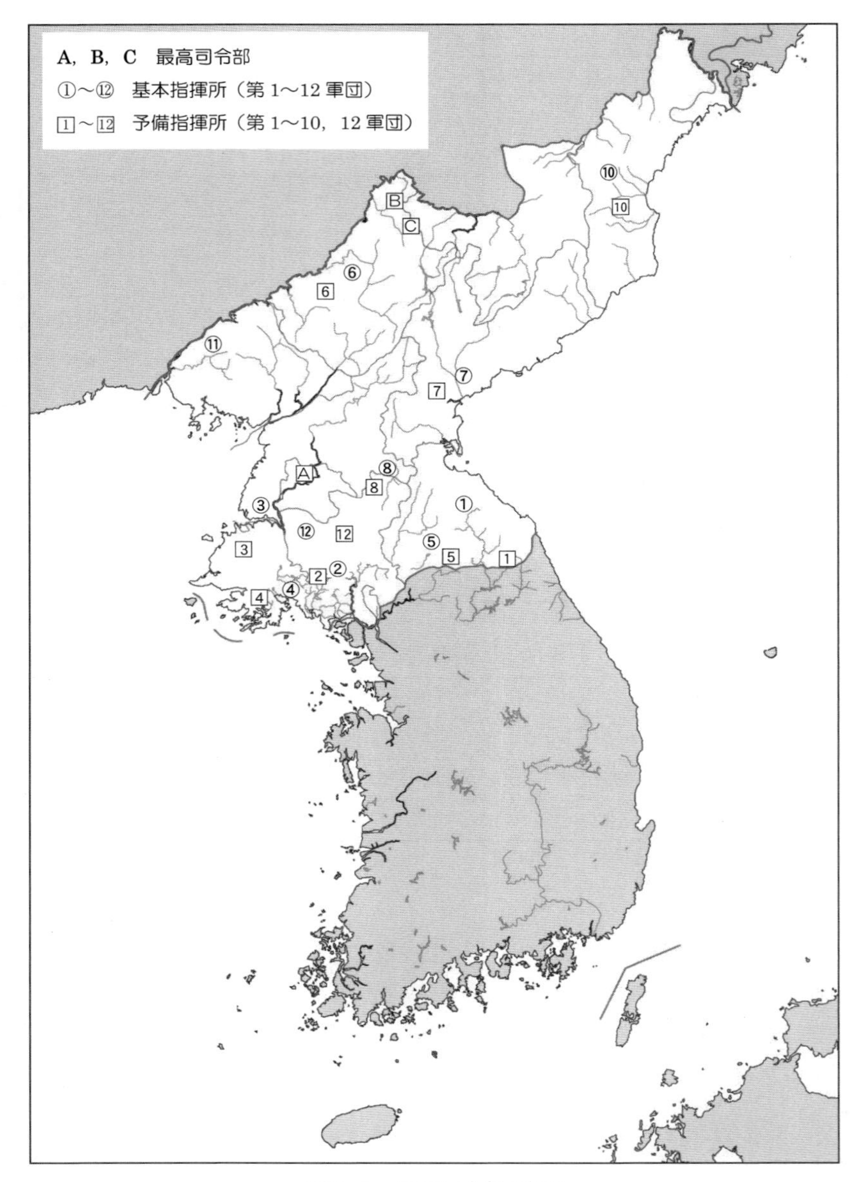

図11-1　軍団司令部の位置

1998年８月３日と11月10日に金正日が第549大連合部隊の前方指揮所を訪問したことが報道され[18)]，それが五聖山であることが2013年６月２日に報道されたことで[19)]，安永哲のインタビュー記事の通りであることが確認された。ただし，安永哲のインタビュー記事以降にも軍団が再編成され，またこれからも再編成される可能性は十分にある。2014年４月25日に人民軍最高司令官である金正恩は，第１軍団（第313軍部隊）司令部の幹部69人の軍事称号（軍階級章）を一斉に降格させた[20)]。2015年２月22日に金正恩は，朝鮮労働党中央軍事委員会拡大会議で，朝鮮人民軍の機構体系を整理・簡素化し，任意の時刻に最高司令部の戦略的企図を実現できるように改編するための方向と方途を提示した[21)]。そのため，軍隊の再編成については，これからも注視していく必要がある。

軍団司令部以外にも司令部と呼ばれているものがあり，軍団司令部の傘下にない独立部隊を率いている。その中には軍団級の部隊もあるが，独立軍種として扱われているわけではない。たとえば，砲兵部隊を率いる砲兵司令部が存在するが，独立軍種として扱われていない。最高指導者たちの護衛を担当する護衛司令部が存在するが，これも独立軍種ではない[22)]。平壌を防衛する首都防衛司令部も独立軍種を率いているわけではない[23)]。

また，第一地区司令部[24)]や前線司令部[25)]，前線中部地区司令部[26)]，西部前線司令部[27)]，前線西部地区司令部[28)]，西南前線司令部[29)]，西南前線軍司令部[30)]などの地区司令部が存在することがわかっている。第一地区司令部はいずれの軍団司令部からも独立しており，軍団級の独立部隊を率いている司令部である[31)]。ただし，その他の各地区司令部と各軍団司令部の関係ははっきりしない。たとえば，西南前線地区は第４軍団が置かれているところにあるが，西南前線司令部と第４軍団司令部の関係は明らかにされていない[32)]。また，西部前線司令部と前線西部地区司令部，西南前線司令部と西南前線軍司令部は同じものとも考えられる。

朝鮮人民軍の各部隊の司令部には，連隊以上であれば，団（隊）長（司令官）と団（隊）参謀長，団（隊）政治委員，団（隊）政治部長がおり，その他の幹部も含めて非常設の団（隊）党委員会を構成する。大きな方針は団（隊）党委員会で決定する。部隊の軍政は司令官が担い，軍令は参謀長が補佐し，政治指導は政治部長が担当する。ただし，司令官は単独で命令書を発効することができず，政治委員の副署名が必要である。政治委員は，軍事称号は低くても，司令官と対等の権限を持っており，部隊の朝鮮労働党組織を代表する。政治委員の制度は1969

年1月に設けられたが，1979年2月14日に金正日の指示によって政治指導の任務も与えられ，政治指導を担当していた政治部長を指導する権限も持った[33]。政治委員は，朝鮮人民軍が最高指導者や朝鮮労働党に対して叛乱を起こさず，命令に忠実であるようにするための制度である。北朝鮮では，その国力に比べて大きな軍隊を維持するために，叛乱やクーデターを起こさせないようにする制度も強化されている。ただし，大隊以下では，政治委員と参謀長は存在せず，司令官と政治指導員が司令部の中核となる。非常設であるが，大隊では初級党委員会，中隊では党細胞が設けられて，大きな方針を決めることになる（図11-2参照）。

北朝鮮では，朝鮮人民軍以外にも軍隊がある。北朝鮮の最高国防指導機関である国防委員会の傘下には武力組織を管轄する部があるが，朝鮮人民軍を管轄する人民武力部以外にも，人民保安隊（警察）や朝鮮人民内務軍（武装警察）を管轄する人民保安部，外国のスパイや反革命分子の摘発を担当する国家安全保衛部がある。そのうち，朝鮮人民内務軍と国家安全保衛部の将兵は軍人としての扱いを受けている。人民保安隊の人民保安員は軍人として扱われていないが，2013年6月10日に，人民保安隊や朝鮮人民内務軍などの人民保安機関は，朝鮮人民軍と並んで2大武装集団であると定義された[34]。朝鮮人民内務軍は，以前には人民警備隊と呼ばれていたが，2010年4月6日に朝鮮人民内務軍に改称したことが判明した[35]。1979年9月17日の金正日の書簡によれば，人民警備隊の担当は，中朝・朝ロ国境線や軍事境界線，海岸・海上の警備であったので，朝鮮人民内務軍も同じであると推定されよう[36]。

さらに，北朝鮮には，予備軍が創設されている。予備軍は，日常では労働や学業に従事するが，時折訓練を受け，有事には兵士として徴集されて朝鮮人民軍指揮下の部隊になる。主に地域防衛を担当しており，男性だけでなく，女性も予備軍に入っている。企業や農場，大学単位で構成された予備軍である労農赤衛隊の創設は，1959年1月14日に宣言された。実際に，全国レベルで労農赤衛隊が創設されるのは，1960年代後半になってからである。青年学生によって構成された予備軍である赤い青年近衛隊は，1970年9月12日に金日成が組織する方針を示した[37]。この日が，現在の赤い青年近衛隊の創建日になっている。現在では，予備軍は，労農赤衛隊と赤い青年近衛隊によって構成されている。

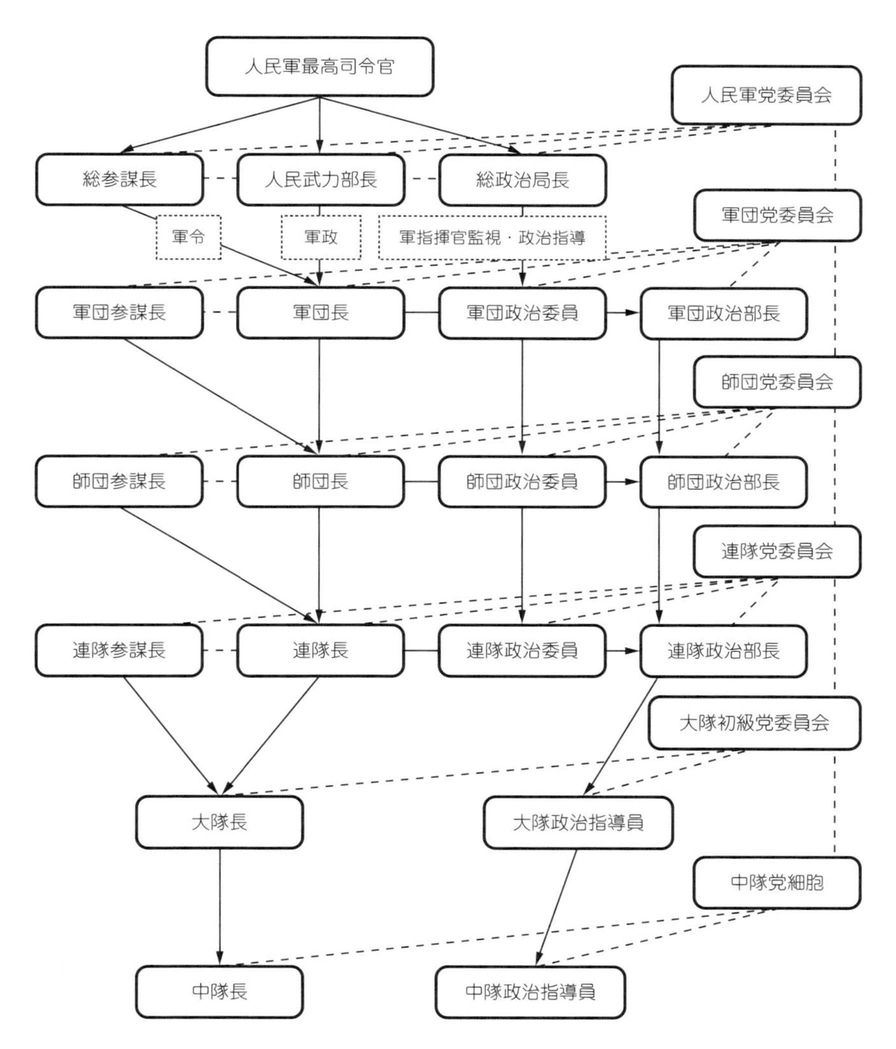

図11-2　1979年2月14日に金正日の指示によって構築された命令制度
注：破線は非日常的な統制を意味する。

4　北朝鮮における常備兵力数

常備兵力ではない予備軍の算出は困難であるが，朝鮮人民軍の常備兵力数については様々な推定値がある。たとえば，英国際戦略研究所（IISS）が発刊する『ミリタリーバランス』2014年版では常備兵力数を119万人と推定している[38]。日本防衛省の『防衛白書』平成26年版では『ミリタリーバランス』を資料にして，正規軍119万人と推定している[39]。韓国国防部の『国防白書』2014年版では約120万余と推定している[40]。しかし，いずれにせよ常備兵力数を算出する元データは明らかにされていない。

これらの推定値には疑問が生じる。2008年10月1日から15日にかけて，北朝鮮では2回目のセンサスを実施し，総人口数が2,405万2,000人であることが発表された。『ミリタリーバランス』2008年版では常備兵力数が110万6,000人であり[41]，『防衛白書』平成20年版でも約110万人と推定している[42]。韓国国防部の『国防白書』2008年版では，それよりも少し多めに見積もって119万余と推定している[43]。すると，IISSや日本防衛省，韓国国防部の推定値では，常備兵力が総人口比4.5%～4.9%になる。中川雅彦は，朝鮮戦争停戦頃において北朝鮮が最大に動員できた兵力は，総人口比5.3%であったと推計している[44]。ここから戦争中に北朝鮮が動員できる実際の最大兵力は総人口比で5%以上であろうと推測でき，IISSや日本防衛省，韓国国防部の推定値はこれに近いが，この兵力数を常備すると経済活動に大きな負担を与える。

北朝鮮の人口統計データから常備兵力数を計算する試みもあった。ただし，これらの計算では，朝鮮人民軍のみならず，朝鮮人民内務軍，国家安全保衛部も含めた北朝鮮における軍人数になることに留意する必要がある。1989年に北朝鮮の中央統計局から人口統計データを入手したニコラス・エバースタットは，1990年に分析結果を発表し，1992年にそれを出版した。そして，1987年の兵力数を124万9,000人と推定した。これは，人口モデルを北朝鮮の人口統計データに適用したことで，脱漏していると算出された男子人口であった。これでは，1987年における総人口2,047万1,000人に対する常備兵力は6.1%であって，ますます考えにくい推定値である[45]。それに，登記による人口調査を実施していた北朝鮮の中央統計局が，どれほど正確に人口を把握していたのかも疑わしい[46]。

建国初のセンサスが，国連人口基金の協力によって1993年12月31日基準で実施された。これは，国連人口基金の技術・資金的な協力を得なければならないほど，北朝鮮では人口を把握できなくなっていたことを示しているが，これによってより正確な人口データを得られることになった。文浩一によると，センサスによって1993年の総人口が2,121万3,378人と発表されたが，年齢別人口では2,052万2,351人となっており，69万1,027人が脱漏していた。1999年に発表された北朝鮮の人口研究所研究員の論文では，これは「軍人を除いた」ためと説明され，これが常備兵力数であることを北朝鮮当局が間接的に認めたことになった[47)]。そのため，1993年の常備兵力数は69万1,027人であり，男子兵力数は65万2,036人，女子兵力数は３万8,991人，総人口比3.3%であることが判明した。

しかし，その後に北朝鮮の兵役制に変化があった。北朝鮮では，朝鮮戦争停戦以降は志願制であったが，2003年３月26日に選抜徴兵制が布かれた。選抜徴兵制とは，各技能の優秀さを評価されたりしたエリートは高級中学校を卒業後には大学に進学できたりするが，その他は義務として軍隊で勤務しなければならないことを意味する。

2008年10月１日から15日にかけて，国連人口基金の協力の下，北朝鮮では再びセンサスを実施した。その報告書では兵力数がわかりやすいように集計されていた。総人口と地域別人口の小計が異なるのである。総人口は2,405万2,231人であり，地域別人口の小計は2,334万9,859人であった。さらに，注釈で，総人口には兵営居住者（軍人）を含めたことを示している。したがって，総計から小計を差し引けば兵力数が割り出せる。その結果，2008年の常備兵力数は70万2,372人であり，男子兵力数は66万2,349人，女子兵力数は４万23人，総人口比2.9%であった[48)]。選抜徴兵制が実施されても，常備兵力数にはあまり変化がなく，総人口比ではむしろ下がっていることがわかる。これは，北朝鮮では総人口比でどれだけ兵員を徴募するという考えではなく，必要とされる常備兵力数分の兵員を徴募するという考えに基づいていることがわかる。

しかし，常備兵力数が総人口比2.9%というのは，世界的に見れば非常に高い数値である。2008年における常備兵力数の総人口比は，日本が0.2%[49)]，アメリカが0.5%[50)]であった。義務兵役制を実施している韓国が1.4%[51)]，男女義務兵役制を実施しているイスラエルでさえ2.7%であった[52)]。しかし，兵力数70万2,373人というのは，韓国軍68万7,000人[53)]と在韓米軍１万8,366人[54)]の合計兵力数である70

万5,366人に近い。北朝鮮では，韓国軍と在韓米軍の兵力数に合わせて，同程度の常備兵力数を備えようとしていると考えられる。これからも北朝鮮は，韓国軍と在韓米軍に合わせて，総人口比では高い常備兵力数を維持していくと考えられよう。そして，戦争になれば，予備軍なども含めて，総人口の５％以上は兵力として動員され，韓国軍や在韓米軍と戦闘を繰り広げることになると考えられる。

5　テロに対する方針

北朝鮮は，今まで国際テロを何度も起こしてきた。有名なものとして，ビルマを訪問中であった韓国の全斗煥大統領一行を暗殺しようとして，1983年10月９日に北朝鮮の工作員がアウン・サン廟で爆弾を炸裂させて，韓国の閣僚など７名を死亡させたラングーン事件がある。また，1987年11月29日に大韓航空の旅客機である858便が北朝鮮の工作員によって仕掛けられた爆弾で飛行中に爆破され，乗客と乗員115人が行方不明になった大韓航空機爆破事件がある。また，韓国国内では，北朝鮮の軍部隊や工作員による破壊や殺人などのテロは朝鮮戦争停戦以降，未遂も含めれば最近まで繰り返し行われてきた。

日本も北朝鮮による国際テロに巻き込まれている。北朝鮮の工作員が日本人名を名乗り，国際テロを日本人の仕業に偽装しようとしたことがある。大韓航空機爆破事件の犯人である金賢姫は，日本人名義の偽造パスポートを持ち，日本人名である蜂谷真由美を名乗っていた。また，北朝鮮の工作員が日本人のみならず，韓国人や外国人を拉致して北朝鮮に連れ去っていたことが知られている。拉致した人々を人質に取って脅迫したり，何らかの要求をしたりしていれば，「人質行為防止条約」に違反するので国際テロ行為になろう。

しかし，現在の北朝鮮は，国際テロに反対する立場をとっている。特に，ジハーディストのテロについては，明らかに反対の立場をとっており，アメリカと立場を同じくしている。2001年９月11日にアメリカで発生した同時多発テロ事件に関して，12日に北朝鮮外務省スポークスマンは，事件を極めて遺憾で悲劇的とし，すべてのテロとテロ支援に反対することを表明した[55]。また，2015年１月７日にフランスで発生したシャルリー・エブド襲撃テロ事件に関して，８日に北朝鮮の外務相である李洙墉は，フランス外務・国際開発大臣であるローラン・ファビウスに慰問の電文を送った[56]。ヨーロッパ諸国では珍しくフランスは北朝鮮と国交がないが，それでも北朝鮮はフランスを慰問したのである。実際に，北朝鮮は，13ある国際テロ防止条約のうち７つの条約に入っており，国際テロの防止に対してある程度の協力姿勢を示している（表11-３参照）。

とはいえ，実際には，国際テロ防止条約に加盟していても北朝鮮がテロを起こすことはあった。1987年の大韓航空機爆破事件は，業務中の民間航空機に対する破壊行為を禁じた「民間航空不法行為防止条約」に加盟した後に発生した。したがって，敵である韓国やアメリカに対しては，国際法を無視してでも，国際テロを実行する可能性がある。

しかも，現在の北朝鮮は，韓国人やアメリカ人が国際テロの犠牲になっても，慰問することはない。日本人に対しても同じである。そればかりか，アメリカ人が国際テロの犠牲になれば，その国際テロを正当化しようとすることがある。2015年３月５日にマーク・リッパート駐韓アメリカ大使が韓国人である金基宗に襲撃されて重傷を負った事件は，「国際代表等犯罪防止処罰条約」に違反する国際テロ行為に該当する。しかし，北朝鮮ではその日に報道を発表して，この事件を「朝鮮半島の戦争の危機を高調させているアメリカを糾弾する南朝鮮の民心の反映であり，抵抗の表れである」と正当化しようとした[58]。現在の北朝鮮では，アメリカや韓国，日本を敵であると考えており，国際テロによってアメリカ人や韓国人，日本人に犠牲者が出ても，北朝鮮では特に関心をもたないか，むしろ国際テロを正当化する傾向がある。国交がなくても敵とはみなしていないフランスなどには国際テロの犠牲に対して慰問できるが，敵であるアメリカや韓国，日本に対しては慰問しないばかりか，国際テロを正当化しようとすると言えよう。

6　北朝鮮の戦争への対処

朝鮮戦争が再勃発すれば，北朝鮮は国民のほぼすべてを動員して，総力戦に突入するであろう。北朝鮮では，現代戦は前線も後方も区別がないと考えている。戦争が勃発すれば，軍事境界線を越えて南下し，速やかに各都市を占領して，占領地域での徴兵や物資調達も行うことが想定される。また，占領地域の人々を盾にすることで，韓国軍や在韓米軍による反撃を躊躇させる行動に出るであろう。そのため，韓国軍や在韓米軍は，朝鮮戦争が再勃発すれば，速やかに人々や物資を南方に退避させる処置を取る必要に迫られる。

表11-3　北朝鮮の国際テロ防止条約加盟状況（2015年3月現在）[57]

条約名	署名日	批准，加盟，継承日	発効日
航空機内で行われた犯罪その他ある種の行為に関する条約（航空機内の犯罪防止条約［東京条約]）		1983年5月9日	1983年8月7日
航空機の不法な奪取の防止に関する条約（航空機不法奪取防止条約［ヘーグ条約]）		1983年4月28日加盟	
民間航空の安全に対する不法な行為の防止に関する条約（民間航空不法行為防止条約［モントリオール条約]）		1980年8月13日加盟	
国際的に保護される者（外交官を含む）に対する犯罪の防止及び処罰に関する条約（国際代表等犯罪防止処罰条約）		1982年12月1日加盟	
人質をとる行為に関する国際条約（人質行為防止条約）		2001年11月12日加盟	
核物質の保護に関する条約（核物質防護条約）	未加盟		
1971年9月23日にモントリオールで作成された民間航空の安全に対する不法な行為の防止に関する条約を補足する国際民間航空に使用される空港における不法な暴力行為の防止に関する議定書（空港不法行為防止議定書）	1989年4月11日	1995年7月19日	1995年8月18日
海洋航行の安全に対する不法な行為の防止に関する条約（海洋航行不法行為防止条約）	未加盟		
大陸棚に所在する固定プラットフォームの安全に対する不法な行為の防止に関する議定書（大陸棚プラットフォーム不法行為防止議定書）	未加盟		
可塑性爆薬の探知のための識別措置に関する条約（プラスチック爆弾探知条約）	未加盟		
テロリストによる爆弾使用の防止に関する国際条約（爆弾テロ防止条約）	未加盟		
テロリズムに対する資金供与の防止に関する国際条約（テロ資金供与防止条約）	2001年11月12日	2013年7月25日批准	
核によるテロリズムの行為の防止に関する国際条約（核テロリズム防止条約）	未加盟		

もちろん，北朝鮮では軍事境界線の北側を攻撃されることも想定した体制を布いている。そのために，司令部などの重要軍事施設は地下化されている。爆撃など空からの攻撃による被害を防ぐためである。反対に，地下化されていることは，そこから撤退できないようになっていることを意味する。もし，韓国軍や在韓米軍が軍事境界線を越えて，北上すれば，撤退を許されない部隊との死闘が待っていることになる。さらに，朝鮮人民軍の最高司令部の予備指揮所は，中朝国境地帯に設けられている。これは中朝国境地帯にまで追い詰められても，降伏せずに戦闘を続けるつもりである。北朝鮮は，総力戦によって国土がすべて占領されるまで戦闘を続けることを想定していると言えよう。したがって，朝鮮戦争が終結するには相当な時間がかかり，また戦争が終結しても，北朝鮮の地下軍事施設を全て占領しない限り，ゲリラやテロは続くと考えられよう。

北朝鮮にとって日本は敵ではあるが，朝鮮戦争が再勃発して北朝鮮の軍隊が韓国軍や在韓米軍と戦争になったとしても最優先で日本を攻撃しなければならない理由はない。韓国軍や在韓米軍との戦争では，北朝鮮の軍事力に余裕があるとは考えにくいので，日本を攻撃することで戦線を拡大することは，北朝鮮にとっても望ましくはないはずである。そのために，日本への攻撃は，日本の自衛隊による反撃を誘発することを明らかにして抑止力を示しておくことは必要かもしれないが，実際に朝鮮戦争が再勃発しても，日本と北朝鮮が直接戦闘になる可能性は，テロ行為を除いてそれほど高くない。

朝鮮戦争が再勃発すれば，日本は後方支援としての役割を期待されることになる。しかし，朝鮮戦争が再勃発しても，日本が韓国を軍事支援する法的根拠は国連安保理決議でもないかぎりない。日本は，韓国と軍事同盟を締結していない。日本が軍事支援しなければならないのは，軍事同盟国であるアメリカである。したがって，在日米軍を支援することは必要であろうが，韓国を直接支援する必要はない。また，韓国への直接支援は，北朝鮮からの攻撃を誘発する可能性がある。もし，在日米軍を支援したことで北朝鮮が日本を敵とみなすと宣言した場合には，北朝鮮からの攻撃に備える必要があるが，テロ行為を除けば，実際に攻撃してくる可能性はそれほど高くはないであろう。

朝鮮戦争が再勃発すれば，朝鮮半島に居住する日本人を速やかに日本に退避させる必要がある。日本人だけでなく，在韓外国人は日本に一時退避することになるであろう。それを想定した処置をあらかじめ準備しておく必要がある。また，朝鮮半島からの難民が大量に流入することが想定される。それは地理的に考えれば，北朝鮮側よりも，韓国側からの方が多いであろう。朝鮮戦争が再勃発すれば，韓国では何らかの形で動員令が出されることが想定される。動員を忌避するため，また戦争そのものを忌避するためにも，韓国から数多くの難民が日本になだれ込むことが予想される。ただし，日本と韓国の間では，犯罪者引渡し条約を締結している。動員令を忌避して日本に逃れたものは，韓国では犯罪者であるので，難民条約の保護対象にはならず，韓国に引き渡ししなければならない。また，北朝鮮もそれに乗じて工作員を日本に送って，在日米軍基地などへのテロを実施する可能性がある。それらを防ぐための準備は必要である。

7　おわりに

北朝鮮では，韓国軍や在韓米軍と同等かそれ以上の軍事力を持つために，その国力に比べて大きな軍事力を構築しようとしている。それは，平和とは戦い取るものであり，戦争の抑止とは平和を守ることであるとの考えに基づいている。核兵器を保有することで，韓国やアメリカに対する抑止力を保持しようとするのも，そのためである。さらに，軍事をすべてに優先させる先軍政治によって，戦争が勃発すれば，国民ほぼすべてを動員して，戦争を遂行できるシステムを構築している。国民の動員などの軍事の量的な発展のみならず，質的な向上のためにも軍事技術の発展を目指しており，サイバーテロも可能になっている。

軍事技術の発展によって，最近では空軍が航空および反航空軍に改編され，戦略ロケット軍が戦略軍に改編されるなど軍隊の編成も変化してきた。また，最高司令部や軍団司令部もほとんどが地下化されており，攻撃を受けにくいようにされている。軍団以外にも，司令部が存在して，独立部隊を率いている。しかも，国力に比べて強大な軍事力を持つ北朝鮮では，政治委員を設けて，軍隊が最高指導者や朝鮮労働党に対して叛乱しないように統制を強化している。軍隊の編成は軍事技術の発展によって変わってくる可能性は十分にあり，これからの動向が注視される。

ただし，常備兵力数については，約120万人とか，外国では過剰に推定されているようである。北朝鮮の人口データから算出すれば，北朝鮮の常備兵力数は，韓国軍と在韓米軍の常備兵力数に合わせていることがわかる。それは約70万人である。それでも，北朝鮮の常備兵力は総人口の約３％であり，世界的にも非常に高い数値である。さらに，戦争になれば，予備軍も含めて朝鮮戦争の時のように総人口の５％以上を動員し，韓国軍や在韓米軍と戦闘を繰り広げることになると考えられる。

韓国と対立する北朝鮮は，韓国に対して数々のテロを起こしてきた。しかし，ジハーディストなどが起こした国際テロについては反対の立場を示している。アメリカやフランスで発生した国際テロに対しては，テロ反対を表明したり，慰問の電文を送ったりしていた。さらに，７つの国際テロ防止条約に加盟している。しかし，現在では，日本や韓国，アメリカに対する国際テロに対しては，無関心か，国際テロを正当化することがある。したがって，国際条約に加盟していても，北朝鮮は日本や韓国，アメリカに対する国際テロを是認する可能性が残されている。国際テロも，韓国軍や在韓米軍に対抗するための手段であり，韓国軍や在韓米軍との戦争でもテロによる攻撃の可能性が十分にあると言えよう。

注

1）『党の唯一的思想体系確立の10大原則』平壌，朝鮮労働党出版社，2007年，33頁。
2）『党の唯一的領導体系確立の10大原則』平壌，朝鮮労働党出版社，2013年，23-24頁。
3）卓成日 編『先軍 - 金正日政治』平壌，外国文出版社，2012年，61-62頁。
4）金正恩「金正日同志の偉大な先軍革命思想と業績を永久に輝かそう：先軍節に際して党報『労働新聞』，軍報『朝鮮人民軍』に発表した談話　2013年８月25日」『労働新聞』2013年８月25日。
5）『労働新聞』1999年６月16日。
6）『我が党の先軍政治（増補版）』平壌，朝鮮労働党出版社，2006年，41頁。
7）『労働新聞』2001年12月15日。
8）『先軍政治と朝鮮半島の平和』平壌，外国文出版社，2008年，28頁。
9）金正恩「朝鮮労働党中央委員会2013年３月全員会議における報告」『労働新聞』2013年４月２日。
10）金金淑『偉大な領導者金正日同志が明らかにされた先軍政治の全面的確立に関する主体の理論』平壌，社会科学出版社，2014年，67頁。
11）『朝鮮語大辞典（増補版）』第１巻，平壌，社会科学出版社，2006年，1477頁。
12）金金淑，前掲書，103頁。
13）同上，193頁。
14）北朝鮮では，サイバーテロを「ネットワーク攻撃」という。
15）たとえば，2011年４月12日に韓国で，農協のネットワーク上にある多くの情報が消去された事件は，北朝鮮によるサイバー攻撃と韓国政府では疑われている（『中央日報』2011年４月26日）。また，2014年11月24日から始まった米ソニー・ピクチャーズ・エンタテインメントのシステム障害も北朝鮮によるサイバー攻撃とアメリカ政府では断定されている（FBI National Press Office, *Update on Sony Investigation*, Washington, D.C., December 19, 2014 <http://www.fbi.gov/news/pressrel/press-releases/update-on-sony-investigation>［2015年３月10日アクセス］）。

16）「はじめて名乗り出た元朝鮮人民軍最高幹部が暴く 脱北将軍の最高機密『大量破壊兵器・地下要塞』の全貌」『現代』第37巻第６号，2003年６月，29-30，38頁。

17）同上，39-40頁。原文では，司令部位置の住所や標高が正確ではなかったので，『三千里』（平壌，平壌情報センター，2001年）や『最新朝鮮地図』（学友書房，1999年）を参考にして筆者が修正した。

18）1998年８月４日，1998年11月11日発朝鮮中央通信。

19）2013年６月２日発朝鮮中央通信。

20）『朝鮮人民軍』2014年４月25日。

21）『労働新聞』2015年２月23日。

22）姜錫柱「対外部門事業の間々に」『主体時代を輝かせて』第25巻（平壌，労働党出版社，1992年）頁不明。

23）李東九『良心と運命』平壌，金星青年出版社，1989年，頁不明。

24）2009年６月14日発朝鮮中央テレビ放送。

25）2014年11月15日発朝鮮中央通信。

26）2010年５月24日発朝鮮中央通信。

27）2012年10月19日発朝鮮中央通信。

28）2010年８月３日，2012年２月19日，2014年12月21日発朝鮮中央通信。

29）2012年９月９日，2013年５月７日，2013年11月22日発朝鮮中央通信。

30）2014年５月21日，2014年５月23日，2014年５月27日，2014年６月26日，2014年８月13日，2014年11月21日発朝鮮中央通信。

31）『朝鮮日報』2003年９月17日。

32）2012年２月25日発朝鮮中央通信。

33）金正日「人民軍隊内の宣伝扇動事業を改善強化することについて　朝鮮人民軍軍団（軍種，兵種），師（旅）団政治部宣伝扇動部長会議および講習参加者に送る書簡　1979年２月14日」『金正日選集』第６巻，平壌，朝鮮労働党出版社，1995年，253頁。

34）『労働新聞』2013年６月11日。

35）2010年４月６日発朝鮮中央テレビ放送。

36）金正日「醸成された情勢の要求にあわせて人民警備隊事業をさらに強化することについて　朝鮮人民警備隊熱誠者会議参加者に送った書簡　1979年９月17日」『金正日選集』第６巻，平壌，朝鮮労働党出版社，1995年，322-342頁。

37）太炳烈，呉燦福（音訳）『太陽をお連れして60年』平壌，金星青年出版社，1997年，200頁。2012年９月25日に「全般的12年制義務教育」の導入が決定されてからは，16歳から18歳までの３年制高級中学校の学生が赤い青年近衛隊に入る対象と考えられるが，まだ明らかにされていない。

38）The International Institute for Strategic Studies, *The Military Balance 2014*, London: Routledge Taylor & Francis Group, 2014, p. 254. ただし，他にも，準軍事組織兵力数

18万9000人，軍予備兵力数60万人，準軍事組織予備兵力数570万人と推定している。

39）防衛省『平成26年版 日本の防衛　防衛白書』日経印刷，2014年，375頁。予備軍は60万人と推定している。

40）政策企画官室基本政策課編纂『2014国防白書』ソウル，大韓民国国防部，2014年，239頁。

41）The International Institute for Strategic Studies, *The Military Balance 2008*, London: Routledge Taylor & Francis Group, 2008, p. 387. 総人口数は2330万1,725人としており，兵力数の総人口比は4.7% としている。

42）防衛省『平成20年版 日本の防衛　防衛白書』ぎょうせい，2008年，31頁。

43）政策企画官室基本政策課編纂『2008国防白書』ソウル，大韓民国国防部，2009年，260頁。

44）中川雅彦「朝鮮民主主義人民共和国の兵員数」『朝鮮史研究会論文集』第50巻，2012年10月，216頁。

45）Nicholas Eberstadt and Judith Banister, *The Population of North Korea*, (Berkeley : Institute of East Asian Studies University of California, Berkeley, 1992), pp. 86-97. この脱漏男子人口が過剰な見積もりであることは，北朝鮮の中央統計局から指摘されている。

46）文浩一『朝鮮民主主義人民共和国の人口変動――人口学から読み解く朝鮮社会主義』明石書店，2011年，45-56頁。

47）文浩一「朝鮮民主主義人民共和国の人口変動分析（Ⅰ）―死亡率と出生力―」『アジア経済』第41巻第12号，2000年12月，９頁。

48）Central Bureau of Statistics, *DPRKorea 2008 Population Census National Report*, Pyongyang: Central Bureau of Statistics, 2009, p. 14, p. 18.

49）The International Institute for Strategic Studies, *The Military Balance 2008*, London: Routledge Taylor & Francis Group, 2008, p. 384.

50）*Ibid.*, p. 29.

51）*Ibid.*, p. 389.

52）*Ibid*, p. 246.

53）*Ibid*, p. 389.

54）*Ibid*, p. 42.

55）2001年９月12日発朝鮮中央通信。

56）2015年１月９日発朝鮮中央通信。

57）The International Civil Aviation Organization（ICAO), <http://www.icao.int/>; United Nations Treaty Collection, <https://treaties.un.org/>; The International Maritime Organization（IMO); <http://www.imo.org/>; United Nations Office on Drug and Crime, <http://www.unodc.org/>（2015年２月15日アクセス).

58）2015年３月５日発朝鮮中央通信。

第12章
トルコ流の戦争方法
——地域安定の主要なアクター——

新井春美

1　はじめに

(1) 本研究の目的および構成

本章では，トルコが「新しい時代の戦争」にいかに対処するかを探っていく。2010年代に生じた紛争や軍事衝突の多くは，既存の体制，すなわち西欧の国益や価値観に基づいた秩序への異議申し立ての面をもち，中東では宗教を根拠とした体制構築を求める勢力が，暴力によってその要求を実行に移そうとしている。2011年に発生した「アラブの春」と言われる中東地域の一連の政変や混乱，特にシリアの内戦，イラク・シリアにおけるイスラーム過激派組織の台頭は，地域の不安定さを増大させており，トルコの安全保障にも影響を及ぼす。中東における紛争や軍事衝突は，組織構成も不明な反政府組織やテロ組織といった非国家主体が中心となっているために，交渉といった方法がとりにくいことも，解決を困難にしている理由の一つである。

トルコの軍事力やNATO（North Atlantic Treaty Organization：北大西洋条約機構）加盟国という事実を考慮すれば，他の国家主体がトルコを武力攻撃することは考えにくい。よってトルコにとって2010年代の戦争とは，国境の南側の地域から生じる混乱や無秩序といった，抽象的な脅威との戦いが中心になると考えられる。

トルコは地政学および戦略的に重要な地点に位置し，成長著しい経済力や地域随一の規模を誇る軍事力をもって，地域安定のカギを握る存在であり続けている。トルコの動向は，中東のみならずヨーロッパや北アフリカ，中央アジアへも影響することから，それを分析することは重要な意味をもつ。

本章では，まず「トルコ型安全保障体制」を分析する。トルコの地理的な条件

図12-1　トルコとその周辺

と地域情勢がいかにトルコの安全保障体制を左右してきたのか，その中でトルコがいかなる選択をしてきたかを確認する。次にトルコ軍の体制，改革について述べる。同時に近年，顕著となっている兵器の国産化の背景と課題について検討したのちに激変する中東情勢の中で，安全保障上いかなる選択肢があるのかを確認し，トルコが新しい脅威といかに戦っていくのかを探る。最後に日本との関係について述べる。

（2）トルコ型安全保障体制への視座

国家の安全保障体制を見る際，その地理的特徴を考慮する必要があるが特にトルコの多様な地理的特徴は，メリットにもデメリットにもなり得ることから重要である[1)]。トルコは三方を黒海，エーゲ海，地中海に囲まれ，黒海と地中海をつなぐボスポラス・ダーダネルス海峡を有する。この地域は古代より東西を結ぶ重要な交易路として発展し，今日のトルコもまたその恩恵を受けている。加えて豊富な天然資源を有する中央アジアや中東とそれらに依存するヨーロッパの中間に位置することから，エネルギーパイプラインのハブとなっている[2)]。近年はヨーロッパとアジアをつないでいる地理的条件を生かして，異なる地域，文化圏をつなぐ「懸け橋」としての存在意義を自認している。さらにトルコ語圏は中央アジアを経て中国の西域までの広大な範囲にわたるので，トルコが宗教，文化的紐帯によって影響力を行使できると考えられている。こうした特徴を最大限に活用しようとするのが，「戦略的縦深性（Stratejik Derinlik）」と言われる戦略であり，トルコと周辺地域との文化，歴史，地理的連携を見直し，関係の改善を図っていこうとするものである。そしてその目的は，トルコが「中心的な国家（Merkezi Ulke)」として地域のみならず，国際社会でも中心的な役割を果たしていこうとすることにある[3)]。

しかしながら，トルコの周囲の諸国家は多様な特徴，政治体制，イデオロギー，目標を持つうえに，国内に民族間・宗派間の対立が生じ，宗派原理主義，分離・独立を主張する勢力を抱え不安定要因となっている[4)]。こうした脆弱性はトルコに緊張感をもたらしている。特に2011年より内戦状態に陥ったシリアとは，「国境を9,000キロメートルにわたって接しており国境の管理は非常に困難」である[5)]。

トルコの歴代政権は，不安定要因を多く抱える近隣諸国の混乱に巻きこまれないように努めてきた。1950年代のバグダッド条約機構の形成や，NATOへの加盟を積極的に推進し，欧米諸国との協調路線をとり国境線の維持と戦略的バランスの維持を安全保障の柱としてきた[6)]。

トルコのヨーロッパ，アジア，アフリカ大陸の結節点としての地理的特徴は，テロ組織や犯罪組織の経由地となるなど，悪用されている面もある[7)]。シリア情勢が悪化して以降は，密入出国が横行し国境付近で武器の売買，石油の密売なども盛んに行われるようになっている[8)]。目を転じれば，かつては悲惨な民族紛争が繰り広げられたバルカンがあり，コーカサスもまた，宗教対立を抱えている。トルコはこれら２つの地域と中東を結んだ三角地帯の中央に位置しており，グローバル・パワーの国益も交差する地域にあるために，いつでも不安定化する危険性をはらむ。

こうした地政学的な条件はこの先も変化せず，トルコは緊張の中にあり続けることになるだろう[9)]。このため国防のためには大規模な軍事力が必要であるが，周囲から発生する脅威に単独で立ち向かったり回避することは不可能であり，信頼しうるパートナーとの協力，巧妙な外交力も必要と言えよう。

2　トルコの安全保障体制

(1) トルコ軍の特徴

トルコ国軍（Türk Silahlı Kuvvetleri：TSK）は，1923年の建国以来トルコを国内外の脅威から守ると同時に国是である世俗主義の守護者として内政に介入し，国内対立を停止させたほか政治の機能不全を回復するのに尽力し，これがトルコ安定の一つの要因ともなってきた。しかし2002年の公正発展党（Adelet ve Kalkınma Partisi：AKP）政権誕生後は，次第に軍の内政への関与と政策決定への参加は制限され，2007年の国防白書では国外からの脅威のみに対する責任を負うこととなった[10]。

トルコ国軍はNATO内で米軍に次ぐ第2位の規模を誇る。すべての男子に兵役の義務があり，基本的には20歳から41歳までのうち15ヵ月となっている。大卒者は将校として12ヵ月，あるいは二等兵として6ヵ月の兵役に就くかを選択できる。トルコ軍の最高司令官は大統領である。戦争の宣言，海外への派兵，外国軍のトルコでの駐留は議会が決定する。国家安全保障会議（Milli Güvenlik Kurulu：MGK）が隔月で招集され大統領，首相，内務大臣，外務大臣，参謀総長らが参加し，安全保障に関する課題について議論，方針を決定する。

陸海空三軍の中で最大の規模を誇るのは陸軍であり，40万2,000人（徴収兵25万8,700人を含む），海軍は4万8,600人（徴収兵力3万4,500人，コーストガード2,200人，海兵隊3,100人を含む），空軍は6万人を擁する[11]。

このほか，国内の重要なインフラ，ダム，高速道路，森林地帯などの警備，災害救助といった任務はジャンダルマ（保安隊）が担当し，15万人（予備役5万人を含む）を擁する。ジャンダルマの任務の範囲は警察の管轄外で，国土面積の92%にのぼる地方を担当している。海上の安全維持を任務とするコーストガードが正規で800人と海軍からの出向が1,050人，徴収兵が1,400人となっている。平時はジャンダルマとコーストガードは内務省の管轄にある。

(2) 同盟国との関係

1952年に加盟して以来，NATOはトルコの防衛・安全保障の支柱となってきた。冷戦期はソ連・共産主義圏（東側陣営）からの脅威を避けると同時に，欧米諸国（西側陣営）から供与される莫大な支援は国内の経済発展，軍の育成を促した。

冷戦体制の終焉を機にNATOは存在意義が問われるようになり，NATOを戦略の中心としていたトルコも方針の見直しを迫られた。ヨーロッパが旧共産主義圏の東欧・中欧諸国をNATOに組み込むことによって「不戦地域」[12)]の拡大を図り，安定と共存への道を進み始めたのとは逆に，中東地域ではイラクによるクウェイト進攻（1990年８月）が発生し，その後湾岸戦争へと展開するなど紛争，戦乱が拡大していった。こうした地域情勢を鑑みれば，トルコが冷戦期と同様にNATOにとどまり近隣地域からの脅威も回避して安全を得ようとするのは当然の帰結である[13)]。ソ連がロシアとなって以降は，トルコのエネルギー供給源として重要であり，両国の関係は大きく改善した。しかしながらロシアは依然，核兵器と膨大な通常兵器を有する大国であり，ウクライナの事例で明らかになったように力による支配を肯定する姿勢が見てとれる。ヨーロッパ諸国にとっては脅威であり，ロシアの監視を意図するNATOの防衛システムの中にトルコを組み込んでおく必要がある。このためトルコはロシアとNATOの間でバランスをとることを迫られる[14)]。

他方，1980年代後半からトルコが展開してきた対PKK（Partiya Karkeran Kurdistan：クルド労働者党）軍事作戦は，クルド人に対する「人権侵害」であるとして欧州諸国からの批判を浴びていたが，トルコにとっては国家の分裂を図る分離主義者との戦いであり，「対テロ作戦」であった[15)]。このトルコの経験は後述するように9.11後の対テロ枠組みにおいて，米国と共有されていくことになる。

さらにNATOの「欧州ミサイル防衛における段階的適合アプローチ（European Phased Adaptive Approach：EPAA)」は，イランのICBM（Intercontinental Ballistic Missile）からすべての加盟国を防護する構想である。４フェーズにわたる同アプローチのフェーズ１において，トルコのキュレジッキ（Kürecik）基地に前方レーダー（X-Band（TPY-2）レーダー）が配備され，トルコは南欧防護の一翼を担うこととなり，あらためてNATOの一員としての地位を確認することになった。

トルコ国内のNATO基地も引き続き，重要な役割を期待されている。トルコ高官はNATOがシリア内戦に介入することとなれば，インジルリク（İncirlik）

基地を解放することになるだろうと語っている[16]。インジルリク基地は，過去にイラク戦争やコソボ介入の際にも利用されている。しかしトルコは可能な限り戦闘に直接加わることを避けようとして，基地使用をめぐり米国とトルコの駆け引きが発生していた経緯がある。

3　地域情勢の変化とトルコの対応

(1) 南からの脅威：シリア，「イスラーム国」

トルコが有する軍事力とNATO加盟国という事実を考慮すれば，トルコに対し軍事的な挑戦をしてくる国家があるとは考えにくく，国家間の戦争が勃発する可能性は高くはない。トルコへの攻撃はNATO全体への攻撃だと受け取られ，大西洋条約第5条が発動され反撃されかねない。その場合の代償は非常に高くつくと言える。

しかしながら，非国家主体はその限りではない。非国家主体は国際社会の法や規範を遵守することがなく，現状の国際秩序の変更を狙っているケースも多い。国民の世論を気にする必要もなく，既存の権益もないために国際社会からの経済制裁といった手段も抑止になるとは限らない。なかでも宗教的な過激派勢力は，世界中から人材を補充し死を恐れない信条によって戦闘行為に至るために，国家にとっては大きな脅威となる。米国，英国，スペイン，フランスといった主要国が，こうした過激な信条をもつ犯人による攻撃を受けてきた。トルコもまたこうした過激派から攻撃を受ければ，国家を守るための戦いに踏み切る可能性は否定できない。

トルコの国防白書には，国家秩序，民主主義と世俗主義，国家の統一性は国家の基本であり，これらに対する国外からの脅威には参謀本部と国防省が責任を負うことがうたわれている[17]。トルコからのクルド人の独立を主張し武装闘争を展開してきたPKKは，一般市民を巻き込んだテロを多発させてきた。このため政府はPPKを，国家を分離させる非合法な「テロ組織」であり，国家にとっての脅威であると認定し，PKKに対する大規模な軍事作戦を長期にわたって展開してきた。すなわち，今後も暴力によって国家の秩序が乱されたり国境線の変更を迫られる事態に直面するとなれば，トルコは脅威と捉え軍事的手段によってそれを阻止・排除する行動に出る可能性がある。

しかしこれまでトルコ政府は「イスラーム国」に対しても抑制的な姿勢を示してきた。イラク北部の都市モスルでトルコ領事館が襲撃され，総領事や子ども３人を含む49人が拉致された（2014年７月)。当時，人質の安否を気遣って，米国を中心とする有志軍による軍事作戦への協力を拒否していたとされてきたが，解放後も有志連合の空爆には参加しなかった。

イラク国軍が「イスラーム国」の前に退却したのち,「イスラーム国」と戦闘を継続している中心勢力は，イラクのクルド系民兵組織ペシュメルガやシリアのクルド系組織 PYD であり，クルド人だけが「イスラーム国」に対峙できるといった声も上がる[18)]。しかし他の西側主要国と異なりトルコ政府は「イスラーム国」と戦うクルド系民兵組織への支援にも及び腰であり，国内のクルド系住民は政府の姿勢を不満とし，反政府デモや暴動に訴え，軍が鎮圧に向かう事態となった（2014年10月)。今後ペシュメルガやそれと関係の深いクルド人が今後の中東地域安定のカギを握ることは十分あり得る。これに対しトルコ政府はペシュメルガや PYD と関係を持つ PKK の存在感が増して，トルコ国内に影響が及ぶことを懸念している。国境付近の都市コバニが「イスラーム国」の攻撃を受け，米国を中心とした有志軍が空爆を実施した際もトルコは「座視」を決め込んでいたが，この理由もコバニの住民の多くがクルド系のためだとされている[19)]。対「イスラーム国」作戦に全面的な協力を控えているトルコの姿勢は，欧米諸国のいらだちを招き,「トルコはもはや信頼できる同盟国ではない」と批判された[20)]。トルコ政府は「イスラーム国」の残虐行為が広く知れ渡るにつれ，国際世論も考慮して次第に協力する姿勢へ転じ,「イスラーム国」からの攻撃を受けるコバニ救援に向かうペシュメルガの領内通過を容認するなど，側面的な協力姿勢を示すようになった。しかしエルドアン大統領は，国際社会が「イスラーム国」と戦うのであれば，同様にテロ組織である PKK とも戦うべきであると主張するとともに，飛行禁止区域の設定やトルコ・シリア国境付近に安全地帯の設定が不可欠であるという条件を提示し，こうした条件が認められなければ有志連合への軍事協力を控えるとも発言している[21)]。

一方で，2014年10月にはトルコ軍がトルコ南東部のハッカリ（Hakkâri）にある PKK の基地を爆撃した。これはトルコ軍の施設が３日間にわたり PKK の攻撃を受けたためであり，トルコ軍は危害を加えられれば軍事的な手段によってこれを排除し阻止するという原則を崩してはいないと言えよう。

（2）軍事力行使の回避・抑制

隣国シリアが内戦状態に陥って以降，トルコ政府のシリアへの関与は反体制派組織を支援してアサド政権打倒を目指す方針が取られており，直接の軍事介入は避けている。ただし，シリア領内から発射された砲弾が国境付近のトルコの町アクチャカレに着弾し住民5人が犠牲になったときには，シリア領内に砲弾を撃ち込みシリア兵12人が死亡，数台の戦車を破壊するという「報復」に出ている。また，トルコ軍は国境付近のシリア北西部ラタキア周辺で反体制派に空爆を加えていたシリア軍の戦闘爆撃機1機を撃墜し，同機はシリア領内に墜落した。エルドアン首相（当時）は「我々の領空を侵犯すれば，厳しく対応する」と強気の態度を示し，自衛のためであったことを主張している。

シリア軍とトルコ軍の間で戦闘が行われるとすれば，装備が充実したトルコ軍に有利だとされるが，トルコ軍の脆弱性も指摘するならばまず，市街戦の訓練が不足している点であり，このためトルコ軍は国境付近での戦闘に限定することと考えられる。次に近年，実戦の経験が少ない点である。トルコ軍が最後に通常戦を行ったのは1974年のキプロス島であり，加えて化学，生物，放射能，核兵器（CBRN）戦への準備が不十分という点である。またシリアが保有するロシア製弾道ミサイルに対してはミサイル防衛システムが必要であり，トルコはNATOからの協力が不可欠とされる[22)]。

実際に前出のアクチャカレの事件のあと，トルコ政府はNATOに協力を要請した。ラスムセンNATO事務総長（当時）は，NATOはトルコ防衛のために必要な手段を投じることに躊躇しないとしてトルコの要請に応じた[23)]。2013年1月下旬よりミサイル迎撃用パトリオット・システムがドイツ，オランダ，米国からそれぞれ2基ずつ供与され，稼働を始めた。NATOの力を借りなければ安全保障の危機に対処できないというトルコの能力の限界も示したと言えよう[24)]。

「イスラーム国」とは，「スレイマン・シャー霊廟」への攻撃が戦闘のきっかけとなりうると指摘されてきた。この霊廟は，オスマン朝の開祖の父祖にあたる人物の霊廟であり，シリア領内にあるトルコの飛び地にあった。この飛び地は国際条約によりトルコ領として認められトルコ軍兵士によって警護されていたが，「イスラーム国」の支配地域と近接しており，ここが攻撃を受ければトルコ本国が攻撃を受けたことと同義になる。トルコが反撃すれば「イスラーム国」との戦闘に突入すると危惧されてきた。トルコ政府は2015年2月，シリア政府への通告なしに密かに霊廟をトルコ領内に移動させるとともに警護の兵士もすべて引き揚げさせ，軍事衝突の危険性を可能な限り回避した[25)]。

(3) 軍事改革の進展

① 軍の内部改革とインテリジェンスへのシフト

AKP政権が積極的な外交を展開するという目標を掲げたことに加え，「アラブの春」という近隣諸国での民主化要求デモ，反政府暴動，政権交代，シリア内戦，シリア・イラクにおけるイスラーム過激勢力の伸張といった安全保障に関する課題が増加したことにより，新たな兵器調達，運営方法，システムを構築し，特殊作戦の能力向上の必要性が増すようになった。

オゼル参謀総長（当時）は，近年多発するテロリズムやサイバー攻撃といった新しい形態に対し，もはや冷戦期の古い戦略は無効であり，新たなスキルが必要であると述べている[26)]。同様に，ギュル大統領（当時）は，トルコは新しい三つの脅威，すなわち国境を越えたテロ，組織犯罪，民族間対立といった非対象脅威に直面しているとしたうえで，新しい軍事政策の概要を以下のように明らかにしている。それは，(1)新たな脅威と必要性に応じた3軍の協同作戦能力を向上させる，(2)命令系統の統合とリソースの共有を図る，(3)支援部隊を削減して戦闘部隊の割合を増加させる，(4)軍事力の効率性に貢献しない支出を削減する，(5)兵器や装備品を量から質へと移行させ，国内経済と防衛産業を成長させるといった点である。

軍の近代化やテクノロジーへの依拠の増加は，高度な訓練や専門的な能力を身に付けた人員を必要とする[27)]。このためトルコ各軍においては，採用制度の見直し，訓練・教育活動の拡充，能力・スキル活用のための異動を柔軟にするなどの人事制度の改革が行われている。また，国際貢献も不可欠であるとして国連，EU，NATOなどが遂行した平和活動への積極的な参加，外国のカウンターパートとの協力・交流促進を進めている[28)]。

トルコ政府は，「国家情報サービスと国家情報機関に関する修正法」を通過させた。これは情報将校が国外で特殊作戦を指揮することが免責される，情報機関が裁判所に対しその必要性を明らかにすることなく，国外のインテリジェンス，国防，テロ，国際犯罪，サイバーセキュリティに関したデータを収集するができる，機関の長官あるいは副長官の許可書があれば，国際電話等の通話を盗聴できるという内容を含む。こうした方針は，安全保障の重点が軍事からインテリジェンスへとシフトしていることを意味している[29]。

② 兵器国産化の進展と「質」への政策転換

“Güvenlik,Savunma ve Savunma Sanayii 2023 Kongresi”（「安全，防衛と防衛産業会議2023」）のレポートによれば，2012～16年の五ヵ年戦略計画において2016年までにトルコの防衛産業を世界の上位10ヵ国に入れることが目標とされており，AKP政権は兵器の国産化を促進してきた[30]。

兵器調達機関（Savunma Sanayii Müsteşarlık：SSM）の高官は，トルコはより強力な火力と高度な電子技術分野の生産，購入に焦点を絞るべきであり，兵器の数量よりもハイレベルな技術開発による質の向上を重視すべきである。また空，海，陸の全軍で容易に統合ができるような「スマートシステム」の促進を優先させるべきだとして，国産兵器のさらなる増産と性能の向上を目指すことを明らかにした[31]。

トルコの防衛費は，最近の十年の平均が1千万ドルでありGNPの1.25％を占めるが，首相筋は防衛費をGNPの2～2.5％に上昇させればNATOの要求している防衛費増額の要請にも応じられると述べた。また年間40億ドルを新しい兵器システムの開発に費やしてきたが，これを2018年には倍額にしようというのが政府の方針である[32]。さらに調達先の多様化も図っており，2012年には長距離空およびミサイル防衛システム（Long- Range Air and Missile Defence System：LORAMIDS）の調達先として，NATO諸国以外にロシアや中国も視野に入れていることを明らかにし，NATOの懸念を呼ぶことになった[33]。

しかしながら，こうしたトルコの姿勢はNATOからの離脱を示すものではない。欧米諸国からの輸入に依存している限り，そうした国がトルコ国内の人権状況やトルコと近隣諸国との関係性といった政治的理由によって，輸入を遅延させたり停止したりするという可能性をはらむ。国防への影響も懸念して，少数の国々に依存する傾向を減少させようとしているためである[34]。

またNATO各国は経済危機により防衛費支出を縮小しており，将来的には加盟国の人口減少によるNATO軍兵力の減少も予測される。加えて技術の発達により，個人や少人数の組織が兵器を利用することが可能になった。これは軍事的脅威の増加を意味する。エルドアン首相（当時）は，トルコは多角的な通常兵器の出現や非対象脅威に直面しているとの危機感を示している。首相の関係筋は地理的，戦略的条件から見るとトルコは2億ドルの防衛費が必要だと明かしている[35)]。国産化を促進する背景はこうしたトルコならではの理由があると言えよう。

しかしながらトルコ紙の報道によれば，多額の資金を投入したにもかかわらず兵器の国産化は遅れているうえに[36)]，NATO非加盟国からの兵器購入計画に対するNATOの批判も強く[37)]，当面はNATO加盟国が主たる調達元であり続けるとみられる。

（4）非軍事面での尽力

これまで述べてきたとおり，中東地域におけるイスラーム過激派組織の伸張に伴う紛争の激化や地域秩序の崩壊，それに対するトルコと欧米諸国間の立場や方針の相違により，トルコの安全保障環境は厳しさを増す一方である。トルコはこうした状況変化に応じて兵器装備を充実させるとともに，情報機関の活用を図っている。テロ予防の国際的な取り組みを促進することもその一つである。

グローバル・カウンター・テロリズムフォーラム（Global Counter Terrorism Forum：GCTF）は，テロへの脆弱性を低下させること，テロの予防，テロとの戦い，テロ組織への人員の補充を防ぐことを目的として，2011年9月に米国とトルコを共同議長として設立された国際的な枠組みである。GCTFの使命の中核は，国連や他の関連する多国間の機関と緊密な協力関係を維持することによって「国連グローバル·テロ対策戦略」の実施を支援することである。このフォーラムが設置される以前の既存の国際機関は，テロの新しい脅威に対する有効性が限定的であり，国連やNATOといった機関でもメンバー間の多様な立場によって合意の形成が困難であり，なんら成果を上げることがなかった。

GCTFの参加国はヨーロッパ，中東諸国をはじめとする29ヵ国およびEU，このほか国連，アフリカ連合，APEC（アジア太平洋経済協力会議），ASEAN（東南アジア諸国連合），欧州評議会など計12の組織がパートナーとして名を連ねている。GCTFは各国の政策決定者，専門家，関係者・機関が集い非軍事的アプローチを形成するプラットフォームとして専門知識，戦略，および能力開発プログラムを共有し，法の支配，国境管理，および暴力的な過激主義に対抗するための民間の能力構築を重視している[38)]。

トルコが「テロとの戦い」を進めてきた米国とともに議長を務めている理由は，

1970年代はアルメニアのテロ組織ASALA，1980年代はPKKからの攻撃を受け，長期にわたり国内外において国際的な支援もないままテロとの戦いを強いられてきたために膨大な知識と経験が蓄積されてきた。すなわち9.11後に世界中で議題になったテロ問題は，トルコではすでに長期にわたる課題となっていたのである。よってトルコが蓄積した知識や経験を活用し，こうした国際的な枠組みにおいて主導権を発揮することは可能なのである。第5回閣僚全体会議（2014年9月）では，外国人テロ戦闘員の取り締まりについて決定した。トルコは「イスラーム国」に参加するためにシリアに入国しようとする外国人戦闘員の通り道となっていたが，そうした戦闘員予備軍を出身国において捜査しトルコへの入国を阻止することは困難であった。しかしこの決定により，外交的なイニシアティブが確立されおよそ千人の外国人のトルコ入国を阻止することに成功している[39)]。

4　結びにかえて――日本との関係

トルコは世界でも有数の親日国である。両国友好の起源は1890年に和歌山県串本沖でオスマン帝国の軍艦エルトゥールル号が難破した際に，地元住民が献身的な救助を行ったことに始まる。義捐金とともに生存者をオスマン帝国に連れて帰った日本側一行は，熱烈な歓迎を受けたという。この出来事は今日でもトルコの教科書に掲載されており，多くのトルコ人が日本に好感をもつきっかけとなっている。また，イラン・イラク戦争時（1980～88年）には，トルコ航空機がテヘランに取り残された邦人救出に向かうなど，日本に対し非常に友好的で協力的である。最近では，円借款によってボスポラス海峡の海底を走る鉄道が建設されるなど，巨大プロジェクトも両国のチームワークによって成し遂げられている。また，自動車メーカーや電機機器メーカーなどを中心に，中東やアフリカへの玄関口としてあるいは将来の有望な市場としてのトルコに，日本企業の進出も盛んである。「イスラーム国」による日本人ジャーナリストらの拉致事件に際しては，トルコから日本に対し情報が提供されたことが明らかにされている[40)]。

トルコと日本はユーラシア大陸の両端に位置し距離的には遠く，モノ，ヒトの交流は発展段階である。しかしながら両国には多くの共通点があり，今後もさらなる交流と協力しあえる分野があることをここに示したい。まず，両国とも政治的・経済的に不安定な国々に囲まれているという点である。上述してきたとおり，トルコの隣国シリア，イラクは言うに及ばず黒海対岸のウクライナや，エジプト，パレスチナ等不安定な国々や地域に囲まれる中で「中東の安定した孤島」[41]の様相を呈している。一方日本も，「独裁国家」や軍事費を急激に増大している国家に囲まれている中で安定を維持している。日本とトルコが類似した環境を理解しあい，ともに知恵を出し合ってより安定し平和的な国際環境を創出するための行動をとることが期待される。

次に日ト両国が，文化的には the West（西欧）には含まれないが，西欧的なシステム，基準，価値観を取り入れてきたという点である。トルコは1923年の建国以来，西欧化を進め現在もなおEU加盟を目標として掲げているが，国民の圧倒的多数がムスリムであることから，ヨーロッパの一員でもありイスラームの一員でもあるという多層的なアイデンティティを有していると言える。一方，日本もトルコと同様に明治以降の近代化とは西欧化と同義であった。地理的にはアジア，政治的，経済的には西側先進国の一員としての立場を有するという多層的なアイデンティティを有する。こうしたアイデンティティをもつことは，異なる文化，価値観，他者を受容する下地となりうる。トルコは「文明の同盟（The United Nations Alliance of Civilizations：UNAOC）」[42]を進めてきたが，日本もさらに積極的に貢献することが可能だと思われる。

（2015年3月9日脱稿）

注

1）Hüseyin Bağcı ,Aslahan Anlar Doğanlar, *Changing geopolitics and Turkish Foreign Policy*, Universitaatis Mariae Curie-Sklodowska, 2009, Vol. 16, No. 2, p. 99.

2）Abdullah Yuvacı and Salih Doğan, “Geopolitics, Geoculture and Turkish Foreign Policy”, *Geopolitics*, 2012. December.

3）Strategik Derinlik は元大学教授で首相の外交顧問も務めていたアフメト・ダウトオール Ahmet Davutoğlu（2010年から外務大臣，2014年に首相に就任）が提唱した外交政策。ダウトオールの主な著書として *Stratejik Derinlik Türkiye'nin Uluslararası Konumu*,（İstanbul: Küre Yayınları, 2001）.“Turkey's Foreign Policy Vision: An Assessment of 2007”, *Insight Turkey*, Vol. 10, No. 1, 2008などがある。

4）Oya Akgönenç, “The use of soft and hard power in Turkey's foreign policy” *Turkish Review*, 19 March 2012.

5）*Hürriyet Daily News*（2014年9月16日）

6）Şenem Udum,"Missile Proliferation in the Middle East: Turkey and Missile Defense" *Turkish Studies*, Vol. 4, No. 3（Autumn 2003）, pp. 73-74.

7） Bağcı, Doğanlar, *op. cit.*
8） 読売新聞（2014年10月7日）。
9） Defence White Paper 2000, Part 4.（Milli Savunma Bakanligi, 2000）
10） *Ibid.*
11） *Military Balance2014*（International Institute for Strategic Studies, 2014）pp. 146-149. Central Intelligence Agency ホームページ <https://www.cia.gov/library/publications/the-world-factbook/geos/tu.html>, *Defense News* 電子版（2014年5月19日）
12） 佐瀬昌盛『NATO――21世紀からの世界戦略』（文芸春秋，1999年），129頁。
13） *Zaman* 電子版（2012年8月29日）
14） Atilla Sandikli, *Turkey's Strategy in the Changing World*,（Istanbul: Bilgesam, 2009）. p. 15.
15） Hüseyin Bağcı, Saban Kardas, "Post-September 11 Impact: The Strategic Importance of Turkey Revisited"　<http://www.eusec.org/bagci.htm>
16） *Hürriyet Daily News* 電子版（2013年8月27日）
17） Defense White Paper 2000.
18） http://rudaw.net/english/middleeast/iraq/110620142
19） ニューズウィーク日本版（2014年10月21日号）
20） Jonathan Schanzer, "Time to kick Turkey Out of NATO?" <http://www.politico.com/p/magazine/tag/washington-and-the-world>（2014年10月9日）
21） *Hürriyet Daily News* 電子版（2014年9月25日）
22） Soner Çağaty and Coşkun Ünal, "The Turkey-Syria military balance", *Jane's*（May 2012）.
23） *Hürriyet Daily News*（2014年6月30日）
24） 新井春美「パトリオット配備」『海外事情』（2013年12月号）
25） Anadol Ajansı 電子版（2015年2月23日）
26） http//:www.worldbulletin.net/haber/137767/turkeys-army-chief-warns-of-social-media-thereat
27） *Stratfor* 電子版（2013年11月18日）
28） トルコ軍ホームページ <http://www.tsk.tr>, The Military Balance 2014.
29） http://www.defensenews.com/apps/pbcs.dll/article?AID=2014305190028
30） *The Military Balance 2013,* p. 104. Güvenlik,Savunma ve Savunma Sanayii 2023 Kongresi.　<http://www.tasam.org/tr-TR/Icerik/4937/guvenlik_savunma_ve_savunma_sanayii_2023_kongresi_stratejik_rapor_ozet>
31） *DefenseNews* 電子版（2014年6月14日）
32） *Hürriyet Daily News* 電子版（2014年7月8日）
33） The Military Balance 2013. p. 100.
34） *Ibid.*, p. 104.
35） *Hürriyet Daily News* 電子版（2014年7月8日）
36） *Defense News* 電子版（2014年7月26日），*Hürriyet Daily News* 電子版（2014年7月16日）

37）*Hürriyet Daily News* 電子版（2013年10月15日）

38）GCTF の参加国はアルファベット順に，アルジェリア，オーストラリア，カナダ，中国，コロンビア，デンマーク，エジプト，EU，フランス，ドイツ，インド，インドネシア，イタリア，日本，ヨルダン，モロッコ，オランダ，ニュージーランド，ナイジェリア，パキスタン，カタール，ロシア，サウジ・アラビア，南アフリカ，スペイン，スイス，トルコ，アラブ首長国連邦，英国，米国。パートナーは他に，The Economic Community of West African States（ECOWACS），Hedayah, Interpol, The International Civil Aviation Organization（ICAO），OSCE, The Organization of American States（OAS）

39）http://www.orsam.org.tr/en/showArticle.aspx?ID=2706
ASALA（Armenian Secret Army for the Liberation of Armenia：アルメニア解放秘密軍）はオスマン帝国末期にアルメニア人が虐殺されたと主張し，その報復としてトルコ共和国の外交官ら40名以上を殺害した組織。

40）産経新聞（2015年２月６日）

41）*Anadol Ajansı* 電子版（2015年１月25日）

42）スペインが提案し，トルコが共同提案者の一人となり，過激派によってもたらされるイスラーム社会と西欧諸国との分裂を阻止しようとするイニシアティブ。宗教的信条と伝統に対する相互尊重を推進し，あらゆる分野での相互依存を再確認する。それは分裂をなくし，世界平和を脅かす偏見，誤認，誤解，両極性を克服しようとするものである。2005年７月国連総会で発表された（国連広報センター　ホームページ）。<http://www.unic.or.jp/activities/economic_social_development/social_development/science_culture_communication/alliance_civilizations/>

第13章
湾岸諸国による新たな積極行動主義
——体制転換の脅威と対テロ政策の拡大——

村上拓哉

1 はじめに

2011年に発生したいわゆる「アラブの春」は，ペルシャ湾岸地域のアラブ諸国[1]にも波及し，各国の政府にとって体制転換の脅威を呼び起こさせる事象であった。しかし，同盟国として恃んでいた米国は静観する構えを示し，湾岸諸国は安全保障上の危機に直面することになる。そのなかで，湾岸諸国は，湾岸協力理事会（Gulf Cooperation Council：GCC）[2]の合同軍，「半島の盾」軍を大規模な市民暴動が発生していたバハレーンに派遣することを決定した。これは「半島の盾」軍にとって，創設以来初めてとなる単独の軍事作戦であった。また，湾岸諸国は，「アラブの春」の混乱に乗じてアラビア半島の外での軍事活動を活発化させた。リビアのカッザーフィー政権を打倒するため湾岸諸国はアラブ諸国内での議論を誘導し，その後のNATOによるリビア空爆にもUAEとカタルが参加した。「イスラーム国」[3]がイラク・シリアで勢力を拡大すると，サウジ，UAE，バハレーン，カタルの4ヵ国は米国とともにシリア空爆を実行した。そして，反体制派が伸長するイエメンでは，ハーディー政権の要請を受けて湾岸諸国主導による空爆が遂行されている。

バハレーンへの合同軍派遣，リビア・シリア空爆への参加，イエメンへの空爆の主導といった積極行動主義とも呼びうる湾岸諸国のこれらの軍事行動は，これまでの湾岸諸国の安全保障政策とは異なる特徴を有しているとともに，従来の湾岸地域における安全保障体制の枠組みからも外れたものとなっている。本章では，湾岸諸国の脅威認識を分析することを通じて，2011年以降の湾岸諸国の安全保障政策がいかにして形成されたか，そしてどのような特徴を有しているか明らかにすることを目指す。まず，君主制国家である湾岸諸国の脅威認識について確認した後，これまで湾岸地域において機能してきた2つの安全保障制度——米国との同盟とGCC——の役割を評価する。そして，「アラブの春」の発生，「イスラーム国」の出現という新たな脅威が湾岸諸国にとってどのような脅威であったかを分析し，GCC合同軍のバハレーン派遣や米国とのシリア空爆が湾岸諸国の安全保障政策においてどのような位置を占めているのかを指摘する。

2　湾岸諸国の脅威認識と安全保障体制

（1）湾岸諸国にとっての脅威とは

湾岸諸国は，かつてはサウジアラビアを除いて英国の保護下にあり，その安全保障も英国に依存していた。1967年に英国のスエズ以東撤退が決定されると，湾岸の首長国は相次いで独立を余儀なくされ，ペルシャ湾全体には大きな力の真空が生じたと見なされた。その後40年の間に，湾岸地域は，イラン・イラク戦争，湾岸戦争，イラク戦争と，3つの大きな戦争を経験することになる。グレゴリー・ゴース（Gregory Gause III）は，バリー・ブザン（Barry Buzan）の地域安全保障複合体（Regional Security Complex）の概念[4]を用いて，イラン，イラク，そして湾岸諸国の三者による力の配分を湾岸地域の安全保障構造の基本と見なした[5]。また，ゴースは米国を湾岸地域において主要な役割を果たしている主体だとした上で，湾岸諸国は米国を湾岸地域に引き込み，これと協調することによってイラン，イラクとのバランスを保っているとした。

しかし，イラン，イラクという隣国の存在もさることながら，君主制国家である湾岸諸国の指導層にとっては，体制の安定性確保も等しく重要な安全保障上の課題であり続けてきた。スティーブン・デイヴィッド（Steven David）が指摘したように，第三世界の国々は先進諸国と異なり国家の基盤が確立しておらず，指導者の交代についても民主的な手続きが整備されているわけではない。そこでは，国家の指導者の目的は「生き残り（survival）」となり，指導者にとっての最大の脅威は国外ではなく国内にあるとされる。デイヴィッドは，国家は最大の脅威に対してバランシングをするとし，国内脅威が最大の脅威である第三世界の国々は，国内脅威に対してバランシングするため国際的な連携をするとした[6]。このような想定は湾岸諸国にも十分に適用できよう。君主制国家である湾岸諸国にとっては，伝統的な安全保障観が想定する敵対国家だけでなく国内の反体制派も「体制」に対する脅威となっている。60年代から70年代前半にはナセル主義者・共産主義者による革命の動き，1979年のイラン・イスラーム革命の影響を受けた国内シーア派の蜂起，90年代以降もアル・カーイダをはじめとするイスラーム主義勢力によるテロ活動と，湾岸諸国は常に国内から挑戦を受けてきた。

（2）湾岸諸国による安全保障体制

①　国内脅威への対処：GCC の発足

湾岸諸国にとって国内脅威に対処する枠組みは GCC である。この地域機構は，イラン・イスラーム革命の波及やイラン・イラク戦争への巻き込まれを懸念した湾岸諸国の６ヵ国によって1981年に設立された。アラビア半島の君主制国家同士による一種の同盟関係の形成が目指されたのである。

しかし，設立時に制定された GCC 憲章には安全保障協力に関する言及が全く存在しない。これは，設立当時にオマーンとクウェイトとの間で新たに設立する機構の役割をめぐって議論が激しく対立したことによる[7)]。60年代後半から70年代前半に共産主義勢力との内戦を経験したオマーンは，79年のソ連のアフガン侵攻を共産主義勢力による南進と捉え，これに対処するべく，GCC 合同軍の設立など GCC の軍事的性格を前面に出すことを主張した。他方，クウェイトは，当時湾岸諸国で唯一ソ連と国交を有しており，GCC が反共産主義連合と見なされることを警戒した。また，イラク，イランと隣接するクウェイトは，両国を排除した同盟を形成することで両国を刺激することを恐れ，GCC に軍事的な機能を付与することに強く反対した。その結果，オマーンとクウェイトの折衷案を提案したサウジ案が採用されることになり，GCC はあくまで国内治安を改善するための協力を推進する機構となった。

80年代に入ると，バハレーンやクウェイト，サウジ東部でシーア派による暴動やテロが起き，湾岸諸国の治安情勢は不安定化した。特に，1981年にイランの支援を受けていたバハレーン解放イスラーム戦線（IFLB）によるクーデター未遂が起きたことは，湾岸諸国の指導層に大きな衝撃を与える。この事件をきっかけに，各国は体制転換を防ぐため GCC を通じた安全保障協力を強化していく。1982年２月には第１回目の GCC 内務相会合が開催され，安全保障協力の原則と目的の枠組み合意を締結した。GCC の安全保障機能を分析したマッテオ・レグレンツィ（Matteo Legrenzi）は，GCC は外部脅威に対しては象徴的な協力の形式を抜け出すことができなかったものの，内部脅威の分野での安全保障協力は実質的なものとして発展してきたと評価している[8]。こうして，GCC は主に，加盟国である湾岸諸国の統治体制を強化するための協調的安全保障の制度として機能することとなった。

② 国外脅威への対処：米国との同盟

GCC は，1985年に GCC 合同軍を創設するなど，外敵に対する集団防衛の分野でも少しずつ発展していったが，実質的な協力関係の構築には程遠かった。英国撤退後に宣言された「カーター・ドクトリン」など，米国が湾岸の安全保障に関与していく方針が示されたが，米軍はあくまで「水平線上の向こう（over the horizon)」に位置する存在であり，湾岸諸国は防衛力に不安を抱えている状態だった。

それが露呈したのが，湾岸危機である。1990年８月２日にイラク軍のクウェイト侵攻が開始されると，２日も経たないうちにクウェイト全土が制圧され，８日にはイラクによるクウェイト併合宣言が出された。加盟国の一つが侵略を受けて国家消滅の危機に瀕するという緊急事態において，GCC は有効な対処方針を示すこともできず，クウェイト解放には米軍を中心とする多国籍軍に頼るしかなかった。これには，２つの理由が指摘できる。第一に，先に述べたように，湾岸諸国は国外の脅威に関して必ずしも認識を共有できておらず，効果的な軍事統合を進めることができていなかった。たとえば，オマーンにとってイラクは1,000km 以上離れた「遠い」国であり，イラクから軍事的侵攻を受ける可能性について考慮する必要は全くなかった[9]。第二に，当時の湾岸諸国の軍事力を全て結集したとしても，イラク軍の侵攻を止めることができないほど両者の軍事力の差は開いていた。イラン・イラク戦争のために肥大した近代的なイラク陸軍の兵員は95.5万人を数える勢力であったのに対し，湾岸諸国は６ヵ国合わせても17.9万人に過ぎなかったのである[10]。

折しも，1989年にはイランで「革命の輸出」を唱えていたホメイニー最高指導者が逝去し，ハーメネイー最高自動車とラフサンジャーニー大統領による新体制が発足，周辺国において体制転換を目指すというイランの外交路線が変化していた[11]。さらに，湾岸危機を通じてイラクと敵対することになった湾岸諸国とイラクの仇敵であるイランとの関係は，「敵の敵は味方」であるとして改善が進むことになり，1991年3月，サウジアラビアとイランはオマーンの仲介により国交を回復している[12)]。このような国際環境の変化により，湾岸諸国における国内からの挑戦の脅威度は減退，対照的に外部からの脅威が強く意識されるようになった。

このことから，湾岸戦争後は，国外脅威に対処するための安全保障体制が模索された。湾岸諸国とエジプト，シリアによる「ダマスカス宣言」[13)]やGCC統合軍の創設[14)]が持ち上がったものの，いずれも実現には至らず，米国と湾岸各国との二国間同盟関係（ハブ・アンド・スポークス体制）が形成されることになった。これは，クウェイト解放にあたり，50万人を超える米軍が湾岸諸国に駐留したことが契機となり，米軍の駐留継続と湾岸諸国との協力を制度化したものである。1991年10月にクウェイトとバハレーン，1992年6月にカタル，1994年7月にはUAEが，米国とそれぞれ二国間安全保障協定[15)]を新たに締結した。オマーンは1980年に基地アクセス協定を米国と締結済みであった。また，サウジアラビアは米国と公式な協定を結ばなかったが，イラク南部の飛行禁止空域の監視のため，5,000人規模の米軍の駐留を受け入れるなど，両国の軍事協力は大きく進展した[16)]。米軍が国内に駐留を開始したことにより，湾岸各国の防衛体制も米軍の存在を前提にして構築されることになる。また，米国からの武器の調達も大幅に増加し，急速な勢いで軍の近代化が進められていった。

しかし，米国はかつての英国とは異なり，湾岸諸国の「保護者」ではなかった。すなわち，国内から起こる脅威に対処する義務を米国は有してはいなかった。むしろ，米軍の駐留は，90年代後半から00年代にかけて宗教右派による体制批判と，アル・カーイダのようなイスラーム過激派によるテロ攻撃を招き，新たな内部脅威の高まりを促進した。その結果，2003年に米軍はサウジの基地から撤退し，一部の機能をカタルなど他の湾岸諸国に移すことになっている。このように米国との同盟の役割は，主に外部脅威に対処するためのものであり，テロなどの内部脅威に対してはGCCを通じて治安協力を進めていくという体制が80～90年代に築かれたのである。

3　「アラブの春」とGCC合同軍の派遣

（1）新たな「複合的脅威」の発生

2011年2月14日，「アラブの春」の影響を受け，バハレーンの首都マナーマに約6000人の市民が集まり，政府に対する政治・経済改革を求める抗議活動が行われた。抗議活動への参加者は増加を続け，２月22日には，15万人に達した[17]。参加者の多くはシーア派市民だったが，運動の性格は宗派的なものというより，政治的なものであった。シーア派の有力政治団体であるウィファークは，選挙によって選出された政府，立憲君主制の実現を要求したが，強硬派は国王の退位を求めた[18]。

バハレーン政府，そしてサウジをはじめとする湾岸諸国の政府は，抗議活動はイランによる介入の結果だと主張した。バハレーン独立調査委員会（Bahrain Independent Commission of Inquiry：BICI）[19]は治安上の理由によって当局から確たる証拠は得られなかったためイランの介入疑惑については調査できなかったとしているが[20]，政府側がバハレーンでの騒動をイランによる体制転換の脅威と認識していたことは疑いない。バハレーン政府は，反体制運動を支援した疑いでイランの外交官にペルソナ・ノン・グラータを発出している。４月３日のGCC臨時外相会合でも，バハレーンとクウェイトへのイランの介入が議題となり，共同声明においてイランによる内政干渉を非難した。

しかしながら，イランという外部脅威に対応するはずの米国は，バハレーン問題に対して中立的な立場を維持しようとした。ヒラリー・クリントン米国務長官は，バハレーンでの抗議活動に対する政府の対応で死者が出たことに対して「深い懸念」を表明するとともに，「平和的な抗議者に対して過度の力を行使」しないよう政府に要求した[21]。４月30日にオバマ米大統領がバハレーンのハマド国王に架電した際は，バハレーンは米国にとって「長年にわたるパートナー」であるとしたものの，同時に，「バハレーン国民の普遍的な権利を尊重」するよう要求もした[22]。湾岸諸国がバハレーンでの騒乱を国外からの干渉の結果発生した脅威だと見なしたのに対し，米国はこれを国内からの改革運動だと見なしたのである。

イランの介入の有無が判然とせず，外部性と内部性の二側面を有する「アラブの春」という複合的な脅威に対して，既存の安全保障体制は有効な対応に欠いた。国内脅威に対処するGCCは，各国の内務省や警察による治安面での協力によって危機の発生を抑える事前的な制度であり，軍隊の出動を必要とするような有事の事態に対処する制度ではなかった。また，国外脅威に対処する米国・湾岸諸国同盟は，非対称戦争も含めて敵国による軍事行為に対処するための制度ではあったものの，精神的・資金的支援をある国家から受けていたとしても，民衆が主体となっているような抗議活動に対処するための枠組みではなかった。

（2）GCC合同軍の派遣とその意義

3月14日，バハレーン政府の要請を受けたGCCは，サウジ軍1,000名，UAE警察500名，クウェイト海軍の船2隻から構成される合同軍をバハレーンに展開した。合同軍がバハレーン市民を直接取り締まっているという証言も複数出ていたが，公式には合同軍の任務は「外国の武力介入に直面するバハレーン国軍の支援準備と主に中部および南部の重要施設の防護と警備に制限されていた」[23]ことになっている。バハレーン政府もGCC合同軍によるバハレーン市民の弾圧を否定し，そもそもGCC合同軍は市民と対峙するような作戦には参加していなかったとした[24]。

もっとも，バハレーンに展開された合同軍は，治安維持任務を果たすには規模がかなり小さいと言える。バハレーン陸軍は約6000人の兵員で構成されているが，抗議者を武力で制圧するならばGCC合同軍を呼ばなくとも，重武装した自国兵だけで十分である。逆に，純粋な警備任務であれば，10万人を超える抗議者への対処としては1500人の増員は大勢にほとんど影響を与えない規模である。また，クウェイトの軍艦も反体制派へのイランからの武器密輸を防ぐための沿岸監視が任務であったが，順次交代して監視するとなると，2隻というのは明らかに不十分であろう。

しかし，展開された軍の規模が小さくとも，情勢に与えた影響は大きかった。GCC合同軍の派遣は，GCC初となる単独の軍事作戦であり，外国の介入に対して湾岸諸国は団結し，体制転換を許さないという政治的意思を内外に示すことが目的であった。オマーンとカタルは合同軍には参加しなかったものの[25]，両国政府はバハレーンへの団結をそれぞれ声明で発出している。何より，実質的な陸上部隊としてはサウジ軍しか参加していないこの部隊がGCC合同軍の名でバハレーンに介入したことが，湾岸諸国全体の意向を示していると言えよう。

GCCが国内での騒乱に対し共同して軍事力を行使した今回の事例は，湾岸諸国の安全保障体制にとって3つの意義がある。まず，湾岸諸国はバハレーン情勢に対して，同じ脅威認識を抱いた。バハレーンのハマド国王は，外国の陰謀をくじくため合同軍を派遣したGCCに対して謝意を表明するとともに，「もしこのような陰謀が湾岸諸国の一つで成功していたならば，これは隣国にも波及していただろう」[26]と述べている。サウジは東部でシーア派によるデモを受けており，オマーンでも全国的な抗議運動が広がっていた。これらの抗議運動では，必ずしも体制転換や指導者の交代が求められたわけではないが，デモが過熱化し，要求がエスカレートする危険を否定できないことは，チュニジアやエジプトの例が示しているとおりである。UAE では路上での大規模な抗議運動に直面しなかったものの，ムスリム同胞団系の組織がクーデターを計画していたとして，多くの反政府分子の摘発を実施した。また，GCC をヨルダンとモロッコに拡大するという案がサウジから提案されたことは，湾岸諸国の政府が，バハレーンでの暴動が過熱していくことは自分たちの国での体制転換にもつながりかねない問題だと認識していたことを示していよう。これは，君主制国家同士の結束を高めることで，体制転換のドミノ倒しを防ぐことが主な目的であった[27]。

第二の意義は，脅威認識を同じくした湾岸諸国が，GCC 合同軍の派遣という軍事力の行使を決断したことである。これまでも，体制を維持するために政府間の協力関係は進められてきたが，それは主に経済や法制度の分野が中心であった。「アラブの春」は湾岸諸国にとって，軍事的な行動の面でも協力を強化する必要性を再認識させた。2012年11月には，GCC 設立当初の1982年から議論が継続されていた安全保障協定に各国の内相が署名するに至り[28]，2013年の GCC サミットでは統一軍事司令部，海上連携センター，GCC 警察機関の設置でも合意，2014年には合同海軍をバハレーンに設置すること，GCC 警察の本部を UAE に設置することが決まった。2011年のバハレーンへの合同軍派遣は，GCC による軍事力行使の先例となり得る事例だったと言える。

最後に，米国から自立した安全保障体制の構築である。「アラブの春」のような事態が発生した際に，米軍がデモの鎮圧に参加することを湾岸諸国は期待していたわけではない。しかし，米国が湾岸諸国の対応を批判する立場にまわったのは想定外であった。長年の同盟国である湾岸諸国がバハレーンでの騒乱はイランの介入によるものと訴え，チュニジア，エジプトのような体制転換が湾岸諸国でも発生する可能性があったにもかかわらず，米国が事態の推移に非介入的な立場を貫いたことは，湾岸諸国にとって「見捨てられた」と感じるに十分な行動だった。実際，米国と同盟関係にあったエジプトのムバーラク大統領が権力の座から追い落とされるのを黙認した米国の姿は，同じような危機が湾岸諸国に発生したとしても，米国が政府側に立つ可能性は低いということを湾岸諸国に認識させた。

バハレーンでの騒乱に関してイランが実質的に反体制派を支援したかどうかは不明であるが，実際の抗議活動の現場にいたのが市民であることは事実である。しかし，これが正当な政治改革運動なのか，あるいは過激な体制転換運動なのかを外部から判断するのは困難である。このような外部脅威と内部脅威が合わさった複合的脅威には，既存の米国との同盟では十分に対応できなかったため，GCCは軍事的に独立性を高めていくことになった。

4　半島外における軍事行動の拡大と「イスラーム国」対策をめぐる米との再接近

（1）リビア・シリアにおける動乱への積極的介入

「アラブの春」の動乱に対し，豊富な資金力を背景にした「ばらまき」政策，そしてバハレーンへのGCC合同軍派遣という決断により，早期に混乱を収めることに成功した湾岸諸国は，中東地域内での発言力を高め，政治的にも大きな主導力を発揮するようになる。2003年以降イラクが長らく混乱期にあり，そしてスンナ派アラブ最大の雄であったエジプトでも体制転換が発生するなど，周辺の地域大国の力が減退していることも，相対的に湾岸諸国の地位を高めることになった。

「アラブの春」に連動してリビアで騒乱が発生すると，湾岸諸国は反カッザーフィーの姿勢をすぐに明らかにし，アラブ連盟内においてリビアへの飛行禁止空域設定を欧米に要求するよう積極的に働きかけを進めていった。３月12日にアラブ連盟は国連安保理に対してリビア上空に飛行禁止空域を設定するよう要請する決議を採択し，これを受け，３月17日に安保理決議1973号が成立する[29)]。３月19日にNATO加盟国を中心とした有志国によるリビア空爆が開始されると，UAEとカタルも戦闘機を派遣し，軍事作戦に参加した[30)]。

リビア同様，騒乱が発生したシリアに対しても，湾岸諸国は反アサド政権の急先鋒となり，反体制派に対して資金，武器などの援助を提供する。特にシリアは，イラン，そしてレバノンのヒズブッラーと同盟関係にあり，シャーム地域におけるイランの影響力縮小を目論む湾岸諸国は，利害を同じくするトルコとともに積極的にアサド政権打倒に向けて動いた[31)]。2013年８月，シリア政府による化学兵器使用の疑いにより欧米諸国によるシリア空爆の機運が高まると，湾岸諸国はこれを強く支持したが，英・米は議会の反対により空爆の実施を見送ることになった。これに対し，10月18日，サウジアラビアは就任が決まっていた安全保障理事会の非常任理事国のポストの辞退を表明し，米国に対して強い抗議を示した。22年間駐米大使を務めたバンダル・ビン・スルターン（Bandar bin Sultan）総合情報庁長官は，米国の対シリア，対イラン外交を非難するとともに，米国とサウジアラビアとの関係見直しまで示唆する発言をしている[32)]。

このような湾岸諸国による積極的な軍事行動は，機会主義的な拡張政策に見えるかもしれない。しかしながら，このとき湾岸諸国が置かれていた戦略環境は，対イランという観点からはむしろ追い込まれていた状態にあった。第一に，2003年のイラク戦争でサッダーム・フサイン政権が倒れて以降，イラクでは国民の多数派であるシーア派勢力が実権を握り，親イラン的な立場を強めつつあった。国内政治の不安定化が足枷となり，イラクは国際政治における一勢力としての役割を発揮できていなかったものの，元来はイラン・イラク・湾岸諸国の三勢力の均衡で成り立っていた安全保障秩序は，湾岸諸国にとって不利な形で傾いていた。

第二に，湾岸の反対側，エジプトにおいて誕生したムルスィー政権が，イランとの関係改善に前向きな姿勢を見せていたことも，湾岸諸国にとっては深刻な問題であった。1979年のイラン・イスラーム革命以降，エジプトとイランは断交状態にあり，エジプトは同じスンナ派アラブである湾岸諸国を政治的に支援してきた。しかし，「アラブの春」に乗じてエジプトで政権を獲ったムスリム同胞団は，イランとの関係についても正常化する意向を示す。非同盟諸国会議の開催にあわせたものであったが，2012年８月，1979年以来初となるエジプト大統領によるイラン訪問が実現，同じく2013年２月にはイランのアフマディネジャード大統領によるエジプト訪問が初めて実現した。イラク，エジプトといった周辺国で親イラン勢力が強まることは，湾岸諸国の安全保障にとって致命的である。

そして，第三に，米国の対イラン政策の転換である。「アラブの春」における対応をめぐって冷え込んだ湾岸諸国と米国との関係は，2013年８月にイランに保守穏健派のロウハーニー政権が誕生し米・イラン関係に改善の機運が生じたことにより，加速化する。９月の国連総会の場において1979年のイラン革命以来初となる米・イラン外相会談が実現，さらにはオバマ大統領とロウハーニー大統領の電話会談も行われた。2013年11月には，Ｐ５＋１とイランとの間で核問題における暫定合意が成立し，米・イラン関係は急速に接近していく。湾岸諸国にとってイランの核兵器保有は許容できない問題である。しかし，それと同時に，核交渉の結果，現在イランに課されている経済制裁が解除されることになれば，湾岸地域におけるイランの存在感は大きく高まることになるだろう。同年11月４日にはケリー米国務長官がサウジを訪問し，二国間関係の重要性とその強固さをアピールするなど，米国側も湾岸諸国との同盟の再保証に努めようとする動きがあったが，対イラン関係をめぐる両国の関係はぎくしゃくとしたままであった。

これらの状況を打開するため，地域の問題において主導権を取り戻そうとする湾岸諸国の動きが最も顕在化したのが，リビア・シリア情勢だった。リビア空爆を通じてNATOとの連携を深めること，また，親イラン勢力の一角であるシリアを弱体化させ，イランをそこに巻き込んで消耗させることは，湾岸諸国にとっては戦略的に合理性がある政策だったと言えよう。

（2）「イスラーム国」対策での一致

これらの地域情勢を大きく変動させたのが，「イスラーム国」の出現である。「イスラーム国」は元々，2003年のイラク戦争以降，イラクにおいて「イラクのアル・カーイダ」という名称を用いるなど，アル・カーイダの支部組織として活動していた。2011年にシリアで内戦が始まると「ヌスラ戦線」という名称の前線部隊を組織して，シリア内戦に介入し，反体制派として活動するなかで，勢力を拡大していった。2014年１月には，シリアからイラク北部へと逆流する形で侵攻を開始し，シリアからイラクに跨る地域を実効支配するようになった[33]。

当初「イスラーム国」がシリア反体制派の一部と見なされたこと，また，スンナ派過激派である「イスラーム国」のイデオロギーが地域の宗派対立の構図で理解されてしまったことから，シリアの反体制派を支援し，スンナ派である湾岸諸国が「イスラーム国」の支援者であるという見方が広く浸透した[34]。実際，「イスラーム国」がイラクでの勢力を拡大し始めた当時に，サウジ政府はこのような事態が発生した責任は宗派対立を煽るイラク政府にあると非難したため[35]，このような見方を強めることになった。「イスラーム国」やヌスラ戦線の活動資金が湾岸諸国の篤志家から流れていたことも[36]，このような疑惑を裏付ける証左と見なされた。

しかしながら，90年代，00年代にアル・カーイダによるテロ攻撃に晒されたサウジアラビアにとって，「イスラーム国」のようなイスラーム過激派は，サウジアラビアの政治体制への第一の脅威となる存在である。サウジ政府はシリア反体制派を支援するため，サウジからシリアに渡航する若者や戦地への資金の流出を事実上放置していたものの，「イスラーム国」の勢力が拡大し，彼らの思想に影響を受けた若者が自国に戻ってテロを起こすことを恐れ，徐々に「イスラーム国」対策へ本腰を入れ始める。2014年２月，サウジアラビアは対テロ法を策定し，「国外で戦闘行為に参加した者」，そして，「戦闘に参加するよう扇動した者」に対する罰則を強化した[37]。これは，モスクの導師などがイスラームの理念を説く傍ら，シリアでのジハード（聖戦）参加を呼び掛けることを規制するものである。また，３月には内務省がテロ組織の対象となる組織のリストを公表し，アル・カーイダやヒズブッラーに加えて，「イラクとシャームのイスラーム国」（当時），ヌスラ戦線の名前も挙げ，これらの組織への支援を行う者を厳罰に処すという政府の立場を示した。

「イスラーム国」への対処の必要性が高まったことは，イラクの復興を任とする米国との関係を再接近させた。米国は空母をペルシャ湾に展開し，イラクへの空爆を開始したが，これは湾岸諸国の基地に駐留する米軍からの支援も受けていると見られる。また，８月には，サウジアラビアにシリア反体制派の訓練基地を設置することでオバマ大統領とアブドゥッラー国王が合意したと伝わっている[38]。そして，９月22日には「イスラーム国」等を標的にしたシリア空爆が開始されたが，これはサウジアラビア，UAE，バハレーン，カタル，ヨルダンの５ヵ国との共同作戦だったと米国は発表し，湾岸諸国と緊密に連携していることが確認された。サウジアラビアではシリア空爆にサルマーン皇太子の息子がパイロットとして参加したと国内紙で報道され[39]，UAE でも女性のパイロットが参加していたことがメディアで明らかにされた[40]。また，バハレーンも，「作戦への参加は象徴的なものではなく，実質的なものであった」と外務省が声明を発出した[41]。湾岸諸国が半島の外で軍事作戦を行うのは，先のリビア空爆に続き極めて稀なことであるが，その事実を国内紙が大々的に報道することはさらに稀なことである。湾岸諸国においてこの種の報道が出るということは，シリアでの軍事作戦の成果を喧伝したいという政府の意思の現れであろう。また，「イスラーム国」のようなイスラーム過激派にシンパシーを抱く国民に対して，政府の強い立場を示すねらいもあっただろう。いずれにせよ，2013年８月に見送られたシリア空爆は，目標は異なるものの１年の時を経て実現することとなった。また，空爆に湾岸諸国が参加したことで，対シリア政策において米国と湾岸諸国が同一の路線をとっていることが強調されたのである。

5　おわりに

（1）湾岸諸国による新たな積極行動主義

「アラブの春」は，GCC，そして米国との同盟という湾岸地域における２つの安全保障体制の限界を浮き彫りにした。その結果，湾岸諸国は，自国の安全保障を確保するために，積極行動主義と呼びうる新たな外交・安全保障政策を採っていった。その一つは，湾岸諸国の域内で発生する複合的脅威への自前での対処を可能とするGCC機能の強化である。それは，体制転換の脅威に対して軍事力の行使も辞さないという立場の表明であるとともに，これらの脅威に対しては，米国に頼ることができないという現状認識の現れでもあった。

同時に，湾岸地域の外の問題にも積極的に関与していく方針がとられた。特に，これまで顕著だった資金外交ではなく，軍事力の行使が視野に入れられていることが大きな相違点である。これは，対イランの文脈においては地域における主導権を取り戻そうとする動きであるが，シリアにおける対「イスラーム国」空爆に見られるように，湾岸地域の外の問題であっても自国の安全保障に密接に関与しているという事実も指摘できる。そして，ブッシュ政権以来「テロとの戦い」では共同歩調をとってきた米国と湾岸諸国は，再度テロ対策では脅威認識を一致することができ，緊密な軍事的協力関係を再構築することができたのである。

（2）日本と湾岸諸国の新たな関係

それでは，複数の局面が同時進行している湾岸地域の状況において，日本はどのように対応していくべきか。湾岸諸国がそれぞれの局面で掲げる戦略目標は，①国内の安定，②イランへの抑止，③「イスラーム国」の打倒であり，これは日本も利害を共有している部分が大きい。日本にとって安定的なエネルギー供給元である湾岸諸国は，国外の脅威からも国内の脅威からも揺らがないことが日本の国益にとって望ましい。また，2015年初頭に日本人２人が「イスラーム国」によって殺害されたことは，「イスラーム国」のようなテロ組織を国際社会と連携して打倒していくことも，日本にとって重要な責務であろう。日本と湾岸諸国の関係も，近年強化されつつあり，2010年からはGCC戦略対話が開始されるなど，これまでの経済一辺倒の関係から，政治・安全保障の問題についても協議する関係へと変化しつている。ペルシャ湾での海洋安全保障協力など実務レベルでの協力も始まっており，日本は湾岸地域の安全保障により深く関与するようになっている。

しかしながら，湾岸諸国との関係強化には注意を払う必要もある。第一に，湾岸諸国による政治弾圧を黙認ないし支援してしまう可能性が存在する。若年人口の増加と石油収入の減少による社会福祉サービスの低下という構造的な問題を抱える湾岸諸国においては，再度「アラブの春」のような大衆抗議運動が発生する可能性が高い。この場合，日本が湾岸諸国とどのような関係を築いていくのかは，国際社会から問われることになるだろう。第二に，ホルムズ海峡の機雷除去活動のような軍事力の行使は，これまで友好的だったイランとの関係を悪化させる恐れがある。米国が発動した金融制裁によってイラン産原油の輸入量を減らし，アーザーデガーン油田の開発からも撤退した日本が，湾岸諸国と一方的に関係を強化していくことは，これまで対イラン政策で中立的と見られてきた日本の政治的立場を失うことにつながりかねない。そして最後に，「イスラーム国」対策に関しても，何をどこまでやるかが問題となる。湾岸諸国は「穏健な」シリア反体制派を自国内で訓練しているが，アサド政権が想定以上に磐石であることが示された現状においては，これらの支援を継続することでシリアの混乱をいたずらに長期化させる恐れもある。湾岸諸国とともに地域情勢に深く関与していくのか，あるいは，これまでどおり，資金的な支援を中心にして，実務的な部分には携わっていかないのか。日本の対中東外交の大きな分岐点となるであろう。

注

1）ペルシャ湾に面する国家のうち，サウジアラビア，クウェイト，バハレーン，カタル，アラブ首長国連邦（UAE），オマーンの6ヵ国は，政治的，経済的，文化的に同質性が高く，しばしば湾岸諸国，あるいは湾岸アラブ諸国という名称で括られる。以下，本稿では湾岸諸国の名称を採用することとし，湾岸諸国と述べた場合，これら6ヵ国のことを指すこととする。

2）組織の正式名称は「湾岸アラブ諸国協力理事会（Cooperation Council for the Arab States of the Gulf）」であるが，本論文では一般的な呼称として用いられているGCCという略称を用いる。

3）「イスラーム国（al-dawla al-islāmīya）」という組織については，2014年6月に改名する前の組織名「イラクとシャームのイスラーム国（al-dawla al-islāmīya fī al-'irāq wa al-shām）」の英訳のアクロニムである ISIS や ISIL，アラビア語のアクロニムである「ダーイシュ（dāish）」など複数の呼び名があるが，本稿では当事者の自称である「イスラーム国」を採用する。

4）Barry Buzan, *People, States and Fear: An Agenda for International Security Studies in the Post-Cold War Era*, 2nd ed., (Harvester Wheatsheaf, 1991).

5）Gregory Gause III, *The International Relations of the Persian Gulf*. Cambridge: Cambridge University Press, 2010, pp. 4-8.

6）Steven R. David, "Explaining Third World Alignment", *World Politics,* No. 43, 1991, pp. 233-256.　デイビッドはこの同盟行動をオムニバランシング（Omnibalancing）と呼んだ。また，この観点からサウジアラビアの外交政策を分析したものとして，以下のものがある。中村覚「サウディアラビアのシリア政策での国内治安対策による制約――全方位均衡論の観点から」『国際政治』第178号，2014年，58-72頁。

7）Joseph A. Kechichian, *Oman and the World: The Emergence of an Independent Foreign Policy*. Santa Monica, CA: Rand, 1995. Legrenzi, Matteo. *The GCC and the International Relations on the Gulf: Diplomacy, Security and Economic Coordination in a Changing Middle East*. IB Tauris, 2011, 27-33.

8）Legrenzi, *op. cit.*: 73-85.

9）イラクによるクウェイト侵攻後も，オマーンは湾岸諸国のなかで唯一イラクとの国交を維持し続けた。

10）鳥井順『軍事分析・湾岸戦争』第三書館，1994年，87-90頁．

11）坂梨祥「アラビア半島の将来におけるイランの影響――『イランの脅威』に関する一考察」佐藤寛編『アラブの春とアラビア半島の将来』アジア経済研究所，2012年，1-5頁。

12）Majid Al-Khalili, *Oman's Foreign Policy: Foundation and Practice*. Westport, CT: Praeger Security International, 2009: 92-93, 105

13）1991年３月，GCC 諸国とエジプト，シリアの８ヵ国の外相がダマスカスにおいて会合し，湾岸戦争のために GCC 諸国に配備されたエジプト・シリア軍の駐留継続，アラブ平和維持軍の設立等を定めた「ダマスカス宣言」を採択した。しかし，５月にはエジプトが，６月にはシリアが軍を撤退。７月の外相会合では宣言の修正で合意したと発表されたが，安全保障体制の確立に向けた実質的な動きは何も見られず，各国の主権の尊重を確認するだけで終わった。Michael N. Barnett, "Regional security after the Gulf War," *Political Science Quarterly* (1996): 602.

14）1990年12月，オマーンのカーブース国王が10万人規模の GCC 統合軍の創設を GCC サミットの場で提案。NATO 軍同様，統一司令官の指揮下に置かれ，特定の国家からは独立した組織とすることを掲げた。1991年12月の GCC サミットにおいて同案について再度審議されたが，合意には至らなかった。

15）安全保障協定の内容は，米国による基地の使用や物資の提供などが中心で，相互に防衛の義務が発生するような同盟関係とは異なると言われている。Anthony H. Cordesman and Robert M. Shelala II, *The Gulf Military Balance Volume III: The Gulf and the Arabian Peninsula*, Center for Strategic and International Studies, 2013.

16) Gause, *op. cit.*, 123

17) Bahrain Independent Commission of Inquiry, *Report of the Bahrain Independent Commission of Inquiry*, 2011, p. 88.

18) "Bahrain hard-liners call for royal family to go," CNN, 9 Mar 2011 <http://www.cnn.com/2011/WORLD/meast/03/09/bahrain.protests/>（2015年１月26日最終閲覧）.

19) 2011年２月から３月に発生したデモへのバハレーン政府の対応における人権侵害事案を調査する委員会で，５人の国際人権法専門家から構成される。同年７月に勅令で設立され，11月に報告書を提出。政府による不当逮捕や過度な武力行使があったと認定した。

20) BICI, *op. cit.*, p. 387.

21) "Hillary Clinton calls for restraint in Bahrain," *Telegraph*, 18 Feb 2011.

22) *White House Press Release*, 30 April 2011

23) BICI, *op. cit.*, p. 386.

24) *Ibid.*, p. 387.　実際に BICI が調査した事例でも，調査の結果，サウジ軍にバハレーン人が撃たれたと主張される地域に展開していたのはバハレーン国軍であり，GCC 軍ではなかったことが明らかになっている。

25) BICI の報告書はカタルも部隊をバハレーンに送ったとしているが，それ以上の詳細について言及はない。*Ibid.*, p. 134。

26) "Bahrain king speaks of 'foiled foreign plot'," *Al-Jazeera*, 21 March 2011 <http://www.aljazeera.com/news/middleeast/2011/03/201132174237751604.html>（2015年１月26日最終閲覧）.

27) 2011年12月の GCC サミットで，サウジのアブドゥッラー国王によって突如として提案されたこの計画は，バハレーン以外からは明確な賛同が得られなかった。現在は中・長期的なパートナーシップを形成する国家という位置づけで両国との協力が深められている。

28) 村上拓哉「域内安全保障協力の進展をめぐる GCC 各国の不協和音」『アジ研ワールド・トレンド』No. 224，2014年，33-34頁。

29) 小松は安保理決議の採択について「３月12日のアラブ連盟の宣言（決議）が，この流れにおいて決定的だった」と述べている。小松志朗『人道的介入：秩序と正義，武力と外交』早稲田大学出版部，2014年，241-243頁。

30) NATO 以外からの参加は，両国の他にはスウェーデンが参加したのみである。

31) トルコ，カタルとの協調によるサウジアラビアのシリア反体制派支援の経緯と実態については以下に詳しい。中村覚「サウディアラビアによるシリア危機への対応――中東域内政治と予防外交の観点から」『中東研究』第516号，2013: 44-57.

32) "Saudi Arabia warns of shift away from U.S. over Syria, Iran," *Reuters*, 22 Oct. 2013 <http://www.reuters.com/article/2013/10/22/us-saudi-usa-idUSBRE99L0K120131022>（2015年１月26日最終閲覧）.

33) 吉岡明子・山尾大編『「イスラーム国」の脅威とイラク』岩波書店，2014年。

34) 保坂修司「サウジアラビアとイスラーム国」『中東協力センターニュース』2014年，28-39頁。

35）たとえば，６月16日の定例閣議において，サウジ政府は今日のイラク情勢を招いた宗派的・排他的な政策を非難するとともに，イラク政府に対して挙国一致内閣の樹立を呼びかけた <http://www.spa.gov.sa/details.php?id=1244291>（2015年１月26日最終閲覧）。
36）国連安保理は，テロ組織を支援しているサウジ，クウェイトの市民を制裁対象としている。"Saudi Arabia, Kuwait to abide by U.N. blacklisting of citizens," *Reuters*, 17 Aug. 2014 <http://www.reuters.com/article/2014/08/17/us-security-un-gulf-idUSKBN0GH0FH20140817>（2015年１月26日最終閲覧）.
37）森伸生「サウジアラビアの域内危機対応と対米関係」『海外事情』第62巻第５号，2014年，47-61頁。
38）"Saudi Arabia agrees to host training of moderate Syria rebels," *Reuters*, 10 Sep. 2014 <http://www.reuters.com/article/2014/09/11/us-iraq-crisis-obama-saudi-idUSKBN0H51QC20140911>（2015年１月26日最終閲覧）.
39）"Saudi releases pictures of pilots who took part in strikes against ISIS," *al-arabiya*, 25 Sep. 2014 <http://english.alarabiya.net/en/News/middle-east/2014/09/25/Saudi-Arabia-releases-pictures-of-pilots-who-took-part-in-strikes-against-ISIS.html>（2015年１月26日最終閲覧）.
40）"The UAE's 1st female fighter pilot strikes ISIS," *al-arabiya*, 25 Sep. 2014 <http://english.alarabiya.net/en/News/middle-east/2014/09/25/UAE-s-1st-female-fighter-pilot-strikes-ISIS.html>（2015年１月26日最終閲覧）.
41）"Bahrain's role in U.S.-led raids on ISIS 'not symbolic:' FM," *al-arabiya*, 26 Sep. 2014 <http://english.alarabiya.net/en/News/middle-east/2014/09/26/Bahrain-s-role-in-U-S-led-raids-on-ISIS-not-symbolic-FM.html>（2015年１月26日最終閲覧）.

第14章
中東・北アフリカ地域の戦争方法
——武装勢力の動向から——

小林　周

戦争が戦争として明確に語りえた状況はすでに崩壊して久しい。…戦争という言葉では戦争が語れないという状況が，戦争という概念そのものを崩している。[1)]

1　はじめに

本稿では，中東・北アフリカ地域の安全保障に大きな影響を与えている武装勢力の性質や動向について考察し，その「(新しい) 戦争方法」と現代の国際安全保障環境に与える影響を明らかにする。2010年以降の中東・北アフリカ諸国における政治変動（いわゆる「アラブの春」）によって，一部の国家権力や国家の枠組みは相対化され，また再編成された。リビア，イエメン，シリアといった国々では，全国規模での内戦状態への突入に伴い反政府勢力の組織化・武装勢力化が起こり，国内治安や地域安全保障環境を脅かしている。またアフリカのサヘル諸国（サハラ砂漠南縁部の半乾燥地帯）[2)] で活発化する複数の武装勢力は，「アラブの春」と直接的・間接的に連動する形で域内諸国の国境管理や行政サービスの脆弱性をつき，地域に広範かつ強固な基盤を形成している。

どの武装勢力にも一貫してみられるのは，中東・北アフリカ～サヘル諸国の国家機能の脆弱化，および諸国間の利害不一致による連携不備をついた活動・生存戦略である。その活動の主目的は，政権・体制に対する暴力的抵抗だけでなく，既存の国家枠組みへの挑戦と実効支配（領域および利権）の確保が目立つ。その点において，これら武装勢力の活動は地域安全保障環境のみならず，国際安全保障環境への大きな挑戦となっている。本稿では，武装勢力の現状と今後の動向を分析し，国際安全保障の枠組みの中で捉え直すことを目的とする。なお，本稿は

2015年３月中旬に脱稿したもので，変動の激しい中東・北アフリカ～サヘル情勢の一側面を切り取り，考察したものであることを付記しておく。

（1）本研究の目的と意義

本稿では，中東・北アフリカ地域における武装勢力の戦争方法，換言すれば，当該地域における政治変動の中で武装勢力がどのように生まれ，活発化し，地域情勢に影響を与えているのかを明らかにすることを主な目的とする。必要に応じて分析の射程はサヘル地域まで広げる。

武装勢力の性質と動向を分析することは，現代の中東・北アフリカ地域情勢のみならず国際安全保障環境の変動を考察する上で極めて重要な作業である。しかし，筆者の知る限り「武装勢力」の定義付けと一般化がこれまで明確になされてきたとは言い難い。シリア・イラクの「イスラーム国（Islamic State/IS）」やウクライナの「親ロシア派武装勢力」などが国際社会から大きな注目を浴びている一方で，明確な定義のないままに「武装勢力」という言葉が一人歩きしてきた感がある。もちろん，中東・北アフリカ地域のみならず世界には多様な武装勢力（とカテゴライズされる組織や集団）が存在しており，それぞれが固有の背景や戦略を持って活動しているのは言うまでもない。そのため本稿においても武装勢力の性質と動向について一般化して分析を行う上での限界は意識しなければいけないが，それでもなおこの試みは現代の中東・北アフリカ地域情勢のみならず国際安全保障環境や世界秩序の変容を考察する上での１つの手がかりとなろう。

さらに本研究は，2010年以降の中東・北アフリカ地域における反政府・民主化要求運動（いわゆる「アラブの春」）およびその後の地域情勢不安定化に対しても，「武装勢力の動向」という観点からの新たな視座を提示し得る。中東・北アフリカ地域では，「アラブの春」によってチュニジア，エジプト，リビア，イエメン等における長期独裁政権の崩壊がもたらされたが，いずれの国も「ポスト長期独裁政権」の安定的な新制度の構築を達成できていない。また，いずれの国でも民族や宗教，宗派，地域，政党，天然資源等を要因とした対立が頻発し，治安情勢は極めて流動的である。これらの情勢不安定化には，中東・北アフリカ～サヘルに至る広範な地域における政治変動の過程で顕在化してきた武装勢力の活動が大きな要素として関与していることを，本稿において明らかにしていく。

（2）武装勢力研究の視座と本稿の構成

まず，武装勢力（armed insurgents/ armed group/ militia）という存在はどのように定義づけられるべきなのか。武装勢力の特徴とはどのようなものなのか。

第一に，「非国家」の軍事主体であるという点は重要であろう。いくつかの研究では「非国家武装勢力」と明記する形で，武装勢力と国家機関（政府，軍隊，警察）ないし国際組織との関係性について論じている[3)]。第二に，トートロジーになってしまうが「武装勢力」として活動するからには武装している必要がある。重要なのは，各集団・組織が軍事主体として存立，活動し得るための軍事資源を，どのような背景と手段によって確保しているのかという点である。これは特に「アラブの春」以降の中東・北アフリカ地域においては，政治変動に伴って国家が管理していた銃火器が国境を越えて拡散したり，一部の国家の治安維持・国境管理能力が脆弱化していることと大いに関係していると言えよう。第三に，武装勢力は概して反政府的な性質をもつか，ないしは国家権力と利害が相反する活動を行う場合が多い。そのため，国家に敵対して武力闘争を行う「反政府武装勢力」として，内戦の枠組みにおいて武装勢力を捉える研究も多い[4)]。ただし本稿では，「第2節（1）　武装勢力と国家権力」において詳述するように，必ずしも国家権力への抵抗が武装勢力の唯一の，または最大の活動目標であるとの立場をとらない。第四に，武装勢力は構成員や活動資源の確保において，活動する地域社会との関係性――友好的であれ，敵対的であれ――を強く有するという点にも着目する必要がある。換言すれば，地域の政治的，社会的問題の表出として武装勢力が発生，活発化している場合が多い。この点についても「（2）　武装勢力と地域社会」において詳述する。

本稿では上記の4点，つまり非国家の軍事主体であること，何らかの形で軍事資源を確保していること，国家権力と利害が相反する活動を行っていること，地域社会との関係性を強く有すること――を，武装勢力の特徴として捉えながら考察を進めていく。

では，一部の武装勢力に見られる教義やイデオロギーを軸にした活動というものは，どのように捉えるべきなのであろうか。これまで中東・北アフリカ～サヘル地域において勢力を拡大している武装勢力は，彼らが掲げる原理主義的なイスラームその他の宗教の解釈，民族，部族，地域などに基づいたイデオロギーが設立および活動の一義的な核となっていると見なされ，教義やイデオロギー面から

表14-1　中東・北アフリカ～サヘル地域における主要な武装勢力[5)]

組織名	主な活動拠点	主な活動目的	設立時期	勢力
アル・カーイダ Al-Qaida	アフガニスタン，パキスタン	欧米諸国に対するテロ，「グローバル・ジハード」	1988年	約300～400人
クルド労働者党 Partiya Karkeran Kurdistan（PKK）	トルコ，イラク，シリア	クルド人国家の樹立	1978年	約4,000～5,000人
ヒズブッラー Hizballah	レバノン，イラン	イスラエルへの攻撃，議席獲得などを通じた政治活動	1982年	約600～800人
ハマース HAMAS	パレスチナ自治区	イスラエルの打倒，イスラーム国家樹立	1987年	軍事部門は数千名
「イスラーム国」 Islamic State（IS）	シリア，イラク	カリフ制国家の樹立，近隣国政府の打倒	2004年	約15,000～30,000人
アラビア半島のアル・カーイダ Al-Qaida in the Arabian Peninsula（AQAP）	イエメン	サウジアラビア・イエメン両政府，欧米権益に対する攻撃など	2009年	約1,000人
アンサール・バイト・アル・マクディス Ansar Bayt al-Maqdis	エジプト（シナイ半島）	イスラエルの打倒など	2011年頃	約700～1,000人
リビアのアンサール・アル・シャリーア Ansar al-Shari'a in Libya	リビア	地域の実効支配，欧米権益への攻撃	2011年	不明
イスラーム・マグリブ諸国のアル・カーイダ Al-Qaida in the Islamic Maghreb（AQIM）	アルジェリア，リビア，ニジェール，マリ，モーリタニアなど	アルジェリア政府打倒，イスラーム国家樹立，欧米権益への攻撃など	2007年頃	数百人
アル・ムラービトゥー Al-Murabitoun	アルジェリア，マリなど	イスラーム国家樹立，地域の実効支配	2013年	不明
アンサール・ディーン Ansar Dine	マリ	イスラーム国家樹立，地域の実行支配	2011年	約500～2,000人
アザワド解放民族運動 National Movement for the Liberation of Azawad	マリ	アザワド（トゥアレグ族）国家の樹立	2007年頃	約9,000～10,000人
ボコ・ハラム Boko Haram	ナイジェリア	西洋式教育の否定，イスラーム法の施行	2002年頃	数百人

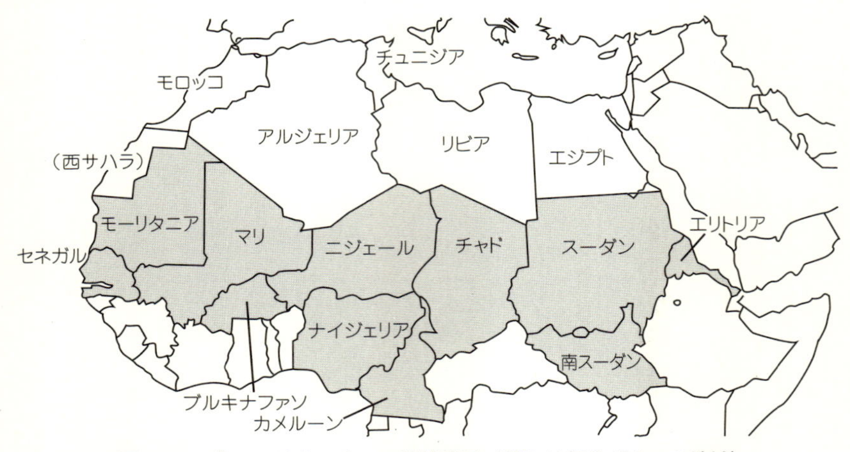

図14-1　北アフリカ〜サヘル地域地図（網かけ部分がサヘル地域）
出所：各種資料に基づき筆者作成。

の分析が多くなされてきた[6)]。しかし本稿においては，上述の通り武装勢力の勢力拡大における国家権力との関係や地域との関係構築といった側面に着目して分析を進めていきたい。その理由は，第一に教義やイデオロギー面のみから彼らの活動を解釈すること自体が，彼らのイメージ戦略やプロパガンダ発信という「戦争方法」に巻き込まれる可能性を大きく有しているためである[7)]。第二に，本稿は中東・北アフリカ〜サヘル地域のマクロな政治変動を視座に入れながら武装勢力の活動を考察していくことを目標としており，そのために域内諸国家の政治（とその限界）の「鬼子」として生まれた武装勢力に焦点を当てるという考察プロセスを取るからである。つまり，たとえ中東・北アフリカ〜サヘル地域内の武装勢力が教義やイデオロギーを活動のテーゼとして強く打ち出している（ように見える）としても，彼らを教条主義的暴力集団としてのみ捉えることは，彼らを分析する上でも活動を抑止するための戦略を立てる上でも適切とは言えない。教義上の声明のみを重要視する分析は，イスラーム原理主義の厳格で排外的な教理に支配された集団として武装勢力を均質化してしまう。そして外部からそのようにみなされ，猛威を振るう「イスラーム国」やグローバルなアル・カーイダ系勢力と同質のものとみなされることを武装勢力自身も望んでいる。そのようにみなされれば，それだけ「より強大な敵」として，地域諸国の政府や国際機関，地域に権益を有する欧米企業から，より多くの譲歩や人質の身代金を引き出せるということを，彼らは十全に理解していると考えた方が適切であろう。

また，本稿の構成としては，武装勢力の台頭とその特徴について，国家権力との関係性，活動拠点とする地域社会との関係性について論じた上で，中東・北アフリカ～サヘル地域における複数の武装勢力の活動の事例を紹介する形をとる[8]。

2　武装勢力の台頭とその特徴

(1) 武装勢力と国家権力

いわゆる「アラブの春」と形容される一連の政治変動を経験した中東・北アフリカ諸国では，大まかに①全国規模での内戦状態への突入，②反政府勢力の組織化と国際的支援獲得，③内戦への国際社会の軍事介入，④長期にわたって政権を掌握した指導者の退陣・亡命・拘束・殺害，⑤内戦終結・政権崩壊，⑥国家再建・政治的移行――といったプロセスが進行した。もちろんすべての国が同様のプロセスをたどったわけではない。チュニジアやエジプトでは内戦は発生していないし，イエメンで34年間にわたって政権を維持したサーレハ元大統領は，軍の元帥および議会内の最大勢力の党首として政治的影響力を多分に保持している。その中で，リビアの政変は上記の6つのプロセスを全て経験し，さらに内戦が周辺諸国に波及し，特に安全保障環境の不安定化をもたらしたという点で着目すべき事例であろう（「3　武装勢力の実像」において詳述）。

重要な点は，中東・北アフリカ諸国の一連の政治変動によって一部の国家権力や国家の枠組みが相対化され，また再編成されたということである。国家権力や国家の枠組みの相対化，再編成は，これまで国家の権力構造や政治システムから排除され，既存の政治的，社会的秩序に強い不満を抱いていた個人や集団が秩序に挑戦する契機をもたらした。そして非国家主体による軍事行動を伴った「秩序への挑戦」は，たとえばカダフィ政権崩壊後のリビアやマリの治安情勢流動化という形で顕在化した。中東・北アフリカからサヘルに至る地域においては，20世紀以降に独立した国が多く，国家としての正統性や行政機構が定着していない場合が多い。さらに政権首脳が特定の宗教，宗派，民族，政党といった集団の利益を代表し，政治的利益を独占的・排外的に享受・配分し，他の政治勢力に属する組織や個人を政治プロセスから排斥する傾向が強い。つまり，政権の存在・持続そのものが反政府的な武装勢力の存在・活動要因となり，政権によって排除・周辺化される集団の支持を獲得している場合がある[9)]。

中東・北アフリカ～サヘル地域における多くの武装勢力は国家横断的な性格を有しており，またその活動拡大が国家の行政機構や行政サービスの脆弱性に裏付けられているという点で，国家の存在や活動とはむしろ表裏一体の関係にあるといえよう。アフリカ政治学者 W. Reno は，独立後のアフリカにおける紛争・反乱勢力（rebel）として5つの類型（反植民地勢力，多数支配への反乱勢力，改革勢力，軍閥勢力，限定的反乱勢力）を示しているが，こうした紛争・反乱勢力の戦略や戦術は，これらの勢力が活動拠点とする国家における政治的権威のあり方を反映していると説明している[10)]。つまり，中東・北アフリカ～サヘル地域における武装勢力の活発化を考察する上では，単独の組織や勢力の動向や声明のみに焦点を当てるのではなく，国家権力や国家枠組みの相対化もしくは再編成という文脈から捉えていく必要があると考えられる[11)]。たとえば，北アフリカ～サヘル地域の不安定化に関しては，当該地域において大きな影響力を保持していたリビアのカダフィ政権が2011年に崩壊し，域内パワーバランスが崩れたこと，また，同国の反政府運動および内戦中に大量の戦闘経験者（傭兵など）や銃火器が地域内に拡散したことが要因として挙げられる。さらに，北アフリカ諸国とサヘル諸国および地域機関の間で治安維持のための調整や情報交換をする適切な枠組みが築かれていないことなども，問題を悪化させる要因となっている[12)]。

他方で，武装勢力に関連する国際的な情勢を俯瞰すると，武装勢力は国家や政治的権威と常に緊張関係にあるわけではない。中東・北アフリカ地域からは外れるが，たとえばウクライナで活動する武装勢力は「親ロシア派武装勢力」「ロシア系武装勢力」として扱われる通り，ロシア政府と親和的な関係を有するとされる。またルワンダでの大量虐殺（1994年）では，フツ系の政府とそれに同調するフツ過激派によって，多数のツチとフツ穏健派が殺害された。パキスタン・ターリバーン運動（Tehrik-e Taliban Pakistan：TTP）は，パキスタンとアフガンの国境付近の山岳地帯を拠点としているとされるが，国境地帯の様々な部族勢力や，場合によっては両国の軍高官と関係を構築し，重要な情報を得てきたとされる。これにより，長期にわたり，パキスタン政府，アフガニスタン政府，そして米軍からの大規模攻撃を回避することに成功した。これらの事例は，地域のパワーバランスに武装勢力が組み込まれており，さらに時として武装勢力の存在や活動自体が域内諸国の政府にとって戦略的に利用される場合があることを意味する。このように，武装勢力の取り扱いは国家間，地域内での協調が重要であるにもかかわらず，各国の対立や利害関係から対策が妨げられてきた。

（2）武装勢力と地域社会

中東・北アフリカ，およびサヘル地域の武装勢力は，活動領域の地域住民とどのような関係を構築しているのだろうか。武装勢力はいかにして地域住民からの黙認——時には支援を受け，活動基盤を形成しているのだろうか。この点について考えるとき，武装勢力を国家の周縁領域[13]を実効支配する（土着の）政治勢力として認識する必要が出てくる。たとえば「イスラーム国」は，イラク北西部の主要な県とシリア東部という，広大な土地を単独で支配，統治しているわけではない。リビア国内の民兵組織やマリのトゥアレグ系武装勢力にしても，政権に不満を抱えていたり対立関係にあったりする諸勢力が，時として力を結集する形で政権の影響力を当該地域から排除しているのが実情である。

武装勢力はある意味で「規制上の権威」「擬装国家（Shell-State）」とも考えられ，地域における秩序の形成に関わり，限定的にではあっても治安や行政サービスという公共財を提供し得る存在だという指摘もある[14]。たとえばリビアにおいて武装勢力が最も活発化している東部地域は，カダフィ政権による42年間の統治の期間，カダフィ政権以前にリビアを統治していたサヌーシー王朝の政権基盤であったことから，政治的に冷遇され，開発の遅れてきた地域である。長年のカダフィ政権との対立は，地域に先鋭的なイスラーム思想を広め，政権への不信感を高める要因となり，カダフィ政権後の現在もリビア東部地域は新政権に対して極めて攻撃的な態度をとり続けている[15]。またサヘル地域においても，現地の武装勢力は域内の慢性的な低開発状態と貧困状態に付け込み，豊富な資金，越境的なネットワーク構築，先鋭的な宗教思想を軸にした地域内外からの支援獲得によって活動を拡大させてきた[16]。

中東・北アフリカ～サヘル地域において，武装勢力は地域紛争や国家機能の脆弱性，広大な周縁領域の存在を利用し，組織犯罪（薬物，武器の不法取引など）の越境的ネットワークを構築し，地域に持続的に根ざしつつある。武装勢力は国境管理の脆弱性をつき，越境を繰り返しながら複数の治安部隊と交戦したり，欧米権益の襲撃，民間人の誘拐などを行っている。その他にも，銃火器，薬物，鉱物資源の密輸および支配地域の住民から「通行料」を徴収することで，強固な経済基盤を構築している。

この武装勢力と地域社会が抱える構造的問題との連関は，たとえ国際社会が軍事介入して一時的に武装勢力の排除を行ったとしても，本質的な解決，つまり武装勢力が発生／活動しにくい環境の構築には結びつきづらいことを示している。バラク・オバマ米大統領は「イスラーム国」との戦いについて，「我々が地上部隊を送っても，結局いずれかの時点で我々の資源が尽きて撤退することになる。そうすれば問題が再噴出するだけだ。より持続的な戦略でなくてはならない」[17]と述べている。また，主要国および国際機関は政治調停，武力介入，国際裁判，開発援助，人道援助といった平和構築のための種々の努力を行っているが，これらがどれほどの実効性を伴うのか，現状としては不透明であると言わざるを得ない。そもそも国家主体は，交渉相手としての非国家主体の存在を認めず，武装勢力や地域コミュニティを含めた非国家主体との対等な交渉を望まない傾向があるという指摘[18]にも，注意を払う必要がある。

現在，紛争多発地帯は南アジアから西アフリカにかけての地帯に集約化されてきている。一部の国や地域を除いて，この一帯は概して経済開発が遅れ，乳幼児死亡率や教育普及率等の社会経済指標が低位であり，急激な人口増加により若年層を中心として失業率も高い。これらの低開発は，排外的かつ暴力主義的な教義やイデオロギーが受け入れられやすくなる土壌を生み出している。この地域には20世紀以降に生まれた新興独立国が多く，政治的に脆弱であり，国家としての正統性やガバナンスが定着していない場合が多い[19]。結果として，中東・北アフリカにとどまらず武装勢力の活動が活発化している国々は，深刻な政治・社会・経済問題を抱えた国々とほぼ一致する。つまり，武装勢力の活発化の背景には地域の構造的問題が横たわっている場合が多く，武装勢力の抑止・解体のためには，いかにして武装勢力と彼らを生み出す要因となっている地域社会の成員を政治的，社会的に包摂していくかという視点が欠かせない。

3　武装勢力の実像

（1）リビア

北アフリカのリビアにおいて武装勢力の存在や活動が注目を浴びるようになったのは，「リビア政変」，つまり2011年の反体制・民主化運動～内戦～カダフィ政権崩壊の過程とそれ以降の政変移行期にかけてのことである。本稿において，リビアにおける武装勢力とは，主に上記のリビア政変の過程で誕生，活発化した民兵組織やイスラーム過激派組織のことを指す。

リビアではムアンマル・カダフィが1969年のクーデター以降独裁的な政権を42年間維持してきたが，2011年２月から「アラブの春」と連動する形で反政府・民主化運動が激化した。発端としては，リビア東部の都市ベンガジで起こった反体制デモを，カダフィ政権は空爆を含めて暴力的に弾圧した。この暴力的な弾圧が国民の反発を招き，反政府運動が全国規模で勃発した。各地で離反した軍人や民兵組織による反体制派とカダフィ政権側との戦闘が激化，2011年10月20日にカダフィが拘束・殺害されるまで続く内戦に発展した。カダフィ政権の反政府運動に対する弾圧に対し，国際社会は国連安全保障理事会による制裁決議を発出，さらにNATOを中心とした空爆等の大規模な軍事介入により，当初はカダフィ勢力優位であった軍事バランスを大きく揺るがした。その過程で，カダフィ軍に抵抗する地域勢力や部族集団に対して武器・資金が大量に供給され，民兵組織がリビア国内各地に誕生する。2011年８月には民兵組織の一部が欧米の情報機関や特殊部隊の支援を受けつつ首都トリポリを制圧，カダフィ政権は支持基盤や指揮系統を失い崩壊した。その後，主な反体制派組織を中心に暫定政府が設立され，現在に至る[20]。

カダフィ政権崩壊後のリビアでは，過去３年で６人もの首相が交替，さらに２つの議会が併存し，対立状況にあるなど，新たな国家建設への道のりは安定からほど遠い状況にある。さらに軍や警察の弱体化から治安改善が進んでおらず，中でも反カダフィ軍勢力として誕生した民兵組織の武装解除・動員解除・社会復帰（Disarmament, Demobilization, Reintegration：DDR）がまったく進展していない。内戦中には約５万人が非正規軍，つまり民兵としてカダフィ軍と戦ったとされるが，内戦終結後に新政府下の治安機関へ編入した民兵は全体の３割以下とされ，多くの組織は国軍・警察への編入や社会復帰を拒絶している。しかも内戦後新たに民兵組織に加入する者も多く，現在は約25万人が民兵組織に所属しているとされる。彼らは新政権から獲得した内戦の「報償」や「補償」，またリビアを経由する密貿易の利権などによって財政力や軍事力を高め，規模や装備，資金面で脆弱な国軍や警察を圧倒し，新政府が物理的に民兵組織を抑制することはほぼ不可能な状況にある[21]。

さらに現在は，民兵組織の一部がアル・カーイダやAQIM（マグリブ諸国のアル・カーイダ），イラク・シリアの「イスラーム国」との連携を強めている[22]。カダフィ政権時代から，リビアの東部地域からはイスラーム過激派（イスラーム法に基づいた政治・社会システム実現のためにテロや戦争等の暴力的手段を容認する集団）が多数輩出され，その一部はアフガニスタンやイラクといった紛争地帯へ向かい，戦闘経験を積んできた。そして彼らの多くがリビア政変の勃発と同時にリビアに帰国し，反カダフィ闘争に加わった。その中で民兵達に対して戦闘経験と過激なイスラーム思想の両方を広めたため，東部地域における民兵組織の強化とイスラーム過激派の拡大が絡み合いながら進んでいったのである[23]。代表的な例は「リビアのアンサール・シャリーア（イスラーム法の護持者）」と呼ばれる組織であり，この武装勢力は2012年に東部都市ベンガジで発生したアメリカ在外公館襲撃事件（スティーブンス駐リビア米国大使が死亡）の主導が指摘されている。同組織は襲撃事件の後にベンガジ市民によって市内から追放されたが，2013年上旬には再びベンガジに戻り，住民への福祉サービス提供に力を入れるなどして影響力を取り戻した。また，イラク・シリアにおいて「イスラーム国」の前身組織が活動を活発化させてからは，同組織のほかリビア国内の様々な武装勢力が，リビアからトルコやヨルダン経由で戦闘員を派遣している（2014年10月末時点で600名弱のリビア人がイラク・シリアでの戦闘に参加している模様[24]）。さらに，リビアから「イスラーム国」への戦闘員流出だけでなく，逆に「イスラーム国」からリビアへも戦闘経験を積んだリビア人戦闘員が帰国，また中東・北アフリカ諸国から外国人戦闘員が流入している。その背景には，「イスラーム国」が，北アフリカへの影響力拡大の橋頭堡として混乱が続くリビアへの進出を狙っていることが指摘できる。このままリビアの混乱が長引けば，脆弱な国境管理と悪化する治安情勢は，「イスラーム国」のリビア進出をますます強めていくことになるだろう。

現在リビア政府は，国連リビア支援団（United Nations Support Mission in Libya, UNSMIL）や欧米の支援を受けながら，対立する諸集団の政治対話や民兵のDDRを進めている。また欧米や周辺諸国を中心に，治安機関部隊の現地訓練や派遣研修による能力強化も行われている。しかし，反発する民兵組織による国連機関事務所や在外公館への襲撃，職員への攻撃が相次ぎ，DDR遂行と治安回復には多くの時間とコストがかかると想定されている。

また，リビアの不安定化要因を理解するためには同国の地政学的なリスクにも着目する必要がある。リビアという国は日本の約５倍の国土面積（約176万平方km）を持ち，東にエジプト，南東にスーダン，南にチャドとニジェール，西にアルジェリア，北西にチュニジアという，低開発地域であったり政治・安全保障上のリスクを抱えていたりする６ヵ国と4,348kmにわたる長大な国境を接している。また北部は地中海に面しており，地中海諸国の中で最も長い海岸線（1,770km）を持つが，国土の９割以上は砂漠地帯が占めており，人口の大部分は地中海沿岸部の都市に集中している。つまりリビアは，内陸部・沿岸部の長大な国境と広大な砂漠地帯が適切に管理されなければ，地域の武装勢力，国際的な密貿易ネットワーク，国際犯罪組織等の流入，潜伏を許してしまうリスクを抱えているということである。そして政変以降，リビアは国境や砂漠地帯の治安を管理する能力をほぼ完全に喪失し，マリ北部のトゥアレグ武装勢力の潜伏拠点，AQIMや「イスラーム国」など多国籍武装勢力にとっての入植地，戦闘員の訓練や軍備補給拠点となり，多くの地政学的リスクにさらされている[25]。

（２）サヘル諸国

近年の北アフリカ～サヘル地域諸国の国内情勢不安定化は，上述のリビアにおける国境管理・国内治安維持の脆弱化によって大きな影響を受けている。その要因としては，当該地域において潤沢なオイルマネーを武器に大きな政治的影響力を保持していたカダフィ政権が2011年に崩壊し，域内パワーバランスが崩れたこと，また，リビア内戦によって大量の銃火器だけでなく，戦闘経験者（カダフィが雇用していた遊牧民トゥアレグ族の傭兵など）が地域内に拡散し，既存の武装勢力に加入，ないしは新たな組織を設立したことが大きく影響している[26]。2013年１月には，アルジェリア東部，リビア国境付近のイナメナスのガス関連施設が武装勢力「覆面旅団（現在は解散，アル・ムラービトゥーンに編入）」に襲撃され，日本人を含む複数の外国人が拘束・殺害されたが，襲撃に当たって「覆面旅団」はリビアで武器弾薬を調達していたとされる。また，2012年以降マリ北部地域では，リビア内戦に傭兵等の形で参加した遊牧民トゥアレグ族が高性能の銃火器とともにリビア南西部から流入し，民族独立を求めてマリ北部地域を制圧した。さらに，マリ軍部が国家の危機に対処できない政府を見限り軍事クーデターを実行，2013年にはフランスが同国に軍事介入を実施する[27]など，リビア内戦はマリの抱える構造的危機を顕在化させる引き金になった。チャドやニジェールでも，武装勢力による外国人の誘拐・殺人が頻発している。

また，リビアの長大な国境管理が内戦によって脆弱化し，同時に大量の銃火器が拡散したことは，AQIMの行動を活発化させる大きな要因となった。リビアの砂漠地帯では，AQIMの訓練施設と見られる場所が複数発見されている。AQIMには前述の「覆面旅団」の首謀者モフタール・ベルモフタールがかつて所属しており，また域内のイスラーム原理主義武装勢力と連携し，北アフリカ・サヘル諸国でのテロ活動や軍事攻撃，外国人誘拐を積極化させている。このように俯瞰すると，2011年のリビア内戦からAQIMの活発化，そして2013年のイナメナス事件にまで至る北アフリカ不安定化の連鎖が浮かび上がってくる。

サヘル地域の武装勢力は密輸や不法移民の斡旋等を通し，域内の有力者や地域社会とのネットワークを構築している[28)]。2011年のリビア内戦によってリビアの長大な国境管理が脆弱化し，同時に大量の銃火器が拡散したことも，サヘル地域の武装勢力のテロ活動や軍事攻撃，外国人誘拐等の活動を活発化させる大きな要因となった。現在，サヘル地域内の武装勢力には，民族的，宗教的，政治的背景や利害を共有する様々な分派が存在し，分離や融合を繰り返し，組織の分布や実態は極めて不明瞭である[29)]。これらの武装勢力は豊富な資金，周到なネットワーク構築，イデオロギーの流布によって活動を拡大させてきた。

2013年のフランス軍を主体とした軍事介入により，マリ北部の武装勢力は戦闘員数（約半数が死亡，負傷または脱走），組織（指揮系統，兵站，情報網の断裂），活動資源，支配地域などを失い，大きく弱体化したと言われる。しかし，組織が完全に破壊されたわけではなく，国境を越えて拡散した構成員は域内での攻撃を繰り返しており，頻発する事件は彼らの適応能力や攻撃能力がいまだに高いことを示している。また，仏軍の大規模な軍事作戦により指導的な幹部が多数死傷したことを受けて，AQIMや関連組織は複数指導体制や新たな行動様式を模索しているとされる。そのため彼らはエジプトやスーダンで活動している他の武装勢力や過激派組織とも接近し，広大なリクルート・ネットワークを構築，結果として多数の外国人戦闘員がサヘル地域に流入している。また，サヘル地域におけるAQIM勢力は再編成され，イフォガス山地[30)]での影響力を回復しつつあり，また軍備を強化しているという。武装勢力は特にリビア，チュニジア，アルジェリアの政府や国際機関，多国籍企業を主要な標的としつつ，サヘルから北アフリカに北上し，活動範囲を広げつつある。一連の事件を受け，域内各国の政府は国境警備の強化や一部国境の封鎖，警備体制の強化を行っているが，近年は周縁の砂漠地域だけでなく都市部においても武装勢力による事件が頻発し始めているのが実情である。

4　おわりに——武装勢力論の構築へ向けて

以上の通り本稿では，中東・北アフリカ～サヘル地域における紛争の頻発や国家機能の脆弱化，広大な不法地帯の出現が，当該地域を拠点とする武装勢力の活発化を可能にしたことを明らかにしてきた。章の最後に，断片的ではあるが，このような武装勢力の動向を国際安全保障の枠組みの中で捉え直し，日本として今後の対応を検討するための要点となり得るポイントを整理したい。

2013年1月に発生したアルジェリア・イナメナス事件に続き，2015年1月には「イスラーム国」および関連組織に拘束されていた日本人が殺害されるという事件も発生し，この地域におけるイスラーム過激派や武装勢力の動向がにわかに注目され，日本としての対応が議論されるようになった[31)]。中東・北アフリカ～サヘル地域の政治変動およびそれに伴う武装勢力の活発化は，もはや日本にとっても対岸の火事ではあり得ない。しかし，このような武装勢力の活発化に伴う新しい戦争形態が現地において構築されているにもかかわらず，日本ではこの現状に適切に対処し得るだけの情報収集・捜査・訴追体制や法整備が万全に進んでいるとは言い難い。現地で活動する日系企業や政府機関の安全確保，警戒強化は喫緊の課題であるが，同時に武装勢力の活動の背景や思考・行動様式を理解し，有事の際に冷静に対処できるような情報収集・分析に粘り強く取り組む必要がある。そのためには域内諸国の当局とも頻繁に二国間，多国間での交流を行い，情報を共有していくことが一層求められるようになるだろう。また，本稿では触れなかったが各組織の声明分析なども今後はさらに重要性が高まるであろう。外務省は「イスラーム国」による邦人殺害事件を受け，「過激主義を生み出さない社会の構築支援」として，「『中庸が最善』の実践（活力に満ち，安定した社会の実現），若者の失業対策，格差是正，教育支援，ポスト紛争国における平和の定着に向けた支援，人的交流の拡充（宗教指導者の招聘等を含む）」等を提示した[32)]が，これらの施策が効果的かつ持続的に実施され，武装勢力が地域社会から切り離されることが望まれる。

また，情報収集・分析に関しては，現在中東・北アフリカ〜サヘル地域では様々な武装勢力が離合集散を繰り返しており，個別の組織の動向分析と共に，より横断的な分析が必要となる[33)]。そうしなければ，カダフィ政権崩壊以降のリビア不安定化（2011年８月）から，マリ北部争乱（2012年１月以降），アルジェリア・イナメナス事件（2013年１月），そして「イスラーム国」の活発化（2014年６月以降）にまで至る地域情勢の不安定化と武装勢力の活発化の連鎖を包括的に捉えることは難しいだろう。さらに，地理的には隔たりのある主要国の動向も，現地における武装勢力の動向に直接的，間接的に影響を与えているという認識が必要である。この点については，日本と協調関係にある主要国が中東・北アフリカ〜サヘル地域にどのような政治的，経済的権益を保持し，また戦略的価値を置いているかというマクロな国際関係にも合わせて注意する必要があろう。

最後に，国際安全保障環境が変化する中で，国家が非国家主体である武装勢力とどう向き合うかという点について考察したい。国家はこれまで，武装勢力や地域コミュニティなどの非国家主体との交渉を想定してこなかった。日本でも，「イスラーム国」など武装勢力の活発化に関連して，日本政府として「『国家に準ずる組織』は存在しない」との考え方を基本としていることが指摘された[34)]。しかし，上述の通り武装勢力の活発化の背景には，国家の正統性やガバナンスの欠如という問題も深く関わってくる。武装勢力の軍事的制圧（もしくはその支援）だけでは，武装勢力との「新しい戦争」に対する勝利はもたらされず，地域諸国のガバナンス構築と地域社会の構成員の包摂が進まない限り，武装勢力が発生／活動しにくい環境も持続的に構築されない。非国家主体であるとはいえ，地域を実効支配し，豊富な資金と越境的なネットワークを保持し，現地政府のみならず日本を含めた各国の権益に挑戦する意思と能力をもつ武装勢力との対話を選択肢から排除し続けるままでは，武装勢力に対する効果的かつ持続的な戦略を描くことは難しい[35)]。

神谷は，「世界秩序構築の中心的主体は今なお国家である。だが，秩序とは，それを構築しようとする者の努力だけでは安定しない。秩序に従う意思が社会の構成員の間に広範に存在して，初めて安定が実現する。非国家主体が重要になったのは，この面においてである。従来，世界秩序の問題では，構築者としてもフォロアー（秩序に従う者）としても，もっぱら国家が想定されてきたが，…世界秩序のフォロアーとしては今や非国家主体をも考慮する必要があり，非国家主体から秩序に従う意思をいかにとりつけるかが，今後の国際安全保障上の重大な課題である」と述べる[36]。武装勢力の活発化によって，国際政治・安全保障環境における新たなダイナミズムが構築されている現状において，今後も武装勢力の活動とその背景，および今後の動向を観察・分析し，国際安全保障の枠組みの中で包括的に捉え直していく重要性はますます高まっている。

注

1）西谷修・土佐弘之・岡真理「『非戦争化』する戦争」『現代思想』第42巻15号，青土社，2014年，55頁。

2）厳密な定義はないものの，モーリタニア，セネガル，マリ，ニジェール，チャド，スーダン，南スーダン，エリトリア，ブルキナファソ，ナイジェリア，カメルーンの11ヵ国が含まれることが多い。

3）小柳順一「緊急人道支援のディレンマと軍隊の役割 国際人道組織との協働連携に関連して」『防衛研究所紀要』第8巻第1号，防衛研究所，2005年，81-104頁。

4）矢野哲也「対反乱作戦研究の問題点と今後の動向について」『防衛研究所紀要』第14巻第1号，防衛研究所，2011年，39-63頁。

5）公安調査庁「国際テロリズム要覧」，その他新聞各紙や雑誌記事（電子版を含む）等を元に筆者作成。なお，本稿執筆時点（2015年3月）において各種武装勢力は分離や融合を繰り返しており，組織の名前や構成，分布等は極めて流動的である。

6）たとえば Straus, Scott, "Wars do end! Changing patterns of political violence in sub-Saharan Africa," *African Affairs*, Vol. 111, Issue 443, pp. 179-201, 2012等。

7）「総じてイスラーム国の結束力を，明確な指揮系統を有するカリフ制，強固な組織構造，そして包括的なイデオロギーによるものとしてとらえるわれわれの認識は，イスラーム国のプロパガンダ装置によって創りだされたままのものなのだ。」（アリレザ・ドゥーストゥールダール，後藤あゆみ訳「いかにイスラーム国を理解すべきか」『現代思想』第42巻第15号，青土社，2014年，65頁）

8）本稿では，現在シリア・イラクにおいて活動する武装勢力「イスラーム国（Islamic State/IS）」の活動を適宜断片的に分析するものの，主たる考察対象とはしない。同集団が現在の中東・北アフリカ情勢および国際安全保障環境に対して極めて大きなインパクトを及ぼしていることは事実だが，同集団の規模，活動，およびそれを取り巻く国際的状況は極めて流動的なもので，本稿執筆時点（2015年3月）ではその性質や動向を包括的に検証するに足る十分な情報を獲得し得ないと考えるからである。

9）たとえばソマリアの武装勢力「アル・シャバーブ」について，中西（和田）は，ソマリア国内の不安定な状況は反政府勢力の存在のみに起因するものではなく，ソマリア政府の脆弱な統治能力や忠誠心の低い国軍もその要因であると論じている（中西（和田）杏実「ソマリアにおけるイスラーム原理主義の動向 アル・シャバーブの形成過程と過激化を中心に」『防衛研究所紀要』第14巻第2号，2012年，65-88頁）。また遠藤も，20年以上中央政府を喪失してきたソマリアにおいては，イスラーム法廷や氏族の長老等の非国家主体が政府に代替する秩序の提供を行ったことを指摘している（遠藤貢「機能する「崩壊国家」と国家形成の問題系：ソマリアを事例として」（佐藤章編『紛争と国家形成――アフリカ・中東からの視角』アジア経済研究所，2012年，173-209頁）。

10）Reno, William. *Warfare in independent Africa*, Cambridge University Press, 2011. および，遠藤貢「アフリカにおける武力紛争からの脱却への課題」『国際問題』第621号，国際問題研究所，2013年，20頁。

11）現代シリア政治を研究する高岡は「イスラーム国」について，現在のように勢力を伸ばした原因としてイラクの政情の混乱とシリア紛争を挙げており，特に本来の活動地のイラクで衰退した勢力を回復する契機としてシリア紛争が重要であったと述べている（高岡豊「『イスラーム国』とは何者か どこから来てそしてどこへ行くのか」Diamond Online, http://diamond.jp/articles/-/61943（2014年11月11日閲覧））。

12）小林周「北アフリカ国境地帯の不安定化」拓殖大学海外事情研究所（編）『年鑑 海外事情2014』創成社，2014年，249頁。

13）「誰にも統治されていない空間（ungoverned space）」とも表現されることが多い。

14）遠藤，前掲書，17-27頁，および，Lovetta Napoleoni, “The Islamist Phoenix,” *Seven Stories Press,* U.S.A., 2014.

15）小林周「リビアにおけるイスラーム主義組織展開の歴史的背景」『中東研究』517号，公益財団法人中東調査会，2013年，48-53頁。

16）サヘル地域においては，ナイジェリアとカメルーンを除く全ての国が国連によって後発開発途上国（LDC：Least Developed Country）に認定されている。また，サヘル地域に近接するスーダン，南スーダン，ソマリア等も同様にLDCに認定されている。

17）米NBC放送“Meet the Press Transcript” 2014年9月7日付 <http://www.nbcnews.com/meet-the-press/meet-press-transcript-september-7-2014-n197866>（2014年10月1日閲覧）。

18）吉崎知典，道下徳成，兵頭慎治，松田康博，伊豆山真理「交渉と安全保障」『防衛研究所紀要』第5巻第3号，防衛研究所，2003年，96-154頁。

19）Clapper, James R., *Worldwide Threat Assessment of the US Intelligence Community*, Office of the Director of National Intelligence, 2014. および篠田英朗『平和構築入門』ちくま新書，2013年。

20）UNHCR Humanitarian Situation Update no13.
<http://www.japanforunhcr.org/act/a_africa_libya_01>（2012年3月15日閲覧）

21）小林周「カダフィ政権崩壊後の新生リビアの展望」『アフリカ』第52巻第3号，一般社団法人アフリカ協会，2012年，28-33頁。

22）小林周「不安定化の「連鎖」――リビアから「イスラーム国」への戦闘員流出」『中東研究』第522号，公益財団法人中東調査会，2015年，44-54頁。

23）小林，前掲，「リビアにおけるイスラーム主義組織展開の歴史的背景」。

24）The Economist “Why and how Westerners go to fight in Syria and Iraq” <http://www.economist.com/news/middle-east-and-africa/21614226-why-and-how-westerners-go-fight-syria-and-iraq-it-aint-half-hot-here-mum>（2014年9月2日閲覧）.

25）小林，前掲，「不安定化の「連鎖」――リビアから「イスラーム国」への戦闘員流出」。
26）小林周「北アフリカ～サヘル諸国におけるアルカーイダ系勢力の活動拡大」拓殖大学海外事情研究所（編）『年鑑 海外事情 2014』創成社，2014年，249頁。
27）2013年１月から４月にかけてフランス軍がマリ共和国北部を占拠していた複数の武装勢力鎮圧のために行った軍事作戦（Operation Serval）。2012年頃から，アンサール・ディーン，AQIM，「西アフリカ統一聖戦運動（The Movement for Unity and Jihad in West Africa）」などの複数の武装勢力がマリ北部を制圧・支配し，南部の首都バマコまで侵攻中であった。
28）国際連合安全保障理事会 “Pursuant to Resolutions 1267 (1999) and 1989 (2011) concerning Al-Qaida and associated individuals and entities” <http://www.un.org/sc/committees/1267/NSQI13603E.shtml>（2014年10月１日閲覧）
29）たとえばアルジェリア・イナメナス事件を指揮したとされるベルモフタールは，2013年８月に「覆面旅団」および「西アフリカ統一聖戦運動」が解散し，新組織「アル・ムラービトゥーン」を結成したと発表した。しかしそれ以降も「覆面旅団」や「西アフリカ統一聖戦運動」によるものとされる犯行が確認されるなど，実態は不明瞭である。
30）Adrar des Ifoghas，マリ北東部からアルジェリア南部にまたがる山地。
31）中東調査会は中東・北アフリカのイスラーム過激派に対する継続的な分析を踏まえて，「『イスラーム国』やイスラーム過激派が2015年１月に突如日本に対する認識を変更して敵視に転じたわけでも，これまで日本がイスラーム過激派に敵視される理由がないわけでも，イスラーム過激派による日本敵視が何かの誤解に基づいているわけでもない」と指摘する。中東かわら版231号「イスラーム過激派：「イスラーム国」が日本人２名の処刑を予告＃２」公益財団法人中東調査会 <http://www.meij.or.jp/members/kawaraban/20150122111410000000.pdf>（2015年１月22日閲覧）。
32）外務省報道発表「邦人殺害テロ事件を受けての今後の日本外交（３本柱）」<http://www.mofa.go.jp/mofaj/press/release/press3_000074.html>（2015年２月18日閲覧）。
33）とはいえ，世界には多様な武装勢力（とカテゴライズされる組織や集団）が存在しており，それぞれが固有の背景や戦略を持って活動しているため，「武装勢力」と一般化して論じていく上での限界と，個別の事例に対する詳細な分析の必要性は認識する必要がある。
34）朝日新聞「邦人救出に自衛隊派遣も 政府が想定問答，法整備条件で」（2015年１月28日）<http://www.asahi.com/articles/ASH1W5HCQH1WUTFK006.html>（2015年２月12日閲覧）。
35）たとえばリビアにおいて UNSMIL は全国的な紛争調停の呼びかけに当たり，政党や武装勢力を含めた「全ての主要な関係者」が対話に参加するべきであると強調している。
36）神谷万丈「ポスト９・11の国際政治におけるパワー 変容と持続」『国際問題』第586号，国際問題研究所，2009年，34頁。

第15章
インド・パキスタンの戦争方法
――「核の下での通常戦争」をめぐる動き――

栗田真広

1　はじめに

（1）本研究の意義と目的

本稿の目的は，1947年の独立以来主にカシミール地方の領有権をめぐって対立してきた印パ両国が，それぞれ相手国を意識する形で構築してきた通常戦争面での「戦争方法」が，1998年の核実験から15年以上経った現在，どのように変化したのかを明らかにすることである。核保有以降の印パ紛争の通常戦争面は，2004年のインド陸軍の限定通常戦争ドクトリンの発表が一時的に注目を集めた時期を除けば，核の側面やパキスタンのテロ支援などの低強度紛争面と比べて相対的に注目度が低い。

しかしながら，印パ両国がともに，現在も活発に通常戦力面での能力拡充に多大なリソースを投じ，かつ「戦争方法」を規定したドクトリンの変革に力を注いでいることに加えて，後述するように，近年，それらの動きが，印パ間の戦略的安定性を揺るがしかねない方向へと向かいつつある。これらを勘案するならば，2010年代の現時点において，印パ紛争の通常戦争面を考察することには大きな意義があると言えよう。

（2）安全保障論の視座と本稿の構成

同時に，本研究の意義として，印パ研究を越えたより一般的な安全保障論，特に核抑止論への含意にも触れておく。今日，核抑止論の領域では，米ソの文脈を離れた核保有国間の地域紛争の文脈での抑止に関する研究が盛んであるが，そうした地域紛争に共通するのは，米ソ冷戦と比べ，戦略核抑止の当事国間で，紛争全体の中での通常戦争の比重が大きい点である。

もちろん，冷戦期の核抑止論の中でも通常戦争は重要な側面として扱われてきたが，それはあくまで拡大抑止の文脈に限定され，戦略核抑止の当事者である米ソ間の通常戦争は，あまり意識されることがなかった。こうした米ソの「特殊性」を踏まえるならば，核保有国間の地域紛争における抑止のあり方への理解を深める上で，そうした地域紛争のいわば先駆的ケースである印パ紛争において，通常戦争面での紛争の様態がいかなる変遷を遂げてきたのかを理解することは，理論的にも重要な意味をもつものと思われる。

本稿の構成は次のようになる。まず，印パそれぞれについて，1998年の核実験前に，両国がそれぞれ相手国を意識して構築してきた通常戦争面での「戦争方法」を概観した上で，2000年代に発生した，それらの「戦争方法」に影響を与え得る事象と，それを受けた2010年代の「戦争方法」を考察する。そして最後に，2010年代の両国の「戦争方法」が，今後の印パ間の戦略的安定性に対してもつ含意について触れることとしたい。

なお，本論に入る前に，二つの点につき断っておきたい。印パ両国の通常戦力は，必ずしもお互いに対してのみ向けられたものではなく，インドは中国をより大きな脅威として認識し，対中警戒の観点からも通常戦力を積み上げてきたし，パキスタンは相対的にインドを主眼にしている程度が大きいとはいえ，アフガニスタンへの警戒に戦力を割いてもいる。しかしながら紙幅の都合上，本稿では戦略的安定性の観点から最も重要と思われる，インドの対パキスタン，パキスタンの対インドの「戦争方法」に焦点を絞った。

また，その「戦争方法」の中でも，本稿の記述は基本的に，陸軍を中心とする「戦争方法」に焦点を当てている。これは，両国の主戦場が陸上であることに加え，陸軍が海空軍に比べて国内で相対的に強い政治力をもち，陸軍を軸に海空軍のアセットを用いた「戦争方法」の議論が主流を占めてきたことを反映している。もちろん，軍種間対立や自軍種の存在意義の主張のため，両国の海空軍が陸軍主体のものとは異なる「戦争方法」を模索してきた経緯は無視できないが，これも紙幅の都合上，基本的に割愛した。

2　インドの戦争方法

印パ紛争の中でのインドの姿勢は，パキスタンに対して総合的な国力でも軍事力でも圧倒的に優っているにもかかわらず，総じて受動的かつ防御的なものであった。その背景には，カシミール紛争ではインドが基本的に現状維持側であることに加えて，初代首相ジャワハルラール・ネルーから続く，軍事力の活用への消極性があった。

ただ，その姿勢には1980年代から少しずつ揺らぎが表れた。インドの防衛専門家のアリ・アフメドは，同国の対外政策上の姿勢について，1970年代は戦略的防御性（strategic defensiveness）であり，1980年代に戦略的攻撃性（strategic offensiveness）へとシフトした後，1990年代に再び戦略的防御性へと回帰，その後2000年代に最終的に戦略的攻撃性へ転換したとの見方を示す[1)]。以下，この区分に沿ってインドの通常戦争面での対パ「戦争方法」の変化を見ていきたい。

（1）スンダルジー・ドクトリン

初めてインドの対外政策が「戦略的攻撃性」へとシフトした1980年代，印パ紛争には二つの重要な変化があった。第一に，ソ連のアフガン侵攻を受けて，パキスタンに西側から大規模な軍事援助が流れ込み，同国の軍事力が顕著に伸びた。第二に，第三次印パ戦争での敗北後，武装勢力支援のような低強度紛争への傾倒を強めていたパキスタンが，1980年代初頭からのインド・パンジャーブ州でのシク教徒の反乱を支援し，これが泥沼化していた。

こうした状況がインドの危機感を募らせる一方，軍の能力強化に向けた環境が整いつつもあった[2)]。すなわち，外貨準備の回復に加え，新冷戦の最中のソ連がインドへの影響力保持のため武器供与に積極的になっていたし，何より1980年代の大半を統治したインディラ・ガンディー，ラジヴ・ガンディーの両首相は，対外政策上の軍事力活用に積極的であった。結果として，インド軍には当時最新鋭の戦車や火砲，戦闘機が導入された。

軍の能力拡張を受けて，それ以前の防御的なドクトリンから転換する形で採用されたのが，1986～88年の陸軍参謀長の名を冠した「スンダルジー・ドクトリン」である[3)]。このドクトリンの下では，陸軍の部隊は，平時から国境付近に配備され，有事には防御に専念する防衛軍団（Holding Corps）と，平時には内陸部に配備され，有事に攻勢作戦を担う機甲師団を中心とした打撃軍団（Strike Corps）の二種類に編成される。通常戦争が発生すると，まずは防御軍団がパキスタンの攻勢を食い止め，その上で打撃軍団を相手国領土へと突入させ，領土を大きく占領する。公言されてはいないが，打撃軍団はパキスタンの砂漠地帯から突入して同国を南北に寸断することが想定されており，そうした攻勢能力を誇示すること自体が，「通常戦力による懲罰的抑止」[4]と捉えられていた。このドクトリンを体現していたのが，1986～87年に行われ，印パ間の軍事危機にも発展したブラスタックス演習であった。

しかしこのドクトリンには，攻勢に打って出るまでに多大な時間を要するという難点があった。防御軍団と打撃軍団という役割分担の結果，平時から印パ国境付近に展開している防御軍団は，必要が生じても，その配置を活かして迅速に攻勢を行う能力がない[5]。他方，内陸部から打撃軍団を動員して態勢を整えるには１ヵ月近くを要し，対するパキスタンは国土の狭さが幸いしてより短い時間で防御態勢を整えることが可能であるため[6]，打撃軍団の突入は必然的に難しくなる。これらの問題点は，1980年代後半からのパキスタンの核兵器開発に起因する問題と相まって，2000年代のドクトリン改定へとつながっていく。

（2）安定－不安定のパラドックスと「コールド・スタート」

1990年代，国内政治上の混乱や経済改革の難航から，インドの対外政策は「戦略的防御性」へと回帰せざるを得なかった[7]。だが，戦略環境は悪化の一途にあった。1980年代末に事実上の核保有に至ったパキスタンは，仮にインドがスンダルジー・ドクトリンの想定するような作戦に出れば，核使用に訴えるのは自明であったし，またインドが攻勢作戦の準備に要する１ヵ月という時間は，核戦争を恐れる国際社会がインドに外交的圧力をかけるのに充分であった。1998年５月の核実験でパキスタンが公然の核保有国となったことで，こうしたインドの苦境はより悪化した。

加えて，1989年からのインド側カシミールでの反乱が，パキスタンの支援を受けて激化していた。これについて，インドでは1990年代初頭から，パキスタンが安定－不安定のパラドックス（stability-instability paradox）を利用し，核抑止でインドの通常戦力による報復を防ぎつつ，「安全に」反乱支援などの低強度紛争に従事しているとの見方が出始めていた[8]。1999年に，パキスタンが武装勢力に偽装させた準軍事組織を，実効支配線を越えてインド側カシミールに送り込んだカルギル紛争，そして2001年の，パキスタン情報機関との関係が疑われるテロ組織によるインド国会襲撃は，こうした見方を強める方向で作用した。

この認識の下，インドは1990年代の「戦略的防御性」から脱却し，国会テロ事件に端を発した二頂点危機を契機に，軍事力を背景とした「強制（compellence）」を試みるような，より攻撃的な姿勢へと転換する[9]。しかし，その二頂点危機では，先述した核抑止の下でのスンダルジー・ドクトリンがもつ限界により，対パキスタン強制は成功しなかった。

この二頂点危機での失敗こそが，新たなドクトリンへと結実することになった。そのベースとなったのは，カルギル紛争の後，当時の国防相らが提唱していた，核抑止下での限定通常戦争があり得るという考えであり[10]，これをより体系的なドクトリンとしてインド陸軍が発表したのが，2004年のコールド・スタート（Cold Start）である[11]。

コールド・スタートの目的は，安定－不安定のパラドックスの下でのパキスタンの低強度紛争を抑止するため，核抑止の下でも履行可能な，報復としての限定通常戦争オプションを用意することにある[12]。ここでは，国際社会の外交的介入およびパキスタンの動員完了より前に行動すること，また同国の「核の敷居」を越えない，限定的な目標の追求が重視される[13]。

具体的にはまず，従来の打撃軍団ではなく，より機動的で，機械化戦力を中心とした師団規模の8個の統合戦闘群（Integrated Battle Group：IBG）を攻勢作戦の核とし，これらをそれぞれパキスタン国境の異なる箇所から，空軍および海軍航空隊の近接航空支援を伴って突入させる[14]。加えて，従来は防御に専念していた防御軍団を，機甲戦力並びに砲兵戦力を補強し，開戦直後の段階で限定的な攻勢作戦に投入できるようにする。

IBGの突入は，2001年の国会襲撃のようなテロ攻撃の発生などを受けて，動員下令から72～96時間以内に行われ，印パ国境から約50～80kmの浅い範囲で領土を占領し，停戦後の交渉材料とする一方，陸上火力と航空攻撃によって，パキスタン陸軍の戦争遂行能力に多大な損害を与える。こうした作戦は，単なる迅速な限定戦争というだけでなく，陸軍と海空軍の緊密な連携を必要とする統合作戦であるとともに，複数の地理的に分散したユニットをネットワーク化することで，情報共有や情勢認識の向上を図り，意思決定の速度を速め，ユニット間の相乗効果を高める，いわゆるネットワーク中心の戦争（Network-Centric Warfare：NCW）の要素を帯びたものである[15]。なお，従来型の打撃軍団の活用も排除されておらず，IBGの後に投入してパキスタン側の打撃軍団の破壊や大規模な領土の占領を行うオプションも存在する。

先述の通り，コールド・スタートの目的は，核抑止の下での限定通常戦争を遂行可能にすることにより，パキスタンの低強度紛争を抑止する点にある。この文脈で言えば，同ドクトリンの発表は非常に大きな注目を集め，パキスタンにインドの断固とした姿勢を伝達するとともに，国際社会に，テロ支援の問題に関して対パ圧力を強めるよう訴える効果をもったために[16)]，それ自体が一つの成功ではあった。ただ，当然ながらインド軍は以降，このドクトリンを運用可能なものにしていくための努力を進めた。たとえば，T-90戦車やSu-30MKI戦闘機の獲得などの装備の増強に加えて，同ドクトリンに沿った演習や[17)]，陸軍の新たな南西司令部の設置もこの文脈で行われた[18)]。

（3）2010年代の戦争方法

2004年の発表後に注目を集め，その含意が盛んに論じられたコールド・スタートであったが，以後の展開は華々しいものとは言えなかった。2008年11月には，まさに同ドクトリンが念頭に置いていたような事態として，ムンバイでの大規模なテロ事件が発生し，テロ組織とパキスタン情報機関の関係が疑われたが，インドはこのとき軍事オプションはとらず，外交的な対応に終始した。また，2004年の軍によるコールド・スタート発表以降，文民政府側は同ドクトリンの存在を認めてこなかったが，2010年には当時のV. K. シン陸軍参謀長が，「『コールド・スタート』などというものは存在しない…（中略）…近年我々は，動員システムの改善を進めているが，基本的な軍事態勢は防御的である」と述べ，当の陸軍さえもその存在を否定するに至った[19)]。

そもそも，コールド・スタートが描くような限定通常戦争遂行能力には，多くのハードルが指摘されていた。たとえば，同ドクトリンに関する代表的論文で知られるウォルター・ラドウィグは，2009年の論考で，インドが必要な能力の獲得を進めているとはしつつも，依然として，装備の老朽化による即応性の低さ，自走砲の不足，代替部品の欠如や兵站ネットワークおよび整備設備の不充分さ，NCWの遂行に必要な情報技術活用を可能にするための大規模な衛星通信設備の欠如，有能な下士官の不足などの課題を挙げている[20)]。

加えて，時間が経っても解決に向かうとは考えにくい，より構造的な要因として，軍種間対立と民軍関係の問題がある。先述の通り，高度な統合作戦の側面をもつコールド・スタートであるが，これは陸軍を「主」，海空軍を「従」とした統合作戦のビジョンであり，海空軍からはその構想にほとんど支持を取り付けられなかった[21]。また，厳格な文民統制の伝統をもつインドにあっては，軍がどのような作戦を思い描こうと，実際に文民政権側が限定通常戦争のようなリスクの高いオプションを承認する可能性は低いと見られている[22]。

ただ，2012年1月にシン陸軍参謀長は，「コールド・スタートなどというものは存在しない」ものの，「我々は，我々のドクトリンや戦略が要請するものを達成するために，積極的な（proactive）方法で策を講じる，積極戦略（proactive strategy）を有している」と述べた上で，二頂点危機の時点から，手法の改善や前方基地の新設等によって，部隊配備や動員にかかる時間が大幅に短縮されてきていることに言及した[23]。

この発言を受けて，コールド・スタートは事実上，積極戦略に受け継がれているとして，両者を等値する見方もある[24]。だが実際のところ，インド軍は内部で，「積極戦略」の大枠の下で様々な選択肢を比較検討していたとされる。すなわち，IBGによる攻勢作戦を核とした，いわゆるコールド・スタートもその一つとして検討されていたものの，現在までに概ね排除され，従来型の打撃軍団の動員時間短縮と，限定的攻勢能力を付与された防御軍団による開戦初期段階での攻勢作戦に落ち着いた模様である[25]。ただ，NCWや統合作戦といった要素は引き続き重視されており，2010年代以降の主要な演習の内容からも，こうした点は見て取ることができる[26]。

しかしながら，IBGの突入でも核エスカレーションの可能性が指摘されていたところを，従来型の打撃軍団の投入はより一層の危険を伴うのは必然である。この点を捉えて，余程甚大な軍事的挑発でもない限り，政治指導部は積極戦略の履行を承認しないとの指摘もある[27]。

3　パキスタンの戦争方法

印パ紛争の経緯の中で，両当事国の姿勢を比較した場合に，防御的かつ受動的なインドに対し，パキスタンはより攻撃的かつ積極的に主導権を握ろうとしてきたと言える。こうした評価は，カシミール問題において同国が現状打破側であることに加えて，紛争の軍事的側面において，先行核使用を排除していないこと，インド側カシミールでの武装反乱を支援してきたことを捉えたものであるが，同様の姿勢は，通常戦争面での「戦争方法」にも反映されてきたところがある。

（1）攻撃的防御ドクトリン

独立以降，総合的な国力でも軍事力でも圧倒的に「大きな」インドと対立してきたパキスタンにとって，インドの軍事的圧力をかわすためには，外部の大国との同盟関係と並んで，通常戦力面の有効な抑止力の構築は，常々重要な課題であった。そして，その対印抑止力の中核となってきたのが，いわゆる攻撃的防御（Offensive-Defense）ドクトリンである。

攻撃的防御は，公式な形で発表こそされていないが，1950年代末から1960年代初頭にそれ以前の防御的なドクトリンからの転換が為されて以来[28]，一貫してパキスタン軍の「戦争方法」の基調となってきた。このドクトリンは，インドとの通常戦争において，開戦初期の段階でインドが被る戦争のコストを受け入れがたいレベルに増大させ，早期の停戦に応じさせることで，短期間に，かつパキスタンが主導権を握った状態で戦争を終結させることを目指す[29]。そのために，戦争の早い段階での攻勢作戦が重視され，インドの軍事的に脆弱な地域への攻勢を行い，主導権を握るとともに，インド軍に多大な損害を与える。この過程で相手の領土を占領し，停戦後の交渉を有利に進めることも念頭にある。

攻撃的防御の考え方は，戦力増強の傾向にも反映されており，攻勢作戦で重要な機動力と火力を強化すること，その上では質的・技術的に優れた装備を獲得し，数的な不利を相殺することが重んじられてきた[30]。具体的には，まず重視されたのが空軍力であり，優れた空軍力は地上部隊の火力の補強のみならず，地上部隊の機動性と生存の確保や，軍全体の攻勢能力の強化にも重要と認識されてきた[31]。また空軍力ほどではないが，戦車を中心とした陸軍の機甲戦力が重視されてきたのも，火力と機動力の向上による攻勢能力強化のためと考えられる。攻勢の中心は，インドと同様，機甲師団を核に陸軍の攻勢能力を集約した打撃軍団である[32]。現在進行中のものを除けば，パキスタンの大規模な軍事力拡張は，1954～65年，1979～90年の二度行われたが，いずれの時期でも欧米から最新鋭の戦闘機や戦車の獲得が行われており，こうした姿勢が見て取れる[33]。

パキスタンが一貫して攻撃的防御を採用してきた理由は，大きく分けて二つの点から指摘できる。第一に，これは対印通常戦争で問題となるはずの同国の弱点を，ある程度和らげられるものであった。戦争が短期間で決着するならば，経済的な体力の不均衡はそれほど問題ではないし，インド軍はパキスタン軍の二倍の規模をもつとはいえ，平時は部隊を分散配備しており，対パ戦線への振り向けに時間がかかるため，戦争の初期段階では必ずしもパキスタンが数量面で不利にはならない[34]。加えて，パキスタンの国土は幅が狭く，南北をつなぐ幹線道路や大都市が国境に近いことから，同国にとって「空間と時間を引き換えにする」選択肢は取りえず，戦争を相手国の領土か国境地帯で戦うことによってのみ，そうした弱点を克服できる[35]。第二に，パキスタンは常に外部の大国と関係を深めてインドに対抗してきたが，インドとの戦争時に大国を「引っ張り込む」形で停戦圧力がかかることを予期できるのであれば，長期戦は戦えずとも，戦争の初期段階で主導権を握ることに注力しておく方が，停戦後の交渉で優位に立てることになる[36]。

攻撃的防御が実践された例として，1990年に当時のアスラム・ベーグ陸軍参謀長の主導で行われた，パキスタン軍史上最大のザルビ－モミン（Zarb-e-Momin）演習が挙げられることが多い[37]。ただ，第二次・第三次印パ戦争でのパキスタン軍のアプローチも，概ねこれに沿っていたし[38]，より最近の事例では，1986-87年のブラスタックス危機や，2001-02年の二頂点危機でも，大規模侵攻を威嚇するインドに対して，パキスタンは打撃軍団をインド側パンジャーブへの反攻を想起させる形で配備し，抑止のシグナルを送っている。

（2）コールド・スタートと対テロ戦争の影響

二頂点危機でも攻撃的防御に基づく抑止のアプローチが取られた点からも分かるように，1998年の核実験そのものは，通常戦争面でのパキスタンの「戦争方法」には直接影響しなかったと見られる。2000年代初頭に核兵器の運用化が行われた後，パキスタンの国家指揮部（National Command Authority）が出した戦力構築に関する指針には，通常戦力面での戦争計画は核兵器の使用に依存するものであってはならず，通常戦力自体として信頼に足るものでなければならないとの内容が含まれていたという[39]。

しかしながら，2000年代半ば以降，パキスタンにとって状況が悪化し始める。第一に，インドのコールド・スタートは，その内実はどうあれ，パキスタンにとっては極めて危険に映った。これにはもちろん，パキスタンの「核の敷居」を越えない限定戦争を追求するという方向性が，同国の核抑止の有効性を減じてしまうことへの警戒感が影響していたが，それだけでなく，攻撃的防御とそれに基づく通常戦力面でのパキスタンの対印抑止を困難にする面もあったと推察される。攻撃的防御は通常戦争の初期段階で主導権を獲得し，自国が優位に立った状態で，短期間で停戦に持ち込むことを目指すものであるが，コールド・スタートは逆にインドが戦争初期段階で主導権を取ることを志向し，こうしたパキスタンのアプローチの成功を困難にしてしまうのである。

同時に，パキスタン自身の対テロ戦争の激化の影響も深刻であった。同国は9.11以降，米国などの対テロ戦争への協力として，アフガニスタンとの国境地域に陸軍部隊を展開していたが，2000年代後半，特に2009年以降に，部族地域においてパキスタン陸軍が武装勢力の掃討作戦を本格化させたことで，さらに多くの部隊を振り向けなければならなくなった。2010年時点では，部族地域や北西辺境州での作戦のため，10万人近くの兵力をインド国境から振り向けていたとされ[40]，攻撃的防御の要である打撃軍団からも部隊が派遣されている[41]。この状況下では，通常通りの攻撃的防御を可能にする態勢の維持も難しくなる。

こうした中で，インドのコールド・スタートに対するパキスタンの一つの回答が，2011年４月に初実験が行われたナズル戦場短射程弾道ミサイルに象徴される，戦術核兵器の導入であった[42]。侵攻してくる敵機甲部隊などを標的とした戦術核は，都市などを標的とし，相手国からの同様の報復を招きやすい戦略核と比べ，使用のハードルが低い。インドにとって，パキスタン領内に突入させたIBGの一つが戦術核攻撃を受けた場合に，パキスタンの主要都市を対象とした核報復に踏み切ることには相当な躊躇が生じるであろう。そうしたオプションの存在は，パキスタンの「核の敷居」を踏み越えない限定通常戦争を追求するインドのコールド・スタートに対して，たとえ限定通常戦争であっても核使用に訴えるとの威嚇により高い信頼性を付与し，結果として抑止力の強化につながることになる[43]。一方で，これはまさに「核の敷居」を下げる，言い換えれば核エスカレーションが生起する可能性を高めることに他ならず，いざ通常戦争が発生した場合には，大きな危険を伴うと言える。

（3）2010年代の戦争方法

しかしながら，パキスタン軍はコールド・スタート対策を戦術核のみに委ね，通常戦力での対処を諦めたわけではなかった。米国の武器禁輸措置に苦しんだ1990年代とは一転，2000年代は対テロ戦争での米国との接近や中国とのさらなる関係緊密化を背景に通常戦力面での装備の更新が進み，象徴的なところでは米国からF-16C/D Block 52戦闘機，中国から共同開発のJF-17戦闘機やMBT-2000戦車の導入が行われた。

そうした中で注目すべきは，2009年からの４度にわたるアズメーナウ（Azm-e-Nau）演習を経て採用された，パキスタン軍の新戦争概念（New Concept of War）であろう。これは，インドのコールド・スタートへの対処を念頭に，同ドクトリンに沿ったインドの侵攻に対して先制する（preempt）ことを目指したもので，具体的には，動員時間の短縮と，陸海空軍の統合作戦に重点を置くとされる[44]。

新戦争概念は文書等の形で発表されたものではないため，詳細は確認できないが，その概念をテストする形で行われた一連のアズメーナウ演習，特にザルビーモミン演習以来最大の演習となった2010年のアズメーナウⅢ，2013年のアズメーナウⅣは，同概念の内容について一定の示唆を与えてくれる。これらの演習には，たとえ西部国境での対テロ戦の最中であっても，インドの通常戦力の脅威には充分対処できるとのシグナルを送る意図があったとされる[45]。前者では，インドのコールド・スタートの下でのIBGの突入を模したと思われる敵部隊が奇襲により領土を占領したのに対し，対戦車部隊がそれを迅速に奪還する作戦が試行された[46]。後者は，陸軍と空軍の戦闘機による，圧倒的な火力を誇示するような内容の演習となっていた[47]。

従来の攻撃的防御のドクトリンと，今回の新戦争概念との関係について，何らかの明確な説明があるわけではない。ただ，多くの識者は，アズメーナウ演習の内容をみる限り，これらは単なる防御的な作戦に留まるものではなく，インド領内への反攻を念頭に置いた，攻撃的防御の基本的なスタンスを踏襲したものであるとの見方で一致している[48]。また，先述の通り，アズメーナウⅣ演習の中では，元々攻撃的防御ドクトリンの要であった火力重視の姿勢が維持されていることが明確に見て取れる。こうした点を踏まえるならば，パキスタンの防衛アナリストのレーマン・ハタクが指摘するように，2010年代でも，攻撃的防御の要素は引き続きパキスタンの「戦争方法」に継承されていると言えよう[49]。

4　おわりに――南アジアの戦略的安定性への含意

ここまで見てきた両国の2010年代の「戦争方法」から指摘できるのは，「次」の危機が発生した場合，すなわち2001年のインド国会テロ事件のような事態が発生した場合に，仮にインドが軍事力の使用に踏み切るならば，そこから急速なエスカレーションが発生する危険が以前より高まっている点である。従来は，パキスタン側こそ戦争の初期段階でのイニシアティブを重視していたものの，インドが受動的であり初動に時間を要していたため，事態のエスカレーションには一定の時間を要した。だが，積極戦略の下でインドも攻撃に踏み切るまでの時間を短縮し，パキスタンは引き続き攻撃的防御に則るとともに，そのインドの軍事行動に先制することを志向するのであれば，否応なしに，両国間の相互作用の中で極めてテンポの速いエスカレーションが発生することになる。

さらにここで留意しなければならないのは，印パ両国が実態として有する能力以上に，宣言政策としてのドクトリンや軍事力構築の方向性から印パそれぞれが読み取る相手国の「意図」に関する認識が，そうしたプロセスを加速させてしまうという点であろう。実際にインドが，コールド・スタートの描くような限定通常戦争を行う能力を追求しているのか，また現時点で有しているかにかかわらず，パキスタンはそれを前提として動いている[50)]。そうである以上，インドが動員に向けた動きを見せた時点で，その後に続く行動が何であるかにかかわらず，パキスタンには，インド側が即座に限定通常戦争に踏み切ってくる可能性を予期し，これに対処するための措置を一刻も早く取る方向への強い圧力が働く。そのとき懸念されるのは，戦争は不可避と考えたパキスタン側が通常戦争に踏み切るか，早い段階で戦術核使用に訴えることである。対するインドは，いったん通常戦争が始まれば，常にパキスタン側の戦術核使用の可能性を意識しながら行動することになる。インドは核の先行不使用を宣言しているが，一方で戦術核使用に対しても大規模な報復核攻撃を行うと表明している以上[51)]，危機の圧力の下で，パキスタンの戦術核使用が差し迫ったと認識されれば，少なくとも核威嚇の応酬へと発展し，核エスカレーションの危険が増大する。

逆説的ながら，いったん通常戦争の「敷居」が踏み越えられた場合に予期されるこうしたエスカレーションの起こりやすさそのものが，究極的に通常戦争の生起に対する抑止力をより強めてきた面は確かにあろう。だが，両者がともに，相手国に対してイニシアティブを取る形の「戦争方法」を採用していることは，両国間の抑止が，緊張が高まった場合に「先に叩く」誘因が強まる，いわゆる危機の不安定の形で崩れる強い危険をはらんでいるとも言える。2010年代の印パ両国の通常戦争面における「戦争方法」は，戦略的安定性の観点から極めて危険なものであるとの評価をせざるを得ない。

印パ間のこうした状況に，わが国を含む国際社会はどう向き合っていくべきなのだろうか。そもそも，危機発生時に国際社会が外交的な介入を行うだけの時間的余裕が失われつつあることに加えて，もう一つ懸念されるのは，2001～02年の二頂点危機をはじめ，過去の印パ間の危機において調停役となってきた米国が，今後の危機においても同様の役割を果たしうるかが危うくなっている点であろう。2000年代後半以降，米印の接近や，対テロ戦争，さらにはパキスタンの核セキュリティをめぐる問題などに起因して急激に悪化していった米パ関係は，いったん底を打ったようにも思えるが，依然として両国間の相互不信は強い。もう一方の米印関係は，2013年末からの在ニューヨーク・インド総領事の拘束事件による摩擦などに起因した停滞はありつつも，米パ関係に比べれば概ね堅調に推移しているが，そうした米印関係の基調自体がパキスタンの対米不信を生んでいる面もある。

こうした中で，やや「ワイルド・カード」的な面は拭えないが，わが国の果たしうる役割が大きくなっているように思える。わが国は印パいずれとの間でも，大きな外交的摩擦を生むような火種をもたず，基本的に良好な関係を維持してきた経緯がある。また，近年の日印関係緊密化という事情はあるが，わが国が米国と異なるのは，アフガニスタン問題のように印パ双方が強い利害をもつイシューにおいて第一義的な当事者でないこともあり，いわゆる印パ関係の“de-hyphenation”が可能であること，すなわち印パそれぞれとの関係の緊密化を，もう一方からの反発を招くことなしに行いうる余地が相対的に大きい点であろう。

核戦争の防止という目的は，唯一の被爆国として核軍縮を掲げてきたわが国の外交方針とも沿うところがある。これらの点を踏まえれば，今日，未だかつてないほどに，印パ間の危機のエスカレーション防止においてわが国に求められ，かつわが国が果たしうる役割が大きくなっており，有事のそうした対応を念頭に置きながら，印パ両国と外交上のコミュニケーションを深化させていくことが望ましいのではないだろうか。　　　　　　　　　　　　（2015年３月11日脱稿）

注

1）Ali Ahmed, *India's Limited War Doctrine: The Structural Factor*, New Delhi: Institute for Defence Studies and Analyses, 2012, p. 17.

2）Amit Gupta, "Determining India's Force Structure and Military Doctrine: I Want My MiG," *Asian Survey*, Vol. 35, No. 5, May 1995, pp. 448-450.

3）スンダルジー・ドクトリンの詳細については，特に注記がない限り，以下を参照して記述した。Ahmed, *op. cit.*（1）, pp. 21-22; Tariq M. Ashraf, "Doctrinal Reawakening of the Indian Armed Forces," *Military Review*, No. 6, November-December 2004, p. 57; Gupta, *op. cit.*（2）, pp. 449-451; V.K. Sood and Praveen Sawhney, *Operation Parakram: The War Unfinished*, New Delhi: Sage Publications, 2003, pp. 149-150.

4）Ahmed, *op. cit.*（1）, p. 21.

5）Ashraf, *op. cit.*（3）.

6）Naeem Salik, *The Genesis of South Asian Nuclear Deterrence; Pakistan's Perspective*, Karachi: Oxford University Press, 2009, p. 246.

7）Ahmed, *op. cit.*（1）, p. 18.

8）The Kargil Review Committee Report, *From Surprise to Reckoning: The Kargil Review Committee Report*, New Delhi: Sage Publications, 1999, pp. 197-199.

9）Rajesh M. Basrur, *Minimum Deterrence and India's Nuclear Security*, Stanford, CA: Stanford University Press, 2006, p. 80.

10）"Delhi Steps up War Rhetoric amidst Border Clash," *Inter Press Service*, January 26, 2000.

11）このドクトリンの発表は，2004年の「インド陸軍ドクトリン（Indian Army Doctrine）」という文書で為されたが，この文書は公開部分と非公開部分の二部構成になっており，以下で述べるような同ドクトリンの詳細が公開部分からうかがい知れるわけではない。「コールド・スタート」という名称も含め，一般に論じられている同ドクトリンの詳細の多くは，ドクトリン発表時の軍関係者による記者団へのブリーフィングの内容に基づく。この点については，Ahmed, *op. cit.*（1）, p. 28を参照のこと。

12）Ali Ahmed, "Cold Start: The Life Cycle of a Doctrine," *Comparative Strategy*, Vol. 31, Issue 5, 2012, p. 456.

13）Walter C. Ladwig III, "A Cold Start for Hot Wars?: The Indian Army's Limited War Doctrine," *International Security*, Vol. 32, No. 3, winter 2007/08, p. 164; *Ibid.*, p. 458.

14）コールド・スタートの詳細については，特に注記がない限り，次の資料を参照して記述した。Ladwig, *op. cit.*（13）, pp. 164-165; Ahmed, *op. cit.*（12）, p. 456; Gurmeet Kanwal, "India's Cold Start Doctrine and Strategic Stability," *IDSA Comment*, June 1, 2010 <http://www.idsa.in/idsacomments/IndiasColdStartDoctrineandStrategicStability_gkanwal_010610.html>.

15）Ladwig, *op. cit.*（13）, p. 177.

16）Ahmed, *op. cit.*（1）, p. 34.

17）Masood Ur Rehman Khattak, "Indian Military's Cold Start Doctrine: Capabilities, Limitations and Possible Response from Pakistan," *SASSI Research Paper*, No. 32, March

2011, pp. 14–20.

18）Stephen P. Cohen and Sunil Dasgupta, *Arming without Aiming: India's Military Modernization*, Washington, D.C.: Brookings Institution Press, 2010, p. 61.

19）“No ‘Cold Start’ Doctrine, India Tells US,” *Indian Express*, September 8, 2010.

20）Walter C. Ladwig III, “The Challenge of Changing Indian Military Doctrine,” *Seminar*, No. 599, July 2009 <http://www.india-seminar.com/2009/599/599_walter_c_ladwig_iii.htm>.

21）Harsh V. Pant, “India's Controversial New War Doctrine,” International Relations and Security Network, January 25, 2010 <http://www.isn.ethz.ch/Digital-Library/Articles/Detail/?ots591=4888caa0-b3db-1461-98b9-e20e7b9c13d4&lng=en&id=111662>.

22）Cohen and Dasgupta, *op. cit.*（18）; Ahmed, *op. cit.*（12）, p. 459.

23）Ajai Shukla, “Army Able to Launch Faster Response against Pakistan,' *Business Standard*, January 13, 2012 <http://www.business-standard.com/article/economy-policy/-army-able-to-launch-faster-response-against-pakistan-112011300097_1.html>.

24）たとえば，Vinod Kumar, “15-Years after Pokhran II: Deterrence Churning Continues,” *IDSA Comment*, June 10, 2013 <http://www.idsa.in/idsacomments/15YearsafterPokhranII_avkumar_100613>.

25）Christopher Clary and Vipin Narang, “Doctrine, Capabilities, and（In）stability in South Asia,” Michael Krepon and Julia Thompson, eds., *Deterrence Stability and Escalation Control in South Asia*, Washington, D.C.: The Stimson Center, 2013, p. 97.

26）Masood Ur Rehman Khattak, “Indian Military ‘Exercise Surdarshan Shakti’ and Cold Start Doctrine,” *Eurasia Review*, December 23, 2011 <http://www.eurasiareview.com/author/masood-ur-rehman-khattak/>; Rahul Bhonsole, “Exercise Sarvada Vijay & Azm E Nau: A Brief Comparison,” Security-Risks.com, May 12, 2014 <http://www.security-risks.com/security-trends-south-asia/india-defence/exercise-sarvada-vijay-azm-e-nau-a-brief-comparison-2748.html>.

27）Clary and Narang, *op. cit.*（25）, p. 99.

28）Amjad Ali Khan Chaudhry, *September '65: Before and After*, Lahore: Ferozesons, 1978, pp. 23–24.

29）攻撃的防御ドクトリンについては，以下を参照した。Hasan-Askari Rizvi, *Military, State, and Society in Pakistan*, Hampshire: Macmillan Press, 2000, p. 66; Brian Cloughley, *A History of the Pakistan Army: Wars and Insurrections*, New York, NY: Oxford University Press, 1999, pp. 340–341; Stephen P. Cohen, *The Pakistan Army*, Berkeley, CA: University of California Press, pp. 144–145; Sood and Sawhney, *op. cit.*（3）, pp. 149–153.

30）R. S. N. Singh, *The Military Factor in Pakistan*, New Delhi: Lancer Publishers, 2008, p. 340.

31）こうした考えを示した例として，Ayesha Siddiqa-Agha, *Pakistan's Procurement and Military Buildup, 1979–99: In Search of a Policy*, Hampshire: Palgrave, 2001, pp. 139–141, 169.

32）Sood and Sawhney, *op. cit.*（3）.

33）前者の軍拡を受けて，1965年時点でパキスタンは戦車と航空機の面でインドに対し質的な優位を占めるほどであった。T. V. Paul, “Causes of the India-Pakistan Enduring Rivalry,” T. V. Paul, ed., *The India-Pakistan Conflict: An Enduring Rivalry*, Cambridge: Cambridge University Press, 2005, p. 13. また，後者の軍拡では，米国からの援助額の大半を充当し，当時最新鋭のF-16戦闘機を獲得している。

34）S. Paul Kapur, *Dangerous Deterrent: Nuclear Weapons Proliferation and Conflict in South Asia,* Stanford, CA: Stanford University Press, 2007, p. 51.

35）A. A. K. Niazi, *The Betrayal of East Pakistan*, Karachi: Oxford University Press, 1998, pp. 305–311.

36）パキスタンのこのアプローチは，1965年のカッチ湿原をめぐる限定戦争で典型的な成功を収めた。

37）Singh, *op. cit.*（30）, p. 338.

38）Cohen, *op. cit.*（29）, p. 145.

39）Feroz Hassan Khan, “Pakistan's Nuclear Force Posture and the 2001–2002 Military Standoff,” Zachary S. Davis, ed., *The India-Pakistan Military Standoff: Crisis and Escalation in South Asia*, New York, NY: Palgrave Macmillan, 2011, p. 136.

40）“Pakistan Moves 100,000 Troops from India Border: Pentagon,” *The Frontier Star*, April 29, 2010.

41）Gurmeet Kanwal, “Losing Ground: Pak Army Strategy in FATA & NWFP,” *IPCS Issue Brief*, No. 84, October 2008, p. 3.

42）Feroz Hassan Khan, *Eating Grass: The Making of the Pakistani Bomb*, Stanford, CA: Stanford University Press, 2012, p. 396.

43）パキスタンの戦術核導入の詳細については，拙稿「二頂点危機以後のパキスタンの核戦略に関する考察」『国際安全保障』第40巻第１号，2012年６月，19–34頁を参照のこと。

44）Kamran Yousaf, “Countering Cold Start: Military to Adopt New War Concept,” *The Express Tribune*, June 4, 2013; “Pakistan Army to Preempt India's ‘Cold Start Doctrine’,” *The Express Tribune*, June 17, 2013.

45）Muhammad Khan, “From Cold Start to Cold Storage!” *Hilal*, Vol. 50, No. 5, November 2013, p. 49; Subhash Kapila, “Pakistan Army Sends Politico-Military Signals to India through “Ex Azm-e-Nau”,” *Scholar Warrior*, Autumn 2010, p. 54.

46）Arif Jamal, “Pakistan's Ongoing Azm-e-Nau-3 Military Exercises Define Strategic Priorities,” *Terrorism Monitor*, Vol. 8, No. 18, May 7, 2011.

47）Khan, *op. cit.*（45）, pp. 49–50.

48）Dhruv C. Katoch, “Exercise Azm-e-Nau-3: An Assessment,” Center for Land Warfare Studies, April 27, 2010 <http://www.claws.in/354/exercise-azm-e-nau-3-an-assessment-dhruv-c-katoch.html>; Usman Ali Khan, “Azm-e-Nau 4,” *Pakistan Observer,* June 20, 2013; Kapila, *op. cit.*（45）, p. 53.

49）Khattak, *op. cit.*（17）, p. 31.

50）“New Pak Doctrine: Deploy at Border if Terror Strike in India,” *Indian Express*, January 7, 2012.

51）“Strike by Even a Midget Nuke will Invite Massive Response, India warns Pak,” *Times of India*, April 30, 2013 <http://timesofindia.indiatimes.com/india/Strike-by-even-a-midget-nuke-will-invite-massive-response-India-warns-Pak/articleshow/19793847.cms?>.

第16章
ベトナム・フィリピンの戦争方法
――大国の狭間に置かれた中小国の戦略――

村野　将

1　はじめに

（1）本研究の目的と意義

冷戦期，東西両陣営の狭間に置かれ，複数の代理戦争を経験してきた東南アジアは，その経緯から特定の大国との同盟・協調により，自立性を失うことを警戒しつつも，利益の最大化と秩序の維持を図るべく，地域の緩やかな安全保障協力を活用するという一定の行動パターンを形成してきた。具体的には，南シナ海をめぐる領有権問題で対立する中国を牽制しつつも，過度な刺激を避け，自国の軍事力強化と米国によるコミットメントの継続を図りながら，同時に中国を多国間枠組みに可能な限り関与させる努力によって，その脅威を相殺・緩和するという方法である。

本来，国家が保有する抑止力の形態として最も望ましいのは，相手の段階的エスカレーションに対応可能な幅広い拒否能力を基盤とした危機管理能力を整備した上で，いざというときのための懲罰能力を保持しておくことである。しかしこれはあくまで理想形であり，現実には時間的・財政的制約などを理由として，十分な抑止・防衛態勢が整わない間に現状変更を達成されるという「抑止の失敗」が生じることも少なくない。今日の ASEAN 諸国は，まさしくこうした抑止・防衛態勢が不十分な隙を突かれる形で，中国の漸進的領土拡張を許してしまう状況に直面している。

南シナ海問題に対する中国の態度の強硬化に伴い，現実に採りうる選択肢が制限されつつある中，一部の ASEAN 諸国は旧来の手法をより洗練させることによって，あるいは従来とは異なる新たな手段を採用することによって，中国への対処を試みている。本稿では，南シナ海における対立の最前線に立つベトナムとフィリピンの対応戦略を考察し，今後の日本が情勢改善にいかにして貢献できるかを検討する。

（2）本論文の構成と ASEAN 型対外戦略への視座

本稿は4節で構成されている。第1節は，本論の目的とその前提となる認識を記述した部分である。第2節では，ASEAN 諸国の伝統的対外戦略が，「ハードバランシング」と「ソフトバランシング」を組み合わせた「スマートバランシング」を基礎としていることを説明しつつ，その限界を論じている。第3節では，過熱化する南シナ海問題の経緯を概観したのち，中国の漸進的拡張に直面するベトナムとフィリピンの対応戦略について論じている。そして結びとなる第4節では，1～3節までの議論を総括し，今後の南シナ海問題で日米両国が果たしうる役割につき，若干の提言を行っている。

ところで，ASEAN 型対外戦略を検討するにあたっては，ASEAN 諸国は，いずれも中国との武力衝突，ひいては直接の戦争に至るような事態は避けることを政策上の最優先事項としているという点を念頭に置いておく必要がある。その意味において，中国人民解放軍と領有権主張国（クレイマント国）の軍隊は，戦争状態にあるわけではない。当該地域において発生しているのは，軍同士が衝突し合うハイエンド（高烈度）の戦争状態というよりはむしろ，法執行機関同士の小競り合いや，漁民の拿捕といったローエンド（低烈度）の摩擦が散発的に生じる，いわゆる「グレーゾーン」事態である。それゆえに，ASEAN 諸国は中国との武力戦争で勝利することを念頭に兵力態勢の整備を進めているわけではなく，域内外との政治・経済協力を含めた包括的な対外戦略によって，危機の発生を抑制し，危機が生じた場合でもなるべくそれが軍同士の直接衝突にエスカレートしないよう，複数のチャネルを使って状況をコントロールしようとしている。その意味では，本稿は他章で論じられる軍事戦略上の論議よりも，やや広範な対外戦略について論じる内容となっていることを断っておく。

2　ASEAN 諸国の対外戦略の伝統

中国と ASEAN 諸国の関係は，冷戦期の米ソのような単純な二極構造ではなく，複数国間の利益が絡み合う複雑な構造となっている。東アジアの地域秩序研究を専門とするイヴェリン・ゴーは，中国と米国という二大大国の影響に晒される ASEAN 諸国は，伝統的にどちらか一方の大国に傾斜することを避け，ASEAN 等全体としての共同体形成を意識しつつ，関与を強める全方位的外交を実施し，影響力のバランスをとることを重視する傾向があると分析している[1)]。そうした ASEAN 諸国の行動姿勢は，軍事的手段の強化による対抗措置であるハードバランシングと，非軍事的手段による対抗措置であるソフトバランシングを織り交ぜた，スマートバランシングと形容することができよう。

（1）ハードバランシングとその限界

冷戦期における ASEAN 諸国の軍備は，対外的な軍事力というよりも，政権維持のための国内治安部隊としての色彩が強く，陸軍に重点が置かれていた。しかし2000年代に入ってからは，その重点を徐々に海空軍にシフトさせつつある。ASEAN 諸国の能力整備の傾向がこのように変化している背景は，南シナ海における主権の保護の他にも，沿岸防衛・マラッカ海峡等海上交通の安全確保，域内国同士の近代化による相互反応，政治体制の変化・成熟に伴う国内治安の維持における陸軍の役割の減少，国際協力活動（ソマリア沖・アデン湾での海賊対処活動・国連 PKO 等）への派遣の増加に伴う軍の役割の変化，地域安全保障機構の信頼醸成措置としての役割が十分でない等，様々な要因があると考えられる。

ただし，ASEAN 諸国の大半は，装備調達の多くを域外国からの輸入に依存しているため，それらの国々の協力がなければ，自国の軍事力整備を行うこと自体困難である。それに加え，いかに近年高い経済成長率を誇る ASEAN 諸国と言えども，財政的制約と中国との間に存在する元々の国力の格差から，一国のみの力で中国に対抗することは不可能である。

そのため ASEAN 諸国は，米・露・印・豪といった域外国や他の ASEAN 域内国との同盟や連帯を通じ，共同演習や装備品調達などの各種協力を強化することによって，自助努力だけでは不十分な対中ヘッジ能力を補おうとしてきた。

ASEAN 諸国が対中ヘッジを試みるにあたって，とりわけ重要な役割を果たしてきたのは米国の存在であり，これまでも ASEAN 諸国は米国を域内政治に引き留めようとする努力を継続して行ってきた[2)]。長年そうした要請を受けてきた米国も，2012年１月には新たな国防戦略指針（Defense Strategic Guidance）を発表し，ASEAN 諸国との二国間レベルでの安保協力強化を一環としたアジア太平

表16-1　ASEAN6ヵ国の対外

	ベトナム	フィリピン	マレーシア
安全保障政策の基本方針	●全方位外交を展開し，全ての国家と友好関係を築くべく，積極的に国際・地域協力に参加	●比政府は15年間の軍事近代化計画を打ち出し，これに基づき，比国防省は「最低限の確固たる防衛態勢」を整備するために議会に対して5年間（2013-2017）で17億ドルの予算を計上	●「独立」「全体防衛」「5ヵ国防衛取り決めの遵守（馬・星・豪・NZ・英）」「世界平和のための国連への協力」「テロ対策」「防衛外交」
脅威認識／懸念事項	●南シナ海をめぐる領有権問題 ●海賊やテロなどの非伝統的脅威	●南シナ海をめぐる領有権問題 ●国境を超える犯罪，国内における反政府武装勢力によるテロ活動などの非伝統的脅威	●南シナ海をめぐる領有権問題。 ●国内武装勢力
南シナ海における領有権	●スプラトリー諸島（21の島や岩礁）を事実上支配 ●パラセル諸島の領有権を主張するも1974年以降中国が事実上支配（12年，パラセルおよびスプラトリーにおける主権を明記した「ベトナム海洋法」が国会で採択）	●スプラトリー諸島（8の島や岩礁）を実行支配。 ●セカンドトーマス・スカボロー礁の領有権などをめぐり主張が対立。両国の軍艦等公船と漁船との間で対峙・発砲・衝突の事例が度々発生（1995年ミスチーフ礁事案等）	●スプラトリー諸島（スワロー礁）等3つの岩礁を事実上支配
対中関係	●「全面的戦略協力パートナーシップ」を構築（2008年越首相訪中時） ●両国間で軍艦等公船と漁船との間で対峙・発砲・拿捕等の事例が度々発生（過去1974年にパラセル諸島・1988年にスプラトリー諸島において中国と武力衝突） ●中越間でトンキン湾内の境界を画定するも，その他の海域は未確定	●「戦略的協力関係」を構築（2005年胡錦濤主席訪比時） ●セカンドトーマス・スカボロー礁の領有権等をめぐり，中国とは対立傾向	●「戦略的協力関係」を構築（2004年，馬総理訪中時） ●中国の海軍艦艇がラヤンラヤン島や馬のEEZ内と主張するジェームズ礁等で動きを見せる中，中国への反応は低調にコントロール

出所：各種資料から筆者作成。

行動にかかる主な認識

インドネシア	タイ	シンガポール
●「軍事防衛」と「非軍事防衛」それぞれの活動を通じた「総力防衛（Total Defence）」を推進 ●国防改革として「最小限精鋭戦力（Minimum Essential Force）」と称する最低限の国防要件を達成することを目標	●国軍の能力向上，防衛産業の強化，近隣諸国との協力関係の促進，非伝統的脅威への対応能力の強化	●国防政策として「抑止」と「外交」の二本柱 ・「抑止」→精強な国軍と安定した国防費の支出によってもたらされる ・「外交」→各国国防機関との強力かつ友好的な関係により構築 ●国家予算のうち国防予算が約４分の１を占めるなど，国防に高い優先度
●国内におけるイスラーム過激派の活動やパプア州の分離独立運動 ●海賊などの非伝統的脅威	●南部におけるイスラーム過激派による分離・独立運動 ●カンボジア・ミャンマーとの国境未確定問題	●テロ・海賊などの国境を越えた安全保障上の直接的な脅威
●「戦略パートナーシップ」を構築（2005年胡錦濤主席訪尼時） ●中国の主張する「９段線」が自国領であるナツナ諸島周辺海域にまで及び中国漁船が中国公船を伴い，尼海軍が警告する事案が発生する等，中国の海洋進出に一定の警戒感。中国への反応は低調にコントロール	●「全面的協力パートナーシップ」を構築（2012年泰首相訪中時） ●戦後中国がタイ共産党を支援したこと，および，近年中国のラオスおよびカンボジアでの影響力が急拡大していることを背景に中国のプレゼンスに一定の警戒感。メコン河における中国の共同パトロールには留保	●「善隣友好協力関係」を構築（2003年以前より構築されていたとみられるが詳細時期不明，公式発表） ●09年，10年と中国との間で対テロ訓練を実施するも，11年以降実施せず。米国 LCS（沿岸戦闘艦）のローテーション配備を進めるなど米国寄りの姿勢も見られる

表16-2　ASEAN6ヵ国における海空軍戦力の近代化傾向（主に2000年以降）

	ベトナム	フィリピン	マレーシア
水上艦船／潜水艦	●ユーゴ級潜水艦（北）×2 ●ゲパルト級フリゲート（露）×2 ○キロ級潜水艦（露）×6 ○シグマ級コルベット（蘭）×2	●ハミルトン級フリゲート（米）×2 ○マエストラーレ級フリゲート（伊）×2	●スコルペン級潜水艦（仏・西）×2 ●ケダ級コルベット（独）×6
航空機	● Su-30（露）×24 ○ Su-30×12	○ T/A-50（韓）×12	● Su-30×18 ○ Mig-29の後継機選定中
備考	・P-3哨戒機（米）の購入に関心		・LCS，高速攻撃艇導入に関心

	インドネシア	タイ	シンガポール
水上艦船／潜水艦	●シグマ級コルベット×4 ●高速ミサイル艇（KCR-40）×3 ○チャンボゴ級潜水艦（韓）×3 ○ KCR-40×16 ○シグマ級コルベット×1	●パタニ級コルベット（中）×2	●ヴェステルイエイトランド級潜水艦（スウェーデン）×2 ●フォーミダブル級フリゲート（仏）×6
航空機	○ Su-30×6 ○ F-16（米）×24	● F-16×16 ○ JAS-39（スウェーデン）×12 ○ SAAB340（スウェーデン）	● F-15（米）×24
備考	・KF-X（韓）共同開発 ・C-750，C-802対艦ミサイルを中国と共同開発	・潜水艦の導入を検討	・F-35の共同開発

注：● 導入済　○ 未導入（または一部導入済）
出所：Jane，SIPRI，ミリタリーバランス2014，他資料を基に筆者作成。

洋地域へのリバランス政策を明確化している[3)]。

しかし，ASEAN諸国の中には，同地域における米軍のプレゼンス強化が中国の強硬行動を牽制する効果があるとして歓迎する国がある一方，それが中国を過度に刺激し，却って地域を不安定化させる要因になり得ると考えている国も存在する。そもそも前述のとおり，ASEAN諸国は，いずれの大国からも距離をおく傾向があることに加え，中国を含む域内国との複雑な利害関係や，それに伴う対中脅威認識のギャップといった問題も多く存在している。それゆえにハードバランシングは，必ずしもASEAN諸国が対中ヘッジを行う際の万能薬に成り得てこなかった経緯がある。

（2）対外行動によるソフトバランシング

ハードバランシングの限界から，ASEAN諸国は，ASEAN地域フォーラム（ARF）等の多国間制度枠組みや非軍事的手段を通じて，中国の影響力浸透を阻害しようとするソフトバランシングを同時並行的に実践してきた。

ARFやASEAN国防相会議（ADMM，ADMMプラス），東アジア首脳会議（EAS），そして2012年から始まったASEAN海洋フォーラム拡大会合（EAMF）などの多国間制度枠組みは，二国間同盟や集団安全保障機構のように脅威となるアクターを制度の外に置き，直接的な軍事力をもってそれに対抗する形で抑止や問題解決を試みるのではなく，脅威となり得るアクターも制度の中に取り込み，様々な課題を議論する機会を設けるものである。これによって，南シナ海問題のような共通の問題意識や「航行の自由」といった規範のあり方を認識させたり，信頼醸成の土台を作ることにより，間接的に脅威を低減させる意味合いがある。

こうした性質をもつソフトバランシングは，伝統的に緩やかな外交・安全保障上の連携の継続を好むASEAN諸国にとって，相対的に実践しやすい選択肢と言えよう。しかし，ソフトバランシングは，ハードバランシングとは異なる非軍事的な間接的均衡行動であるため，その影響力は限定的にならざるをえない。さらに言えば，2012年7月のASEAN外相会議決裂にみるように，中国はASEAN諸国のソフトバランシングすらも阻害するような分断外交を実施してきているのが現状である。

要するに，中国の行動は，従来通りのスマートバランシングでは対処できないほど巧妙化している。では，こうした問題に直面するASEAN諸国は，実際にどのような対外戦略を実践しようとしているのか。次節では，南シナ海における領有権問題の経緯を概観した後，中国と対立するベトナムとフィリピンの具体的対応戦略を考察する。

表16-3　域外・域内諸国との主な

	ベトナム	フィリピン	マレーシア
中国	★ ReCAAP 交渉・締約国 ●トンキン湾の海軍合同パトロール ● ADMM（HADR）演習	★ ReCAAP 交渉・締約国 ● RIMPAC ● ADMM（HADR）演習	★ ReCAAP 交渉国 ● RIMPAC ● ADMM（HADR）演習
米国	●対ベトナム武器禁輸の部分的解除 ●米艦艇のカムラン湾寄港 ●海軍交流（航行や艦船のメンテナンス等の技術協力） ●人道支援活動「パシフィック・パートナーシップ」	★米比相互防衛条約 ★主要な非 NATO 同盟国 ★東南アジア集団防衛条約（SEATO） ●相互防衛条約・軍事援助協定 ●対テロ演習「バリカタン」 ●共同演習「バランスピストン」「タランビジョン」 ●協力海上即応訓練（CARAT） ●東南アジア対テロ協力（SEACAT）	●「コブラ・ゴールド」 ●協力海上即応訓練（CARAT） ●東南アジア対テロ協力（SEACAT） ● RIMPAC
ロシア	○潜水艦訓練施設の建造（カムランの海軍基地），乗員訓練 ＊キロ級潜水艦等の装備調達多数	● RIMPAC ● ADMM（HADR）演習	● RIMPAC ● ADMM（HADR）演習
インド	★ ReCAAP 交渉・締約国 ● ADMM（HADR）演習	★ ReCAAP 交渉・締約国 ● RIMPAC ● ADMM（HADR）演習	★ ReCAAP 交渉国 ●「コブラ・ゴールド」 ● RIMPAC
豪州	★ ReCAAP 交渉・締約国 ●ピッチブラック（空軍演習） ●「パシフィック・パートナーシップ」	★東南アジア集団防衛条約（SEATO） ★ ReCAAP 交渉・締約国 ● Lumbas（年次海軍演習） ●「パシフィック・パートナーシップ」 ● RIMPAC ● ADMM（HADR）演習	★ ReCAAP 交渉国 ★五ヵ国防衛取り決め（FPDA）【バーサマ・シールド（海軍演習）】

注：● 演習　★ 協力枠組み　＊ 装備品調達　○ その他

共同演習，協力枠組み

インドネシア	タイ	シンガポール
★ ReCAAP 交渉国 ★海事分野の協力拡大合意 ●対テロ共同訓練「利刃」 ● RIMPAC ＊中国製対艦ミサイル「C-705」等の共同生産	★ ReCAAP 交渉・締約国 ●陸軍／海軍対テロ共同訓練「突撃」/「藍色突撃」 ●特殊部隊共同訓練「ストライク」 ● RIMPAC ● ADMM（HADR）演習 ●メコン川合同巡視・法執行	★ ReCAAP 交渉・締約国 ●対テロ合同演習「協力」 ● RIMPAC ● ADMM（HADR）演習
●「コブラ・ゴールド」 ●特殊部隊共同訓練 ●協力海上即応訓練（CARAT） ●東南アジア対テロ協力（SEACAT） ● RIMPAC ● ADMM（HADR）演習	★主要な非 NATO 同盟国 ★東南アジア集団防衛条約（SEATO） ●「コブラ・ゴールド」 ●協力海上即応訓練（CARAT） ●軍事援助協定 ●東南アジア対テロ協力（SEACAT） ●空軍演習「コープ・タイガー」	●「コブラ・ゴールド」 ●協力海上即応訓練（CARAT） ●東南アジア対テロ協力（SEACAT） ●米海軍の沿海域戦闘艦（LCS）ローテーション配備 ● RIMPAC ●軍事施設利用の了解覚書 ＊ F-35共同開発
● RIMPAC ● ADMM（HADR）演習	● RIMPAC ● ADMM（HADR）演習	● RIMPAC ● ADMM（HADR）演習
★ ReCAAP 交渉国 ★印・尼防衛協力強化の合意 ●「コブラ・ゴールド」 ●図上演習他「ガルーダ・シャクティ」 ● RIMPAC ● ADMM（HADR）演習	★ ReCAAP 交渉・締約国 ●「コブラ・ゴールド」 ●海軍演習「コープラット」 ● RIMPAC ● ADMM（HADR）演習	★ ReCAAP 交渉・締約国 ●「コブラ・ゴールド」 ● RIMPAC ●陸軍演習「ボールド・クルシャトラ」 ●各種海軍演習（SIMBEX 等） ● ADMM（HADR）演習
★ ReCAAP 交渉国 ●「パシフィック・パートナーシップ」 ● RIMPAC ● ADMM（HADR）演習	★ ReCAAP 交渉・締約国 ★東南アジア集団防衛条約（SEATO） ●「パシフィック・パートナーシップ」 ● RIMPAC	★ ReCAAP 交渉・締約国 ★五ヵ国防衛取り決め（FPDA） ●「パシフィック・パートナーシップ」 ● RIMPAC

3　南シナ海問題と ASEAN 諸国の対応

(1) 南シナ海における領有権問題の顕在化

南シナ海は，石油や天然ガスをはじめとする天然資源が豊富に存在すると指摘されている他，豊かな水産資源の漁場として，あるいはマラッカ海峡などのチョークポイントを抱える地理的特性を背景として，古くから各国がその領有権を主張してきた。南シナ海問題の歴史的経緯は極めて複雑であり，そのすべてをここで記述することはできないが，現在当該海域の一部ないし全域の領有権を主張しているのは，中国，台湾，ベトナム，フィリピン，マレーシア，ブルネイの6ヵ国である。しかし，近年これらの対立は，中国が他のクレイマント国を無視する形で，島嶼や環礁（およびその周辺海域）の既成事実化を実践しつつあることを背景として，その対立構造は，中国とその他クレイマント国間の対立という形に収斂しつつある。

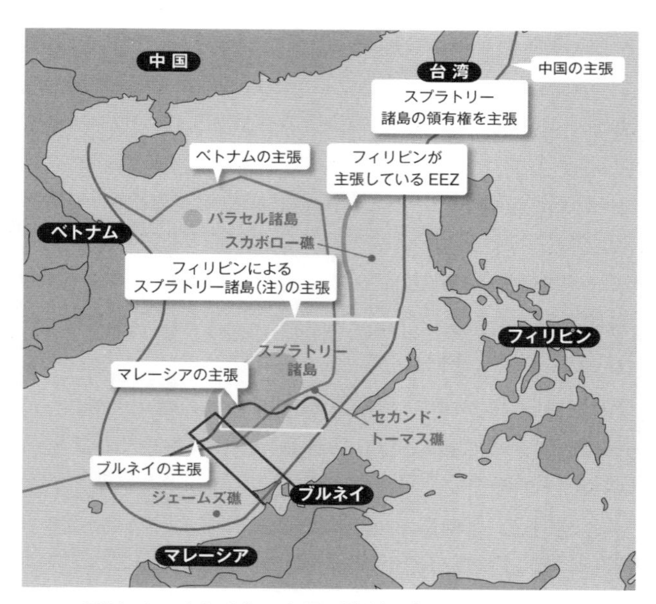

図16-1　南シナ海で各国が権益を主張する主な海域
注：パラワン州カラヤアン。
出所：防衛省防衛研究所『東アジア戦略概観2014』137頁。

表16-4　南シナ海における各国の領有権主張の様相

クレイマント	領有権主張域	実効支配域
中国	南シナ海の約８割に及ぶ海域内の島礁，そこを基準に設定される各種海域（９段線）	パラセル諸島全域とスプラトリー諸島の島嶼７ヵ所
ベトナム	スプラトリー諸島とパラセル諸島	スプラトリー諸島内29ヵ所（21ヵ所説もあり）
フィリピン	スプラトリー諸島を含む53の島礁	右主張域のうち，８ヵ所
マレーシア	スプラトリー諸島内17の島礁	右主張域のうち，７ヵ所
ブルネイ	ルイーザ礁のみ	なし

出所：森聡「開放的な海洋秩序を形成できるか」『外交』vol. 4，2011年，142-151頁を基に筆者作成。

南シナ海の問題が顕在化するようになったのは，主として中国が同海域に点在する各島嶼部の実効支配に向けた行動を具体化し始めた1970年代以降である。

1974年，中国は当時南ベトナムが実効支配していたパラセル諸島（西沙諸島）において，直接の軍事衝突を経る形で，同諸島全域を奪取。これを皮切りに，1980年代にはスプラトリー諸島（南沙諸島）への進出を開始し，1988年には同諸島ジョンソン南礁沖で再び南ベトナムと衝突し，死者70名を超す海戦を繰り広げた。更に1992年には，パラセル諸島，スプラトリー諸島（および尖閣諸島）が中国の領土であることを明記した「領海および接続水域法（領海法）」を公布。1995年には従来からフィリピンが領有権を主張していたミスチーフ礁において，「漁民の避難施設」と称する建造物を構築し，同礁周辺の実効支配を既成事実化した。

（２）南シナ海行動宣言（DOC）と行動規範（COC）締結の模索

南シナ海の係争地域で中国による既成事実化が進んでいる背景に，ASEAN 諸国と中国の間に存在する根本的な能力格差が大きく影響しているというのは前述の通りである。当然ながら，ASEAN 諸国はそれに自覚的であり，これまでも南シナ海問題を中国との二国間問題として扱うのではなく，複数の関係国を交えた多国間協議の場で解決しようと試みてきた。

その努力の第一歩として，1990年にはインドネシアが主体となり，南シナ海問題に特化したトラック２対話枠組みを設け，中国と定期的に同問題の協議を開始した[4)]。1994年には，米国や日本などの域外国を南シナ海を含むアジア太平洋地域の安全保障問題に関与させることを目的として，ARF を設立するに至った。

ARF 発足当初，中国は現在と同様，多国間枠組み内で南シナ海問題を協議することに積極的ではなく，もっぱら二国間交渉を好んだ。こうした中国の態度が一時的に軟化したのは，ミスチーフ礁占拠事案の発覚から約半年後に行われた1995年８月の第２回 ARF 会合の頃からである。当時中国は，同年５月に行った地下核実験により対日関係が悪化していた他，６月に行われた李登輝総統訪米の影響によって対米関係も悪化するという二重苦を抱えていた。そこで中国は，ARF 会合の場で日米・ASEAN 陣営と対立して孤立することを避けるべく，南シナ海問題をめぐって閣僚レベルの協議を定期的に開催することに同意し，事態を平和的に解決する意思を示した。この後，南シナ海問題は，次第に ASEAN 域内国や中国を交えた形での首脳・閣僚会談といったトラック１レベルで議論されるようになり，その具体的論議は，同海域における行動基準を作成することに向かっていった。90年代から2000年代初頭にかけて，中国が一時的な柔軟路線に舵を切った背景には，自国の経済成長機運を阻害することなく，ASEAN 各国との経済関係の強化を優先したいという狙いがあったとみられる。

そうした雰囲気の中で作成されたのが，2002年11月の中国・ASEAN 外相会談で採択された「南シナ海における行動宣言（DOC)」である。DOC では，南シナ海問題の平和的解決，安定化に向けた関係国の自己抑制，海洋調査などの推進を明記した他，地域の平和と安定のため，「南シナ海における行動規範（COC)」の採択に向けて関係国が努力することが確認された。以後，南シナ海問題をめぐる外交論議は，法的拘束力のある COC 締結のための平和的手段を追求する形となり，2005年には主要係争国である中国とベトナム，フィリピンの間で，南シナ海における石油資源の共同探鉱調査を実施することなどの合意が図られた。

ところが，共同調査合意は2008年に失効し，COC 締結に向けた論議も現在に至るまでさしたる進展が見られていない。それどころか，2000年代後半に入り，中国は同海域における領有権主張を再度活発化させている。

（３）中国による漸進的拡張政策

近年南シナ海で領有権主張を強める中国は，ハイエンドの紛争局面とローエンド局面の双方を想定した，いわば柔軟反応型の危機対処能力を作り上げ，同海域における自らの立場の強化を試みている。

ハイエンド局面のための能力としては，海空軍の大幅かつ急速な増強が挙げられる。特に，第４世代戦闘機，攻撃・ミサイル潜水艦，ミサイル駆逐艦，各種弾道・巡航ミサイルなどの拡充が著しいが，原則としてこれらの兵器は，第一列島線以西の領域を他国の侵入や行動の自由を許さない内海とすることを目的とした，接近阻止・領域拒否（Anti-Access/Area Denial：A2/AD）能力としての意味合いが強い。また2012年には，中国初の空母「遼寧」が就役し，運用が開始されていることも記憶に新しい。米研究機関などの分析では，「遼寧」は将来の国産空母の建造および運用ノウハウ蓄積のための試験艦としての性質が強いことに加え，護衛のための随伴艦や早期警戒艦載機なども満足に配備されておらず攻撃に脆弱であることから，「遼寧」はA2/AD能力としてさしたる機能を果たさないと評価されている場合が多い[5)]。しかし例え完全な運用ができなくとも，その試験航行先の多くが南シナ海であることを踏まえれば，ASEAN諸国にとって「遼寧」が係争海域において遊弋することの意味は決して小さいとは言えない[6)]。また2014年には，南シナ海において実効支配している複数の島嶼の開発・拡大が着実に進展していることが明らかとなり，一部では滑走路やレーダー施設，船舶着岸施設の整備がなされている[7)]。一部の専門家は，こうした行動を東シナ海に続いて，南シナ海にも防空識別圏（ADIZ）を設定しようという動きの前兆であるとみている[8)]。

ただしここで留意しておくべきなのは，近年の南シナ海における漸進的拡張に際して，中国は海空軍力を必ずしも積極的に行使しているわけではないということである。2012年４月に中比間で発生したスカボロー礁対立においても，人民解放海軍の艦船は当該海域の後方に留まり，「公安辺防海警総隊（海警）」や「農業部漁業局（漁政）」をはじめとする海上法執行機関の船舶が海軍よりも前面に出る形で活用された[9)]。この法執行船の活用こそが，ローエンド局面における近年の海洋拡張行動の特色となっている。

中国が海上法執行機関を積極的に行使している背景には，以下のような要因があると考えられる。第一に，法執行機関を係争海域に投入することによって，他国と領有権を争っていることを対外的にアピールできると同時に，当該海域が主権の及ぶ範囲で正当な活動（自国民の保護，外国船舶に対する法執行等）を行っているにすぎないことを，身をもって説明できるという利点がある。第二に，中国の海上法執行機関はその規模・能力ともに，ベトナムやフィリピンなど他のクレイマント国の海上法執行機関の能力を大きく上回っている。このため，中国は海軍艦船の投入をせずとも，法執行船で事態対処が可能となっていることから，エスカレーション・コントロールの余裕をもつと同時に，軍の投入で他国を過度に刺激するのを避けることができる。第三に，法執行船に対して他国が正規軍をもって対応することは，「均衡性（proportionality）の原則」からして，過剰反応と見なされかねないため，コミットメントの方式としては必ずしも相応しくない。ゆえに，中国が海上対処能力の格差を利用し，対応を法執行船にとどめることは，紛争当事国はもとより，米国を含む域外関係国が軍事コミットメントを行うことを躊躇させる要因となっており，ローエンド局面において抑止が破綻しやすい状況を作り出している。

要するに，中国人民解放海軍に与えられているのは，ASEAN 諸国や米国などの域外国が海軍艦船を投入してきたハイエンド局面に備えた予防的措置としての役割である。このように，中国は南シナ海におけるクレイマント国の対立においては，それらの国々よりもはるかに優位な柔軟反応型の危機対処能力を確立しているのである。

（4）ベトナムの対応戦略：伝統的全方位外交の実践

ベトナムは，1974年と1988年の２度にわたり，南シナ海において中国との海上武力衝突を経験した。その際，ベトナムはいずれも手痛い被害を被り，中国がパラセル諸島全域とスプラトリー諸島のジョンソン南礁を実効支配することを許してしまった。以後，中越間の軍事能力の差は大きく開いており，ベトナムはますます不利な状況に置かれている。ベトナムが抱える困難は物理的な能力差だけにとどまらない。中越間には同じ共産党政権という政治的連帯関係と，北部国境を地続きで接するという地理上の要因も相まって密接な人的往来や経済関係が存在している。このことから，ベトナムにとって中国は，主権を脅かす脅威であると同時に，政治的・経済的に重要な隣国・パートナーであるという，極めて複雑な意識が形成されている。

南シナ海問題に対するベトナムの基本的な対応戦略は，自国の軍事力強化や他国との協力を通じたハードバランシングを行いながらも，ASEAN の一体性を創出するソフトバランシングの努力を通じて中国との武力衝突を避け，最終的に対話による緊張緩和を図るというものであり，当面の目標としては，DOC を法的拘束力のある COC へと格上げすることを一貫して追求してきた[10]。

ハードバランシングの一環として，ベトナムは他の ASEAN 諸国と同様に海空戦力の強化に取り組んでおり，ロシアから6隻のキロ級潜水艦や，12機の Su-30MK2 を導入することが決まっている。これらの2機種の調達動向からもわかるように，ベトナムは主要装備品の約9割をロシアから調達しており，ソ連崩壊による同盟解消後も，その装備体系には未だロシアの影響が色濃い。

航続距離の長い Su-30や，水上艦に対する拒否戦力として有効な潜水艦の拡充を図る背景に，南シナ海において活動を活発化させる中国を牽制する狙いがあることは疑いない。しかし前述のように，近年中国の海洋における漸進的拡張行動の主軸となっているのは，海空軍ではなく法執行機関の船舶である。法執行船を積極的に活用するメリットは前節で指摘した通りであるが，ベトナムはこの動きに対処する狙いを明確にし，域外国の協力を得た上で，自国の海上法執行機関の能力強化を通じたハードバランシングにも取り組んでいる。

この点において，日本が果たす役割は少なくない。2013年1月，安倍総理は就任後初の外遊先としてベトナムを訪問し，南シナ海問題において法の支配の重要性に言及するとともに，日越両国の認識の一致を確認した。また同年の5月と9月には，防衛省の能力構築支援事業の一環として潜水医学のセミナーを日越双方で開催した他，2014年7月31日には，ベトナム側の長年の要請に応じ，ODA 無償協力援助枠組みの下で計6隻からなる600～800トン規模の中古巡視船を供与する方針が決定された[11]。これまでベトナム海上警察は人民軍指揮下の組織であったことから，軍事用途への支援を禁止する現行 ODA 大綱の下では巡視船の供与は困難とみられていた。そこでベトナム側は，2013年8月に海上警察法令の一部を改定し，海上警察を国防省直轄ではなく，独立した司令部を持つ組織として再編，名称も「Vietnam Maritime Police」から「Vietnam Coast Guard」へと変更を行った。この制度改革の過程では，日本側からの建設的な提言とそれを積極的に受け入れようとするベトナム側の努力がみられた。

また，ベトナム戦争以後，限定的であった米国との安全保障協力にも変化が見え始めている。2013年12月16日に訪越したケリー国務長官は，ASEAN 諸国に対し，海上安全保障分野につき3,250万ドル分の新規の二国間支援（初期支援）を実施するとした上で，ベトナムに対しては1,800万ドルを供与し，HA/DR 能力強化のため，海上警察に対する人員訓練および５隻の巡視船供与を行うことを表明した[12]。また，2014年８月14日には，デンプシー統合参謀本部議長が米軍人トップとしては43年ぶりに訪越し，これまで人権状況などから規制され続けてきた致死性兵器の対越輸出を解禁することを発表。この約束は，同年10月２日に行われたケリー国務長官とミン副首相兼外務大臣との会談で正式に伝達され，ケリー長官からは解禁の目的が「海上状況把握（Maritime Domain Awareness：MDA）能力や海洋安全保障能力の改善に向けたベトナムの努力を支援することにある」との説明がなされた。これは，オバマ政権が掲げるアジア・リバランス政策の地道な実践事例とみてよいであろう。

前述の通り，ベトナム人民軍の兵力態勢にロシアが果たしている役割は未だ大きく，その趨勢が短期間で劇的に変化することは考えにくいが，法執行機関のような非軍事分野の能力構築においては，今後日米が果たす役割が拡大していく可能性は十分にあると言えよう。

これらの事業の他にも，海軍の戦略的拠点であるカムラン湾において，ロシアが大きく関与する形で潜水艦訓練施設，兵站施設などの開発事業が予定されている[13]。カムラン湾におけるロシア海軍のプレゼンスは，冷戦終結以後大きく縮小していたが，同事業を通じて再びロシア海軍が頻繁に姿を見せるようになれば，すでに同港に度々入港している米海軍艦船と合わせ，米露両海軍がカムラン湾を出入りすることとなる[14]。奇しくも，かつて中国との間で生じた南シナ海をめぐる２度の海戦は，いずれも米ソ両国のプレゼンスが同地域から縮小した時期に発生している。そうした教訓を鑑みれば，カムラン湾において米露を含む複数のプレゼンスを確保しようというベトナムの試みは，中国に対するハードバランシングを行いながら，自律性を可能な限り確保しておこうとする同国の全方位外交の典型例と言えよう。

ただし，ベトナムの能力構築事業は未だ途上段階であり，中国もそのことをよく理解している。そのような背景で発生したのが，2014年５月のパラセル諸島への中国石油掘削装置（オイルリグ：HD-981）の進出事案である。

2014年５月３日，中国海自局は，５月２日～８月15日の期間，パラセル諸島のトリトン島（中建島）南17マイルの地点で石油・ガス資源の調査のための掘削作業を行うことを発表。翌４日，ベトナム側はレー・ハイ・ビン外務報道官が記者会見を行い，「中国石油掘削装置の掘削地点は，ベトナムの本土海岸線から130マイルの地点であり，完全にベトナムのEEZ，大陸棚内にある」として激しく抗議した。また，越国有石油会社ペトロベトナムは，掘削装置の操業者である中国石油総公司に対して作業の即時中止を求める書簡を送るとともに，ベトナム外務省も在越中国大使館に同様の書簡を送るなど，6月5日までの段階で計30回の外交上の申し入れを行った[15]。こうした行動にもかかわらず，中国側はベトナム側の要請を無視し，掘削装置の周囲には海軍艦艇，海警船，民間漁船からなる護衛船団を常時40隻以上（最大140隻）展開して，7月15日までの約1ヵ月半の間，作業を続行した[16]。

掘削を続ける中国に対し，ベトナムは外交ルートでの交渉の他に，多面的な対抗措置を講じた。1つは当該水域への海上警備艇や漁業監視船の派遣である。この間，中国海警船がベトナム海上警察警備艇に意図的に衝突した他，漁業監視船には放水するなどを受け負傷者が出たものの，ベトナム側は海軍艦船を派遣せず，一貫して抑制した対応に努めた。その背景には，2012年のスカボロー礁対立の事例において，フィリピン側が海軍艦船を先行投入し，エスカレーションを招いたとする言説を中国側が広め，結果的にフィリピンの立場を悪くしたことの教訓を学んだためと思われる。

現に本件に際してベトナムは，現場での対応措置の他に，国際世論への働きかけも積極的に行っていた。具体的には，ベトナム外務省が複数回大規模な記者会見を行うとともに，ベトナム漁船が中国船舶による故意の衝突を受けて沈没する様子（5月27日）を撮影した映像を大々的に公開した。その結果，国際世論の反応は総じてベトナムに同情的なものとなり，中国側の主張を支持した論調はほとんど見られなかった。米国務省も「我々が目にしたのは，係争海域における掘削の開始という中国の一方的決定と，船舶による危険な行動や恫喝である。（映像を見る限り）挑発的な行動をとっているのは中国側だと考える」と述べ，複数回にわたり中国側の行動を非難した[17]。

ベトナムは，多国間協議の場におけるASEAN諸国の協調を演出することも試みた。事案発生直後にミャンマーで行われたASEAN外相緊急会合（5月10日），ASEAN首脳会議議長声明（5月11日）では，ASEAN諸国が南シナ海情勢につき「深刻な懸念」を表明し，続くADMM（5月20日）では，関係国がホットラインを活用し，信頼醸成に努めることの重要性が謳われた。このように南シナ海問題において，ASEAN諸国が一体性のある言動を維持できたのは，ベトナムがソフトバランシングを有効に機能させるため，積極的な外交努力をした成果と言える。

掘削装置の進出から１ヵ月半が経過した７月15日，中国当局は当該海域でのボーリング作業を予定通り完了したとして，掘削装置を引き上げることを通達した。中国側が，当初公表されていた計画より１ヵ月も早く引き上げを決定した理由は明らかではない。その理由については，ベトナム側の国際世論工作や，同国での反中デモが予想外に拡大したことなどにより，掘削継続の政治的コストが高くなったと捉えることもできようが，掘削をしても何の資源的成果も得られなかったことや，最大140隻にも及ぶ護衛船団を伴う操業が物理的に維持困難になったという中国側の事情に起因する可能性も否定できない。

いずれにしても，この一件によって，中越関係は近年で最悪の状態に陥ったが，なによりそれを痛感していたのは当事者である中越両国であった。中越関係の悪化がもたらす政治的・経済的デメリットは相当大きかったとみられ，両国はかなり早い段階で関係修復に乗り出した。2014年８月26日には，グエン・フー・チョン書記長の特使として，レー・ホン・アイン党書記局常務が訪中し，中国指導部と緊張緩和のための意見交換を行った他，10月16～18日には，フン・クアン・タイン国防大臣が12名以上の将官を引き連れて訪中し，常万全国防部長との間で，両国国防省間のホットライン開設に関する覚書に署名した。タイン国防大臣率いる大訪問団の様子は，解放軍報や新華社ネット，環球時報等の中国メディアでも大々的に取り上げられたことから，中国側も対越関係を注視していたことがうかがえる。さらに，10月16日にミラノで行われたアジア欧州会合（ASEM）の場において，グエン・タン・ズン首相と李克強首相が会談を行い，海上をめぐる意見の相違を適切に処理しつつ，全面的な戦略的協力パートナーシップの下，インフラ，金融，海上の共同開発などの分野における協力を推進していくことが謳われた。

５～６月に行われた石油掘削装置設置による両国関係の悪化から，10月の大々的な関係修復キャンペーンまでの期間はわずか４ヵ月足らずである。これは2012年９月の尖閣国有化以降，日中両国が首脳会談の実現までに２年半もの歳月を費やしたのとは対照的と言えよう。以上の中越間の動きは，両国関係が南シナ海問題のみによってマネージされているわけではなく，政治・経済を含めた極めて複雑な要因から形成されていることの証左である。逆説的に言えば，これらの複雑な要因があるからこそ，ベトナムは南シナ海問題において中国と決定的な対立路線をとるわけにはいかず，今回もこれまでにない厳しい対応をしながらも，その後の対中関係の修復を早急に行わざるをえなかった。無論，中国にも，国際世論の反応やベトナム国内における反中感情の悪化を踏まえ，同国との関係修復を急ぎたいインセンティブがあったのは確かであろう。しかしこれまでも，中越関係は海洋における緊張と，政治・経済面での宥和の繰り返しの中で形成されてきており，その間にも時間は中国に味方してきた。2014年11月にミャンマーで行われた一連の ASEAN 関係会合においても，南シナ海問題については従来通り COC の締結に向けて努力することが謳われただけで，実質的な進展はみられなかった。その意味で，南シナ海問題は根本的な意味で解決に向かっているわけではないのである。

（5）フィリピンの対応戦略：国際法は新たなソフトバランシングの手段になりうるか

他の ASEAN 諸国と比べてフィリピンは，中国に対して相対的に高い警戒感を示している。その背景には，1990年代以降，具体的対応策なきままに，中国の既成事実化を許してきた苦い経験がある。1995年１月のミスチーフ礁占拠事案では，海上状況把握能力の欠如から同礁における中国側の活動を把握するのが遅れ，当局が発見したときにはすでに中国は構造物の建築を完了していた。同様に，フィリピンは構造物を強制撤去するのに必要な能力を有していなかったため，長年その対抗策は外交ルートを通じての抗議のみに留まり，1998年には構造物の増築を許してしまった。

2012年４月には，スカボロー礁において，違法操業中の中国漁船を拿捕しようとしたフィリピン海軍艦艇との間に，中国の法執行船が割って入ったことをきっかけに，およそ２ヵ月にわたり中比両国の公船が睨みあい続ける事態が生じた。対立の初期段階で，フィリピン側は事態のエスカレーションを避けるべく，海軍艦船に代えて沿岸警備隊の小型巡視船を派遣した後も，中国側は規模の上回る法執行船を追加配備した。こののち両国当局が同海域における漁業禁止期間を個別に設けたことで事態は一時的に収束したものの，実態はフィリピン側が一方的に船舶を退いただけにとどまり，中国側は現在でも周辺海域で漁船の操業や法執行船の定期哨戒活動を継続しているのが確認されている。

これらの苦い経験から，フィリピンは2012年12月に改定された「国軍近代化計画（AFP Modernization Act）」のもと，「最低限の信頼性ある防衛体制」の構築を進めている。「最低限の信頼性ある防衛体制」とは，フィリピン領内と同EEZ内における国益を守るために効果的な軍事プレゼンスを確立することとされており，領域内における広範囲の捜索，司令部から現場までの指揮統制能力，事態が生起した場合に効果的に対応できる即応能力を含むものとされている[18)]。しかし，フィリピン国軍の近代化は始まったばかりであり，その兵力態勢の現状は他のASEAN諸国と比べて著しく劣っている。特に，航空戦力に至っては，2005年にF-5戦闘機が老朽化によって退役して以降，戦闘機を1機も保有していない状態が続き，現在は韓国製T/A-50戦闘練習機12機の導入を待っている状況にある。

近代化の遅れは海上戦力においても顕著である。現在フィリピン海軍が保有する最大の艦艇は，2隻のグレゴリオ・デル・ピラール級フリゲート（3,250トン）であるが，同級は艦齢40年を超える米沿岸警備艇のハミルトン級を改修して再就役させたものであり，中国南海艦隊が保有する054A型フリゲート（4,000トン）などと対峙する戦力としては到底不十分である。

したがって，フィリピンが目下の南シナ海問題に対処するためには，ASEAN内外の国々との協力強化が欠かせない。元々フィリピンは，バランスを重んじるASEAN諸国の中でも米国に対する依存度が高く，1992年に駐留米軍が撤退した後も，米比相互防衛条約と軍事援助協定の下で協力を継続してきた。中国の南シナ海に対する領有権主張がエスカレートする中，近年その傾向はますます緊密になっている。その一例が，2014年4月28日に締結された米比防衛協力強化協定（EDCA）である。EDCAの目的は，米比両軍の相互運用性の向上，フィリピン軍の能力向上，海洋安全保障，HA/DRへの貢献を高めることにあるが，より重要なのはこれらの目的のために，フィリピン国軍基地における施設建設およびインフラの向上と，防衛，HA/DR対策のための関連物資の事前集積を認められたことである。現在フィリピンはスービック湾の再開発にも乗り出していることも相まって，今後米軍の訪問頻度が増加することは確実であり，それを通じて危機発生時の即応性と間接的な抑止力が向上されることが期待されている。

また，ベトナムと同様，日本はフィリピンの能力構築にも積極的な役割を果たしている。2013年7月27日にフィリピンを訪問した安倍総理は，ベニグノ・アキノ大統領との会談の中で，ODAを通じ，計10隻の巡視船を供与することを表明。

さらには，外洋に出た巡視艇と情報を頻繁にやりとりできるよう，通信システムの向上も支援することも決定している。海洋分野では，共同訓練を視野に入れた防衛当局や海上保安機関同士の協力を推進することも確認されている。

だが，近年フィリピンは，こうした域外諸国の協力を受けたハードバランシングをもってしても，中国の行動を抑制するには十分ではないと考えている。また，2012年７月のASEAN外相会談で共同声明の取りまとめに失敗したことに象徴されるように，近年の多国間枠組みを通じたソフトバランシングは，南シナ海問題の解決に有効な具体策を打ち出せておらず，フィリピンは従来型のスマートバランシングに限界があることを冷静に認識している。そこで同国が追求し始めたのが，国際法を通じて南シナ海問題における法的正当性の獲得を目指すという独自の法的アプローチである。

2013年１月22日，フィリピンは「中国との海洋紛争を平和的に交渉で解決するため，ほとんどの政治的，外交的手段を尽くしたが，今日に至るまで解決は見出されなかった」として，国連海洋法条約の手続きに則り，中国を仲裁裁判所に提訴した。これは国際裁判所で南シナ海問題が審議される初のケースである。提訴を受けた中国は，同年２月に問題の二国家解決を主張し，裁判には応じないことを通知した。しかし，仲裁裁判所では一方の紛争当事者が審議を拒否した場合でも，他方の要請によって手続きが進行し，法的拘束力を有する判決を下すことができるとされており，同年７月11日からは第１回仲裁裁判員会議が開始された。仲裁裁判所は，2014年12月15日までに中国側に陳情書の提出を要請したものの，中国は陳述書の代わりに「仲裁裁判所には領土主権に関する管轄権はない」とするポジションペーパーを発出し，これに参加しない立場を堅持しているため，裁判は予定よりも早く進展する可能性がある[19]。

フィリピンの提訴内容は主に３つのポイントからなる[20]。第一は，いわゆる「９段線」を根拠とする中国の領有権主張は，国連海洋法条約上違法であり，これを無効とするというものである。中国の南シナ海における行動の多くは，９段線を法的根拠としていることから，フィリピンはこの法的根拠を打ち崩し，それによって実際の中国の行動を抑制することを期待している。第二は，ミスチーフ礁，マッケナン礁，スカボロー礁，ジョンソン礁は，いずれもフィリピンの大陸棚ないしEEZに属するもので，これらを中国側が実効支配している状況を違法とするものである。そして第三は，カラヤーン群島内に位置するガベン礁，スビ礁は海面下の地形であって「島」でなく，またクワテロン礁，ファイアリークロス礁は海洋法上の「岩」であるため，ここから12海里を超えて中国が主張している海洋の権利と，それに基づく行動は違法というものである。

物理的側面で圧倒的な劣勢に立たされているフィリピンは，中国の南シナ海進出を阻止するために残された手段として仲裁裁判所の判断を重視しており，裁判を優位に進めるべく努力を行っている。たとえば，2014年10月４日には，仲裁裁判提訴国として海域での緊張を緩和するため，フィリピンがスプラトリー諸島パグアサ島で行っていた滑走路建設を含むインフラ整備計画を停止するとした[21)]。

中国は，2014年12月７日に本仲裁裁判に関するポジションペーパーを発出したが，そこでは仲裁裁判所には領土主権に関する管轄権がないこと，フィリピン側が交渉を尽くさず裁判に訴えたのは国際法違反であることなどを主張するにとどまり，９段線の法的性格については従来同様，その位置付けを曖昧なままにしていることから，少なくとも第一の提訴内容に関してはフィリピン側に分がある。また12月５日には，米国務省が本仲裁裁判を意識したタイミングで，９段線を含む南シナ海における中国の権益主張の一貫性のなさを指摘する報告書を公表し，フィリピンを間接的に援護するに至っている[22)]。

しかし，懸念されるのは，中国側が自身の法的立場の脆弱性を自覚しているがゆえに，ジョンソン南礁をはじめ，クワテロン礁，ファイアリークロス礁などの埋め立て（既成事実化）を加速させていることである。特に，ファイアリークロス礁で建設されている人工島は49ヘクタールに達しており（スプラトリー諸島内最大），2014年11月14日に撮影された衛星写真からは，3,000m 級の滑走路が建設可能な陸地や，タンカーや海軍艦艇のための港が建設されている様子が確認できる[23)]。中国は，埋め立てによって常時海面からつき出る陸地を形成し，国家が領有を主張できる「島」とすることで，同環礁の法的位置付けを変更することを画策しているようである。また，これに関連する動きとして，中国では2017年頃を目標に，「ACP-100型」軽水炉式小型原子炉を搭載した電源船を建造し，それを拡張した南シナ海の島嶼部に配備する計画が進められている[24)]。この電源船は，地上からの電力供給が困難な離島において，レーダー施設の稼働や海水の淡水化など人員の駐留に必要なエネルギーを安定供給するためのものと考えられる。拡張された環礁に電源船が配備可能となれば，南シナ海防空識別圏が設定される蓋然性が飛躍的に高まり，当該地域の実効支配が一層進むことが予想される。

図16-2　ファイアリークロス礁の衛星写真

2014年11月14日撮影（上）。長さ3000m，幅200～300mの北東・南西に伸びる陸地に加え，東側には港湾施設のための溝が掘られている。同年8月3日撮影時（下）と比べ，急速に工事が進行したことがわかる。
（©CNES 2014, Distribution Airbus DS / Spot Image / IHS）

他方，仲裁裁判の結果次第では，南シナ海問題で中国に非軍事的に対抗する新たなソフトバランシングの手段として，フィリピンのとった法的アプローチに倣う国が出てくる可能性もあろう。

ただし，前節でみたように，中国はパラセル諸島への掘削装置進出事案の直後，速やかにベトナムとの関係改善に乗り出し，同国が仲裁裁判などの新たな対抗手段に訴えないよう牽制している。その反面，フィリピンに対する外交圧力は強く，習近平主席は2013年3月の就任以来，ASEAN各国の首脳と複数回の会談を行っているにもかかわらず，アキノ比大統領との公式首脳会談は一度も行っていない。これはクレイマント国が足並みを揃えて中国に対抗してくることを避けるための露骨な分断政策と言える。当面のところ，フィリピンは仲裁裁判の結果が出るまで，南シナ海での行動を抑制する方針であろうが，その間にもスプラトリー諸島における中国の人工島建設は着実に進展しており，フィリピンにとって予断を許さない状況が続いている。

4　おわりに――わが国とASEANの連携に関する提言

これまで見てきたように，ベトナムとフィリピンは，極めて限られた政策オプションの中から，中国の南シナ海における漸進的拡張を鈍化させるための知恵を絞っている。

ベトナムは，伝統的全方位外交に基づくスマートバランシングをさらに洗練させ，域外国の支援を通じ，軍事・非軍事双方の分野で自国の拒否能力を強化するとともに，米露双方のプレゼンスを再び南シナ海に招致することで，中国の戦略計算を複雑化させようとしている。ベトナムのアプローチの特徴は，その全方位外交の対象に中国をも取り入れ，同国ともつかず離れずの距離感を保ち，その影響力の維持を試みているという点である。

他方フィリピンは，国軍の近代化や歴史的な同盟相手である米国との協力関係の強化を継続しつつも，従来のスマートバランシングに限界があることを悟り，国際法の正当性を獲得することを目指した独自のアプローチで，中国の現状変更行動を抑制しようと試みている。

今後の展望を考える上で考慮すべきなのは，南シナ海問題の解決に向けて，米国にどのような役割を期待するかである。前述のように，米国はベトナム・フィリピン双方への物的支援を拡大させていく傾向にあるものの，領有権問題については特定の立場を採らない方針を堅持している。また，シンガポールへのLCS（沿海域戦闘艦）の展開やフィリピンへのローテーション展開検討などに見られる米軍部隊のリバランスの動きは，一見すると米国と東南アジア諸国が連携して，中国へのバランシングを図る典型的動きのように思われるが，これらの行動は軍同士の武力衝突のようなハイエンド局面のエスカレーションを抑止・予防するための措置であり，今日の中国が実践しているような漁民や法執行船などを用いた威嚇や環礁の埋め立てといったローエンド局面での強制行為を抑止する役割は必ずしも想定されていないと考えられる[25)]。

要するに，ローエンド局面にまで米軍の抑止力が波及することを望むのは期待過剰であり，同局面における対処には，原則としてASEAN諸国の事態対処能力を育成する以外に方法がない。したがって，南シナ海問題で期待される米国の役割は，当該地域におけるハイエンド局面のエスカレーションを抑制するための一定のプレゼンスを維持しつつ，ベトナムやフィリピンらが行っている早期警戒，情報収集，海上法執行といった各種能力の構築・向上のための現場レベルの支援を，当該国の要求に応じて水面下で着実に実施していくことであろう。

無論，これらの能力構築支援には，日本も継続的に大きな役割を果たすことができる。特に，今後潜水艦部隊を拡充していくベトナムは，その乗組員の養成にも力を入れなくてはならない。その際，長年の通常動力型潜水艦の運用ノウハウを持つ日本が協力することは，ベトナムにとっても大きなメリットとなるように思われる。また，域外国との多国間協力という意味では，同じキロ級潜水艦を運用するインドとともに，ベトナム海軍の潜水艦乗組員訓練を行うということも考えられよう。

（2015年3月11日脱稿）

[追記]

2015年3月の脱稿以降，南シナ海情勢は，近年稀に見るほど劇的に変動している。係争海域における中国の埋め立ての勢いは急速に早まり，ファイアリークロス礁における陸地面積は274ヘクタールにまで拡大した。2015年6月16日，中国当局はスプラトリーにおける埋め立てがまもなく完了すると発表した上で，以後は陸地部分の施設建設を進めるとして，既成事実化を継続している。

ところが，こうした急速な現状変更は，これまで客観的立場を維持することに努めてきた米国の警戒感を高める結果に繋がっている。3月19日，ジョン・マケインら上院軍事・外交委員会の重鎮4名が超党派で，ケリー国務長官とカーター国防長官に対し，「米国は，東・南シナ海における中国の主権主張に対する包括的戦略を検討すべき」とする公開書簡を送付。この頃を境に，NYTなどの米主要メディアにおいて南シナ海問題が取り上げられる頻度が著しく増加した。

2015年7月現在，米政府はマケインらが提唱したような包括的戦略を打ち出してはいないものの，公式チャネルにおける対中批判の度合いを従来よりも高めつつある。その先鋒に立つカーター国防長官は，5月27日の米太平洋軍司令官交代

図16-3　2015年6月28日に撮影されたファイアリークロス礁

北東から南西には3000m級の滑走路が伸び，東側には大型タンカーや水上艦を受け入れ可能な63ヘクタールの港湾が出来上がっている。
(© CSIS Asia Maritime Transparency Initiative/DigitalGlobe)

式，5月30日のシャングリラ・ダイアローグで相次いで，中国の一方的な現状変更行動を非難した。今後米国防省は，中国が主権を主張する人工島の12海里以内に，米軍の艦船・航空機を意図的に進入させることを含む，「航行・飛行の自由」維持のための活動を行うことを検討しているという。

マルチの局面としては，4月28日のASEAN首脳会議において，「埋め立てに関し，幾人かの首脳によって表明された深い懸念を共有する」との議長声明が採択された。議長国のマレーシアが，問題の焦点を濁さず，「埋め立て」という具体的行動に言及したのは異例と言える。

以上のように，2015年3月以降の南シナ海情勢は，中国による現状変更の加速化と，それに対抗する現状維持国の態度硬化という構図が色濃くなっている。もっとも，2016年には，フィリピンの大統領選挙や，ラオスのASEAN議長国就任など，対中牽制のモメンタムを妨げかねないイベントが控えていることには留意すべきであろう。しかし，中国に対する風当たりが近年ないほど強くなっているのは事実であり，南シナ海をめぐる情勢は新たな段階に入りつつある。

(2015年7月15日追記)

注

1) Evelyn Goh, "Rising Power...To Do What? Evaluating China's Power in Southeast

Asia", *RSIS Working Paper,* No. 226, Mar. 2011, pp. 113-157.

2）たとえば，インドネシアは東ティモール問題に起因する米国の制裁を受けたにもかかわらず，米国との二国間演習「CARAT」に参加しつづけた経緯がある。フィリピンは，92年に駐留米軍が撤退した後も，相互防衛条約および軍事援助協定は維持され，両国間の協力関係は継続。1995年の米国と ASEAN 諸国の多国間演習「コブラ・ゴールド」の目的は，スプラトリー諸島をめぐる紛争の関係当事国の行動エスカレーションを抑制するとともに，米国のプレゼンスを強化することにあったとの評価がある（佐藤孝一『ASEAN レジーム——ASEAN における会議外交の発展と課題』勁草書房，2003年）。

3）US DoD, *Sustaining U.S. Global Leadership: Priorities for 21st Century Defense*, DoD, Jan, 2012.

4）ASEAN 諸国の官僚，学者，軍人が個人的に参加する形をとった。中国と台湾は1991年から参加した。

5）例として， Andrew Erickson, Gabriel Collins, "The Calm Before the Storm," *Foreign Policy*, Sep. 26. 2012.

6）Dean Chang, "China's New Aircraft Carrier Joins the Fleet," *Issue Brief,* Heritage Foundation, Oct. 11.2012.

7）松本太「南シナ海で中国は『防空識別圏』を宣言するのか」JBPRESS，2014年11月21日。

8）同上。

9）2013年３月，中国はこれまで「五龍」と呼ばれていた５つ海上法執行機関（海監，海警，海巡，漁政，海関）を「中国海警局」傘下に再編した。

10）Socialist Republic of Vietnam, Ministry of National Defence, *Vietnam National Defence (Vietnam White Papers)*, 2009, pp. 11-12.

11）供与する船舶のうち，２隻は水産庁所有の漁業監視船，４隻は民間船舶。ベトナム側が改修し，巡視船として使用する。

12）US DoS, *Expanded U.S. Assistance for Maritime Capacity Building*, Dec. 16, 2013.

13）MSN 産経ニュース，2013年３月22日。

14）カムラン湾への米戦闘艦の寄港は現在でも制限があるが，2011年８月には米海軍の補給艦「リチャードバード」が整備・補修を目的として38年ぶりに入港するなど，非戦闘艦であれば，その規制が緩やかになっている。

15）共同記者会見における，チャン・ズイ・ハイ外務省国境委員会副委員長，ゴー・ゴック・トゥー海上警察副司令官，ハー・レー漁業監視局副局長，レー・ハイ・ビン外務報道官の発言（2014年６月５日）。

16）同上。トゥー副司令官の説明によれば，中国側の船団は，掘削装置を３重に取り囲む形で展開しており，20〜25マイルの位置にミサイルフリゲート２隻を常時配備，15〜25マイルの位置に掃海艇４隻を２隻ずつ交代で配備，高速戦闘艇が交代で２隻ずつ配備されていた他，法執行船が30〜40隻前後，タグボートなど作業船が10隻強，運搬船が20隻前後，漁船が30〜40隻配置されていたとされる。また，現場上空では，多くの偵察機やヘリがベトナム船の上を飛行していた由。

17）US DoS, *Daily Press Briefing*, May 8, 2014.

18）フィリピン国軍の装備調達状況に関する説明（2014年７月22日）。

19）Ministry of Foreign Affairs of the People's Republic of China, *Position Paper of the Government of the People's Republic of China on the Matter of Jurisdiction in the South China Sea Arbitration Initiated by the Republic of the Philippines*, Dec 7, 2014.
20）フィリピン提訴文書および河原昌一郎「南シナ海問題におけるフィリピンの対中国提訴に関する一考察」『国際安全保障』第42巻第２号，2014年９月，84-104頁。
21）Office of the President of the Philippine, Oct 4, 2014.
22）US DoS, *Limits in the Seas, No. 143 China: Maritime Claims in the South China Sea*, Dec. 5, 2014.
23）James Hardy, Sean O'Connor, "China building airstrip-capable island on Fiery Cross Reef," *IHS Jane's 360*, Nov 20, 2014.
24）中国核工業集団公司「ACP100進入小堆大家庭自信“挑戦”国際舞台」，2014年６月18日。
25）本論同様，佐竹知彦は「もっとも，豪州や東南アジアにおける海兵隊やLCSのローテーションによる展開が，対中軍事戦略上どこまで重要な意味を持つのかは不明である」と述べている。佐竹知彦「米国のアジア太平洋リバランスと日米の動的防衛協力」『ブリーフィング・メモ』防衛研究所，2012年10月。

第17章
チェコスロヴァキア流の戦争方法
——1938年の失敗と日本外交への教訓——

細田尚志

1　はじめに

1918年10月28日，第一次大戦後のヴェルサイユ体制の下で建国されたチェコスロヴァキア共和国は，国際連盟という集団安全保障体制の維持を外交の基盤とした上で，「ヴェルサイユ体制の盟主」であるフランスとの同盟策を外交の中心に据えた。しかし，1930年代に入り，ナチスドイツが急速に軍備拡張し，露骨な膨張政策を押し進めるに従い，フランスやソ連との軍事援助条約の協力内容を具体化させる一方で，国境地帯への要塞建設および共和国防衛軍の軍備拡張に注力した。これに対しヒトラーは，ドイツ系住民の多いズデーテン地方の割譲を迫り，1938年９月29日，英仏および独伊の４ヵ国首脳は，ミュンヘン会談において，ズデーテン地方のドイツへの割譲で合意し，チェコスロヴァキアは，国土の四分の一を失い，その半年後の1939年３月15日には，ドイツに占領され，解体，保護領化されてしまう。

一般的に，この「ミュンヘン会談」と言うと，小国を犠牲にした英仏による対独宥和政策というイメージが先行するが，果たして，チェコスロヴァキア側には，同盟に見捨てられる結果となるような要因はなかったのだろうか。本論文では，1938年９月時点，兵力上は決して大きく劣勢ではなかったチェコスロヴァキアが，何故，最終的に対独開戦を決意できなかったのかに焦点を当て，最大の同盟国であったフランスとの軍事協力に内包される欠陥と，集団安全保障体制の維持にこだわるあまり周辺国との関係改善の機会を生かせなかったエドヴァルト・ベネシュ（Edvard Beneš）外交の弊害，そして，独自軍事力整備の限界等，1938年９月の完全動員令発令を頂点とするチェコスロヴァキア流の対独戦争方法について検証する。そのうえで，⑴機能的な独自軍事力を整備すること，⑵同盟を巻き込む仕組みを構築することにより，同盟国から見捨てられる危険性を低減すること，(3)周辺国との関係を改善することで防衛資産の拡散を回避すること，の3点を中心に重要性を指摘する。チェコスロヴァキアと日本の地政学的条件等は異なるが，覧古考新，今後の教訓としたい。

2　1930年代のチェコスロヴァキアの安全保障環境

（1）地政学的条件

欧州の中心に位置する内陸国であるチェコスロヴァキア（図17-1参照）は，オーストリア・ハンガリー帝国の人口の35.5%，面積の26.4%，収入源の56.7%を受け継いで1918年に建国された[1]。このうちチェコ（ボヘミア，モラヴィア，シレジア）は，帝国の産業の約70%を受け継ぐ工業地域[2]であった一方，スロヴァキアおよびザカルパティアは，小麦，ジャガイモ，トウモロコシ等を中心とする農業地域であり，食糧や，当時主流であった混合燃料に添加する植物由来アルコールの自給率は高いものの，石炭以外に有力な地下資源を有さず，石油等地下資源の大半を輸入に依存していた。

新生チェコスロヴァキアは，ドイツとソ連の狭間に置かれ，ドイツ（国境総延長：1,100キロ），ポーランド（700キロ），ハンガリー（600キロ），オーストリア

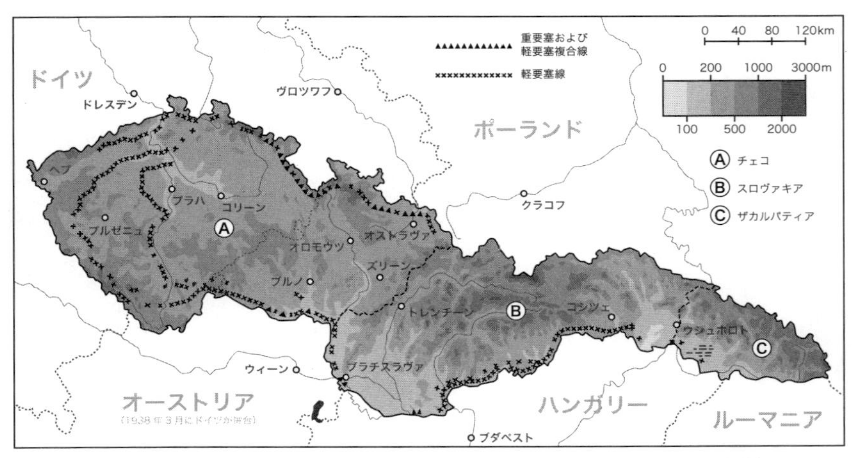

図17-1　チェコスロヴァキア全図および要塞線の位置（1938年9月時点）
出所：各種資料より筆者作成。

(400キロ), ルーマニア (200キロ) の五ヵ国と国境を接していた。このうち, ドイツ, オーストリア, ハンガリーは, ヴェルサイユ体制に対する修正主義傾向から敵対する可能性を有しており, 建国直後に, チェシーン地方の帰属をめぐり争ったポーランドも, 友好国とは言い難かった。唯一, ルーマニアが,「小協商」を共に構成する友好国であったが, その関係は, 他国と比較すると希薄であった。その上, チェコスロヴァキアの地形は, 一部の山間部を除き平坦で, 東西の最大幅約900キロに対し, チェコにおける南北最小幅が約150キロ, スロヴァキアで約90キロと狭く[3)], 戦略的縦深性を確保することが難しいために, 南北からの攻撃により, 細長い国土が東西に容易に分断される戦略的脆弱性を有し, 常に, 大国に, 内政や外交, 安全保障を左右される条件にあった。

(2) 国内少数民族問題の国際問題化

パリ講和会議におけるベネシュの活躍により, 実際の民族分布ではなく, 歴史的国境 (ボヘミア王冠領) がチェコ国境とされた[4)]結果, 12～14世紀の東方植民政策や, 三十年戦争により流入した多くのドイツ系住民が, チェコスロヴァキア国民として取り込まれた。1921年の国勢調査によると, チェコスロヴァキア人口1,361万人中, ドイツ系住民は23.63% (321万人), 特にチェコ人口 (1,001万人) の30.6% (306万人) を占めていた[5)]。当初, 一般住民同士の関係は, 概ね良好であった[6)]が, やがて, このドイツ系住民は, チェコスロヴァキアに内包された「トロイの木馬」となる。

1929年の世界恐慌は, ガラス, 製陶, 繊維産業などの輸出依存度の高い零細企業が集中していたズデーテン地方の経済に大きな影響を与え, 1935年の失業率は, チェコスロヴァキアの30.5%に対して, ズデーテンでは, 80.9%となる[7)]など, ドイツ系住民の不満は高まった。ドイツ系住民の自治権獲得運動の主導者ヘンラインは, 折からのヒトラーによるドイツ再興のナショナリズムに感化されたドイツ系住民の経済的不満を吸収する形で, 1933年に「ズデーテン・ドイツ人祖国戦線 (SdH)」を組織, 1935年, 同戦線は,「ズデーテン・ドイツ人党 (SdP)」と改称, 議会選挙において, ドイツ人票の60%以上を獲得し, 議会の第二勢力に躍進するも, 非独系政党との協力を拒否した。

ヒトラーは,「ズデーテン地方に住むドイツ系住民が弾圧されており, チェコスロヴァキアこそが, 世界平和に対する敵である」との反チェコスロヴァキア運動をドイツ国内で大々的に実施し[8)]，ズデーテン問題を，英仏を含んだ国際問題に拡大しようとした。これに対し，チェコスロヴァキアは，ドイツ系住民に対し段階的な自治権拡大を提案するも，ヘンラインらは，ヒトラーの意向通りに，チェコスロヴァキア政府に対する要求を吊り上げ，軍事介入の糸口を模索した。また，親衛隊（SS）の支援を受けて小火器や手榴弾で武装したズデーテンのドイツ系武闘組織は，デモおよびストの扇動や，インフラ等の破壊工作を繰り返し[9)]，ズデーテン地方の治安が急速に悪化したため，ドイツ系住民への広範な自治を認めるよう提言したランシマン（Walter Runciman）英特使の現地調査報告などを基に，対独戦回避を目論む英仏からも，ズデーテン問題の早期解決に向けた圧力がチェコスロヴァキア政府に加えられるようになる。

（3）外的脅威の推移

新生チェコスロヴァキアの外交を，戦間期を通じて方向付けたベネシュ外相の外交政策の基本は，ドイツ，オーストリア，ハンガリー等の国力の弱体化を目指したヴェルサイユ体制や，潜在的脅威を内包化して対処する目的で設立された集団安全保障体制である国際連盟を重視し，その主たる秩序形成者であった戦勝国フランスやイギリスとの良好な関係を構築・発展させる「理想主義的現実主義」[10)]であった。当初，ベネシュは，敗戦国として巨額な賠償金を課せられ，軍備も厳しく制限されたドイツを，直接的な脅威とは認識していなかった。

しかし，1925年12月，独仏国境の現状維持を保証し合うロカルノ条約が調印され，フランスの対独政策が，強硬路線から協調路線へと転換されたことを契機に，ドイツの国際舞台への復帰が進み，1926年９月には，ドイツの国際連盟加盟が承認された。また，1932年６月のローザンヌ会議において，賠償金の劇的な減額が認められたことによって，ドイツを経済的に弱体化させて封じ込めるフランスの戦後構想は破綻する。さらに，ドイツは，1932年２月以降，ジュネーブ軍縮会議の場で，軍備同権を主張し，ヴァイマール外交の悲願である外国占領からの解放，賠償の放棄，そして再軍備を達成しようとしていた[11)]。

1933年１月，政権を掌握したヒトラーは，国民を巧みなプロパガンダで魅了する一方，ヴェルサイユ体制に挑戦し，1935年３月の一般兵役義務制度の復活宣言，陸軍大学の再開，そして10月のジュネーブ軍縮会議および国際連盟からの脱退が続いた。これは，ドイツが，「ヴェルサイユ体制の重荷」から解放されたことを意味し[12]，チェコスロヴァキアの安全保障における最低必要条件が崩れた瞬間でもあった。

さらにヒトラーは，1936年3月に，ロカルノ条約を破棄し，ヴェルサイユ条約で非武装地帯と定められたラインラントに陸軍部隊を進駐させ，フランスの出方を試したが，科学技術や工業力，動員可能人口等，すべての国力においてドイツに劣るフランス[13]は，外交上の抗議以外に何もできず，最も深刻なミスを犯した。フランスの消極的反応に自信を抱いたヒトラーは，1938年3月，オーストリアを併合したが，英仏は，これに対しても，外交上の抗議を行っただけであった。しかし，隣接するチェコスロヴァキアにとり，これは，国防上の絶対的危機の始まりであった。

3　チェコスロヴァキア流の戦い方

ヴェルサイユ体制における善隣外交や，国際連盟による集団安全保障体制を通じた国際問題の平和的解決を目指してきたベネシュは，1932年2月のジュネーブ軍縮会議において，大幅な軍縮が進み，戦争の脅威がない欧州が実現されることを期待していた。しかし，同会議で，大国のエゴやドイツによる軍備同権の主張を目の当たりにしたベネシュは，それまでの善隣外交による国家安全保障策に不安を抱き，以降，フランスとの具体的な軍事協力関係の構築およびソ連との相互援助条約締結の一方で，独自軍事力の整備や要塞線構築にも着手する。

> 我々は，ジュネーブ軍縮会議成功のために，出来る限りのことはやった。そして会議で見聞きしたものから，私は，近い将来発生し得ることを諸君らに警告しなければならない。もし会議が成功しなければ――多分，成功しない可能性が高いが――非常に大きな危機が，まずは政治的な危機が，そして，その後から危険な戦争がやってくるだろう。私は，諸君らに，今から4年間を与える。危機は，多分，1936年か1937年にやってくるだろう。我が国は，この時期までに，国防体制を整えなければならない。
>
> （1932年7月のベネシュの議会演説）[14]

（1）同盟外交政策

① フランスとの同盟

新生チェコスロヴァキアは，第一次大戦中からチェコスロヴァキア独立を後押しし，ヴェルサイユ体制構築に主導的役割を果たしたフランスとの同盟関係を，外交安全保障政策の主軸とした。また，将来的なドイツとの対立を見越して，ドイツに東西二正面での戦いを強いる目的から，中欧諸国との安全保障条約の締結による重層的なシステム構築を目論んでいたフランスの対独封じ込め戦略が，チェコスロヴァキアの国益に適うと判断していた。

このフランスとの同盟関係は，1919年のフランス軍事顧問団のチェコスロヴァキア派遣[15]を皮切りに，チェコスロヴァキア・仏同盟条約（1924年1月23日締結）および，ロカルノ条約と同時に調印されたチェコスロヴァキア・仏相互援助条約（1925年10月16日締結）によって明文化される。しかし，均衡する多極構造の中で外交的バランスを取っていくことを主張するベネシュは，フランスとの同盟条約が，チェコスロヴァキアと，英国やイタリア，ドイツとの関係を悪化させ，強いては集団安全保障体制を綻ばせることを懸念すると同時に，チェコスロヴァキアに「フランスの同盟国」という色がつくことも恐れ，数年にわたり同盟条約自体に反対してきた[16]。最終的に，彼の意向で，これらの条約には，軍事協力を規定する一切の条項や秘密協定は，盛り込まれなかった。

しかし，折からの欧州情勢の緊張化に応じて，1933年1月，両国は，空軍協力の必要性で合意。数度にわたる交渉の末，同年5月，両国は，空軍派遣協定を締結した。この協定により，フランスは，有事の際に，1個偵察飛行中隊および1個爆撃飛行中隊の計2個飛行中隊（計40機）と司令部機能をチェコスロヴァキアに派遣し，チェコスロヴァキアは，基地施設，地上支援要員，航空燃料，弾薬および爆弾等を事前準備することが規定された。

さらに，ドイツの空軍再建宣言を受けて，1935年7月，両国は，チェコスロヴァキアが戦争状態を宣言した場合は即座に，フランスが2個爆撃飛行中隊を派遣することを定めた空軍協力協定に調印した。その後の派遣増強協定により，最終的に10個爆撃飛行中隊のチェコスロヴァキア派遣が計画されたが，フランスの防衛コミットメントが確実に実施されることを担保する制度や機構，駐留部隊，施設等，如何なる「巻き込み装置」も，最後まで存在しなかった。

当時，経済から軍事，科学分野に至るすべての分野で，ドイツに対して国力劣勢を自認するフランスは，ドイツの膨張主義に積極的に対処する余裕はなく，次第に，攻勢戦略から，マジノ線に代表される守勢戦略へと国防戦略を転換し，中欧諸国の防衛にコミットメントすることに消極的になっていく。たとえば，オーストリア併合後，広範にわたるドイツ国内の戦略的爆撃目標を示した上で，軍事的脅威がチェコスロヴァキアに及ぶ前に，予防攻撃を実施する可能性について提案したチェコスロヴァキアに対し，フランス空軍首脳部は，空軍力不足により，自国領域外での空軍軍事活動が事実上不可能であることを明らかにした。この点からも，一連のフランスの対独融和政策は，自国の戦争能力準備不足の裏返しであったことがうかがえる。ゆえに，仮に，仏空軍が支援（すでに旧式化していたMB.200爆撃機等10個中隊）を実施したとしても，どれだけの効果があったかは，疑問である。

結局，1938年９月23日，チェコスロヴァキアで完全動員令が発令されると，フランスは，軍事協力を検討することもなく，ただ，ガムラン仏参謀総長名で，「チェコスロヴァキア共和国防衛軍は，プラハやボヘミア防衛を放棄してモラヴィアでの持久防衛戦を展開すべき」との助言の電報を送付しただけであった。

② ソ連との相互援助条約

フランスの対独協調路線に不安を感じたチェコスロヴァキアは，1935年５月の仏・ソ相互援助条約が締結された数日後，チェコスロヴァキア・ソ相互援助条約を締結した。この条約では，署名国の一方が，明白な脅威に曝された場合，もう一方の署名国は，即座にこれを援助することが規定された。しかし，付帯議定書で，フランスがチェコスロヴァキアに対して軍事援助を行った場合にのみ，この自動参戦条項が発効することが規定され，事実上，ソ連による一方的なチェコスロヴァキアへの軍事介入を防止する仕組みが用意されていた。これは，中欧に位置するチェコ民族こそが，ボルシェヴィキの拡大を阻止できると主張し[17]，長年にわたりソ連に対する不信感を抱いていたベネシュが，自国へのソ連の介入を嫌って，入れることを主張したものだった。

さらに，ポーランドとルーマニアが，ソ連軍部隊の自国領土通過を認めなかったため，ソ連からチェコスロヴァキアへの軍事援助は，必然的に，地上部隊ではなく，赤色空軍部隊が見込まれたが，その具体的内容に関しては，全く協議されず，1938年９月の完全動員令発令時にも，ソ連軍は，航空将校をチェコスロヴァキアに連絡派遣したものの，航空支援についての明言は一切避けた。

③ 小協商における協力

ヴェルサイユ体制に対する修正主義姿勢を見せるハンガリーが，最も深刻な脅威であった建国当初のチェコスロヴァキアは，ルーマニアおよびユーゴスラビアと共同でハンガリー問題に対処するために，小協商を創設した[18]。

小協商三ヵ国は，参謀本部レベルの交流として，相互軍事協力に関する定期協議を年一回開催し，統合軍の運用計画に関する検討も行われた。その後，ベネシュは，フランス等の大国主導の欧州政治への対抗策として，小協商の発言力強化を目論み，1933年２月に，外交政策の調整を行うための常設理事会設置を定めた機構協定が調印される。さらに，三国の装備共通化や経済委員会設置による経済協力の深化も構想したが，三国の脅威認識を集約することが不可能だったため，定期協議以外の協力関係を構築することができず，バルカンにおけるドイツの影響力が拡大する中で，小協商は，実質的には，1935年ごろから機能不全に陥った。

1938年夏，チェコスロヴァキアを取り巻く安全保障環境が急速に悪化する中，チェコスロヴァキアは，小協商メンバーとの協力関係を再度活発化させようと試みた。しかし，すでにベルリンに急接近していたルーマニアとユーゴスラビアは，1938年８月に，ハンガリーと不戦条約を締結し，小協商参加国として，対ハンガリー戦を想定した軍事協力義務から解放され，チェコスロヴァキアへの軍事支援を否定した。

④ ポーランドとの対独共同戦線構築の失敗

1920年代初頭に発生したチェシーン地方の帰属をめぐる領土紛争後，緊張関係にあったポーランドとの関係は，20年代後半から改善に向かう。当時，共和国防衛軍幹部は，フランスからの助言もあり，ポーランドとの関係改善を模索していたが，ベネシュは，ウクライナをめぐるポーランドとソ連との戦争に巻き込まれることを警戒して，消極的であった。

1927年10月，両国は，軍情報機関間の協議を設置することで正式に合意した。当初は，年１回であった協議は，1932年以降，年２回に増やされ，ドイツ情勢一般や，ドイツ軍に関する情報や意見が交換された。

共和国防衛軍幹部は，将来的な対独戦に関して，上部シレジアでの対独防衛作戦でのポーランド軍との協力等，より深い軍事協力関係の樹立に関心を抱いていたが，ズデーテン問題に巻き込まれることを警戒するポーランド側は，この話題には消極的であり続けた。

1933年に提案した対独予防戦争をフランスに否定されたポーランドのピウスツキは，対独戦準備の時間稼ぎにはなると認識してドイツとの不可侵条約（1934年1月）に調印した。しかし，この不可侵条約締結は，チェコスロヴァキアにとって，対独共同戦線の構築のチャンスを失っただけでなく，さらには，フランス主導の欧州集団安全保障体制の意味を失わせ，フランスの対独東西二正面戦略をも頓挫させた意味で，非常に大きな転換点であった。

1936年12月，ヒトラーは，ポーランドと同様の不可侵条約締結をチェコスロヴァキアに対しても提案したが，チェコスロヴァキアは，フランスやソ連との同盟関係を破壊するものだとして拒否している[19)]。

（2）独自軍事力の整備

①　共和国防衛軍の整備

1930年代初頭，ドイツが国防上の直接的な脅威として認識され，機動力を伴う奇襲によってチェコスロヴァキアの防衛体制を突破する可能性が高まると，軍部を中心に，それまでの戦争計画や戦力整備では不十分であることが認識された。しかし，折からの世界恐慌の影響を受けて国防予算が削減され，さらに，1932年5月には，軍縮を求める世論や政界の大衆迎合主義から，兵役期間を18ヵ月から14ヵ月に短縮する法案が成立したため，ドイツの軍拡をよそに，共和国防衛軍は，兵力の減少および即応性の低下に直面する。

このように政治家の大半が国防に無関心，無知識であった中，一部の政治家主導による国防の強化が図られた。たとえば，対独防衛力の重要性を理解するブラダーチュ国防相は，1934年12月，兵役を24ヵ月間とする法案を成立させ，1932年兵役短縮法の影響を最小限度に押さえることに成功した。

さらに，1935年12月に共和国大統領に選出されたベネシュは，共和国防衛軍の最高指導者として，以前よりも広範に影響力を行使し，1936年6月，戦力拡充および要塞建設用費として，1936年から39年の間に，一般国防費とは別に総額92億コルナを特別会計から拠出する「1936年緊急国防力整備三ヵ年計画（36計画）」を成立させた。36計画では，1939年末までに，戦車788輌，対戦車砲1,168門，迫撃砲676門，各種野砲2,256門，高射砲368門，作戦機662機を配備する予定であった。ちなみに，この92億コルナという金額は，当時のチェコスロヴァキアの単年度一般会計国家予算額に相当する。

しかし，国防省は，1937年7月，36計画では不十分として，1939年から1942年の三ヵ年計画（39計画）で56億コルナを特別会計から拠出することを要求する。39計画では，1942年までに，戦車1,053輌，対戦車砲1,740門，迫撃砲676門，各種野砲2,424門，高射砲392門，作戦機852機を配備することが計画された。

1938年3月，ナチスドイツがオーストリアを併合し，チェコスロヴァキアを取り巻く緊張が高まると，最高国防評議会は，さらなる緊急国防対策費として12億コルナを拠出することを決定した。これにより，1938年に計画された国防関連支出は，総額74億4,400万コルナで，国家予算総額の45.3％を占めるに至った（表17-1参照）。その上で，最高国防評議会は，対独戦開戦の1ヵ月で必要な資金を25億コルナと見込み，さらなる税率引き上げによる資金確保と不足分を戦時国債発行で補うという財務省の計画案を承認した。しかし，度重なる戦時国債発行によって，さらなる国債への国内金融市場の関心は低く，国際金融市場で買い手を確保することも困難を極めることが予測された[20]。

1937年11月，軍部との秘密会議において，「～西欧との戦闘に際する障害とならないように，最初に，オーストリアとチェコスロヴァキアを同時に処理する必要がある～チェコスロヴァキアに対しては，シレジア北部または西部から，これを攻撃する～」という，対外侵略構想を語ったヒトラーは，フランスの消極姿勢を見極め，チェコスロヴァキアでも冒険を試みようとしていた。

これに対して，共和国防衛軍は，総兵員128万人，4個軍（17個歩兵師団，4個快速師団，10個戦時編成師団）を用いて防衛戦を展開し，ドイツ軍に可能な限りの打撃を与えて侵攻を食い止め，持久防衛戦に持ち込んだ上で，同盟国からの援軍の到着を待つ戦略[21]とした。

② 要塞建設

1935年3月，フランスのマジノ線および守勢戦略思想に大きく影響を受けた最高国防評議会による要塞建設の決定に応じ，軍部は，フランス軍の技術支援の下，歩哨用の軽要塞と，重火器用の重要塞を組み合わせた要塞線を，チェコスロヴァキア北部のドイツとの国境地帯，チェコスロヴァキア南部のオーストリアとの国

表17-1　チェコスロヴァキアの国防費および国家予算に占める割合

	一般会計総額（億コルナ）	国家予算総額（億コルナ）	一般会計国防予算（億コルナ）（a）	一般会計に占める割合（%）	特別会計国防予算（億コルナ）（b）	国防関連予算総額（億コルナ）（a+b）	国家予算総額に占める割合（%）
1920	104.48	109.76	12.12	11.6	5.28	17.40	15.9
1921	138.28	138.28	23.37	16.9	—	23.37	16.9
1922	198.03	198.87	31.09	15.7	0.84	31.93	16.1
1923	192.71	192.71	27.75	14.4	—	27.75	14.4
1924	169.12	169.12	23.00	13.6	—	23.00	13.6
1925	95.53	95.53	18.15	19.0	—	18.15	19.0
1926	101.84	101.84	19.35	19.0	—	19.35	19.0
1927	94.82	97.97	13.37	14.1	3.15	16.52	16.9
1928	95.24	98.39	14.00	14.7	3.15	17.15	17.4
1929	95.24	98.39	14.00	14.7	3.15	17.15	17.4
1930	93.33	96.48	14.00	15.0	3.15	17.15	17.8
1931	98.59	101.44	14.00	14.2	2.85	16.85	16.6
1932	92.84	94.96	13.09	14.1	2.12	15.21	16.0
1933	86.34	87.75	12.52	14.5	1.41	13.93	15.9
1934	82.42	87.52	13.27	16.1	5.10	18.37	21.0
1935	91.68	106.70	14.76	16.1	15.02	29.78	27.9
1936	87.31	110.05	14.58	16.7	22.74	37.32	33.9
1937	98.26	134.45	15.82	16.1	36.19	52.01	38.7
1938	113.29	164.28	23.45	20.7	50.99	74.44	45.3

出所：Pavel, Jan. "Financování československé armády v letech 1918 až 1938", *Historie a Vojenství* 53, 2004, č.3, pp. 4-22から著者作成。

境地帯（南ボヘミア，南モラヴィア），ハンガリーとの国境やポーランドとの国境の一部に建設する計画（総延長600km）を策定，着工した。

その後，軍部からは，北部の要塞群を延長する要望が，そして，政界からは，心理的な理由からオーストリア国境（南ボヘミア）の要塞建設を早める要望が相次ぎ，計画総延長は，約1,200kmに増加し，完成予定は1951年前後，総工費100億コルナと見込まれた。

4　日本外交への教訓

（1）機能的な独自軍事力の漸進的整備の重要性

1938年9月23日，チェコスロヴァキアは，高まるズデーテンでの緊張に対し，総動員令を発令し，112万8,000人の兵力を準備した。ベネシュは，この戦力を，「1938年当時，要塞線の未完成や市民防空の不備という一部の問題はあったものの，我が軍は，欧州における最も優れた軍隊のひとつであり，士気も高く，装備も優れていた」[22]と回想している。では，チェコスロヴァキアの国防体制は，ナチスドイツに対する「抑止力」として，どの程度機能したのであろうか。

ドイツ国防軍参謀総長のベック上級大将は，ドイツ国防軍の再軍備状況は依然として不十分であり，オーストリアおよびチェコスロヴァキアの軍事併合は，フランスの参戦を招き，ドイツを敗北へと導くと認識していた。彼は，ブラウヒッチュ国防相とともに，チェコスロヴァキアの要塞線を突破するには戦力準備が不十分であることや，兵力のドイツ東部への集中を必要とするチェコスロヴァキア侵攻作戦「緑色計画（Fall Grün）」は，ドイツ西部の兵力的空白をもたらし，フランスの軍事侵攻に脆弱になること[23]を指摘し，「ズデーテン地方のような小さな問題」による戦争の危険を回避すべきとの覚書をヒトラーに提出し，1938年8月に抗議辞任している[24]。

実際，第一次大戦後のヴェルサイユ条約軍事制限条項で，兵力10万，戦車や重火器の保有禁止等，厳しく制限されていたドイツ国防軍が，1935年3月に，軍備制限条項を破棄し，再軍備を宣言してから数年しか経っておらず，その間に徴兵出来た兵士は，二年度分の約100万人であり，その錬度は，決して高いとは言えなかった。また，「緑色計画」に投入が予定されていた歩兵師団の充足率は，概して低く，一部の師団は，第一次大戦時の兵装を有していた。同様に，投入予定の3個機甲師団は，第1機甲師団に少量配備されていたIII号戦車を除いては，I号戦車とII号戦車[25]から編成されていた。さらに，砲兵部隊も，旧式な榴弾砲中心で，要塞攻撃に適していた15cmK18加農砲等は，数的にも，錬度の観点からも不十分であり，1938年9月時点の独国防軍は，そのイメージとは裏腹に，まさに「張子の虎」状態[26]であったのだが，英仏をはじめ世界中が，ヒトラーの巧みな宣伝戦に惑わされ，ドイツの軍事力を過大評価していた。

後のニュルンベルク裁判で，カイテル元帥やマンシュタイン元帥が，「1938年当時の国防軍戦力では，チェコスロヴァキアの要塞線を突破して侵攻するに十分な戦力ではなかった」[27]と証言していることからも，チェコスロヴァキアが急遽整備した独自軍事力は，1938年9月時点までは，ドイツに対する抑止力として機能する一定の水準にあったと言えよう（表17-2参照）。

表17-2　ドイツ国防軍総兵力および緑色計画投入予定戦力，チェコスロヴァキア軍総兵力の比較（1938年9月時点）

	独国防軍	緑色計画投入予定戦力	チェコスロヴァキア軍
総兵力	1,105,000	600,000	1,128,110
歩兵師団	34	25	20
機甲師団	3	3	—
快速師団	—	—	4
機械化師団	4	4	1
山岳師団	3	3	—
軽師団	3	3	—
国境守備大隊	—	—	15
戦車	2,420	1,000	347
火砲	6,281	1,500	2,230
戦闘機	750	400	326
急降下爆撃機	270	200	—
爆撃機	950	600	155

出所：Karel Straka, *Československá armáda, pilíř obrany státu,* Hermann Rahne, “Vorbereitung auf den Fall Grün“, *Visier 9/1988* 等から筆者作成。

ただし，一年度あたりの最大徴兵可能人口（独：約57万人，チェコスロヴァキア：約6万人）や，予算的に拠出し得る限界に達していたチェコスロヴァキアの状況をみても，国力の差は，歴然であり，時間が経つ毎に，加速度的にドイツ側優位になったであろうことは，容易に予測できる。

さらに注意すべきは，9月23日の動員令発令後48時間以内の招集率80％以上と非常に士気が高かった共和国防衛軍だが，予備部品や弾薬不足，車両の野戦修理能力の欠如等の問題に悩まされた点である[28)]。これは，小国ゆえに，工業力や兵器生産能力に限界があった上，輸出用兵器の生産が，共和国防衛軍向けの兵器生産体制を圧迫するという本末転倒な状況が影響していた[29)]。結局，36計画で生産が計画された各兵器のうち，1938年までに生産，配備が完了したものは，全体の32％でしかなかった[30)]。

また，ナチスドイツによるオーストリア併合時，対オーストリア国境の要塞線は，ほとんど完成しておらず，共和国防衛軍工兵隊や民間の建設会社の総力を結集して，要塞線の建設が進められたが，1938年9月23日時点における全体の進捗率は，重要塞が20％（完成数262ヵ所／計画数1,276ヵ所），軽要塞が34％（5,262

ヵ所／1万5,463ヵ所）[31] であった。

これらから導き出されるのは，至極当然ではあるが，バランスのとれた機能的な独自防衛力の整備は，国防の要であり，それは2～3年の短期間で完成させられるものではなく，中・長期的な計画に基づき，漸進的に積み上げていくことの重要性である。さらに，チェコスロヴァキア軍総兵力の85％（92万8,810人）が動員兵であったことから，十分な予備役兵力の構築は，わが国にとり，戦略的柔軟性を向上させるために，今後の重要な課題となろう。

（2）同盟国から見捨てられる危険性を低減することの重要性

軍事力，工業力，人口等から計算される「戦争の相関因子プロジェクト（COW）」のデータを用い，国家間の相対的なパワー分布を独自に計算したシュウェラーは，1938年のパワー分布を，独・伊（4.03＋1.06＝5.09），ソ連（5.0），英・仏（2.1＋1.37＝3.47）と算出した上で，1930年代の欧州が，独・伊，ソ連，英・仏の三極構造であったために不安定であったと説明している[32]。

シュウェラーの算出方法[33] を参考に，1938年時のチェコスロヴァキアのパワーを算出すると，0.67となり，ドイツの6分の1程度であったことが判る。それゆえに，瞬間風速的に軍事バランスの均衡を維持できたとしても，同盟の支援なしに，拡大主義傾向にあったドイツと一国で対峙していくことは，チェコスロヴァキアにとって不可能なことであった。

その上で，チェコスロヴァキアの同盟先の妥当性を考察してみると，当時のイギリスは，「ライン以西の欧州」にしか関心を抱かず，チェコスロヴァキアは，同盟関係を構築することが出来なかった。アメリカは，孤立主義を守り，反共意識の強かったベネシュにとってソ連という選択肢も最終手段であったため，ヴェルサイユ体制維持を目指すフランスとの同盟以外に選択肢はなかった。また，修正主義的なドイツとのバンドワゴンは，国内ドイツ系住民への不信感もあり，検討すらされなかった。

しかし，戦間期のフランスは，年々，そのパワーと国際的地位を減少させ，国防戦略も，攻勢から守勢戦略になり，中東欧諸国へのコミットメント意欲を失っていく。シュウェラーは，フランスの国力低下の最大の要因を，国内の政治的不安定性に求めている。たとえば，1918年から40年までに，実に35人の首相が入れ替わっており，特に，1930年から40年7月までの10年間で，23人の首相が交代[34]

するなど，当時のフランス社会は，階層や思想的差異によって極限的に断片化され，外交政策の連続性は失われていった。

さらに悪いことに，チェコスロヴァキアは，協定文面以外に，フランス軍の関与を担保する如何なる「巻き込み装置」も構築しなかったため，フランスが軍事的コミットメントを拒否した時点で，「対独防衛戦を自前で展開し，同盟国の軍事援助を待つ」というチェコスロヴァキアの対独国防戦略は，敢えなく破綻した。同様に，ソ連との相互援助条約でも，小協商でも，軍事協力に関する規定や，協力内容を定めた手順は，一切，用意されなかった。これは，八方美人的に外交的取り決めや同盟策をめぐらせることで，勢力均衡が図れるとしたベネシュ外交の結果であり，ドゥファツクは，ベネシュ外交を「domeček z karet（トランプで作った家）」と呼び，痛烈に批判している[35]。

結局，同盟が機能するためには，外交的な取り決めだけではなく，相互運用性の確保，戦術の調和，共同訓練による相互理解や信頼関係の構築などの他に，同盟先を自国の防衛に巻き込む仕組みを用意して，そのコミットメントが口約束（フランス政府は，直前まで何度となく，チェコスロヴァキアに対する軍事支援を口にしている）に終わらないようにする仕組みを構築する必要がある。それゆえに，日本も，米国を巻き込んで日本の抑止力を向上させるために，集団的自衛権の行使を容認する一方で，米国のコミットメントを確実に担保する仕組みを日米新ガイドラインに用意すること[36]が重要である。

また，チェコスロヴァキアとフランスは，対独政策以外に国益の共有が少なかった点も見逃せない。それまでの歴史的背景から，チェコスロヴァキアは，ドイツとの経済的関係が深く，1930年の対独輸出は，総輸出の19.6％（ガラス，陶器，繊維等），ドイツからの輸入は，総輸入の35％（機械，石油化学製品等）を占めていた[37]。その一方，安全保障上の依存先であったフランスとの貿易関係は，1920年代初頭こそ5％程度であったものの，その後は，1.5％程度に低下しており[38]，経済的依存先と，安全保障上の依存先に，大きな「ねじれ」が生じ，フランスの国益に占めるチェコスロヴァキアの位置付けは低下し続けていた。この点から，日本は，米国との経済利益を共有するために，TPP 交渉を妥結させ，米国との経済関係を維持・発展させていくことも必要である。

（3）周辺国との関係を改善することで防衛資産の拡散を回避することの重要性

自国の国防上の脅威に独自に対処できる，バランスのとれた効果的な抑止力の整備は，独立国日本として当然の義務である。さらに，一国で安全保障を確保できる国家は存在せず，信頼し得る同盟関係を構築することの重要性は言うまでもない。しかし，それだけでは，国家安全保障を確証できない現実は，「～最初に対独開戦を考えた。それが最も易しい決定であり，個人的に最も心地の良い選択肢でもあった。しかし，フランスとイギリスが我々を助けないばかりか距離を置き，我々だけで，この戦争を戦わなくてはならない場合，その先は，どうなるというのであろうか。その際，ポーランドやハンガリーはどう出てくるのだろうか～」と苦悩の上に対独戦の回避を決意したベネシュの回想[39]に滲み出ている。

過去の問題や領土問題，しがらみに取りつかれ，柔軟な戦略的提携を周辺国と打ち出せなかったベネシュ外交は，主たる同盟国フランスから見放され，ポーランド等との対独包囲網の構築にも失敗した結果，全方位に軍事力を分散・展開させざるを得ず，国防資源の対独集中投入を阻む結果となった。

継戦能力に限界があり，総合国力の面で劣るチェコスロヴァキアが，同盟国から梯子を外されて一国でドイツと戦い，さらに周辺の非友好国の脅威にも晒された場合，勝利することは，いや，国家として存続することは，事実上不可能であった。これは，安全保障環境が厳しさを増す日本にとっても，決して他人事ではない。それゆえに，確固たる防衛力の整備と，信頼し得る同盟関係の構築に加えて，冷静な周辺国との戦略的関係改善が，国民の意識レベルにも求められている。

5　おわりに

1938年９月16日，ベネシュは特使をフランスに派遣し，戦争回避のためにヒトラーの要求を受け入れる意向を秘密裏に伝えた。英仏協議後，チェンバレンは，ヒトラーにそれを伝えるが，英仏の消極姿勢を衝くヒトラーは，さらに要求を吊り上げ，ズデーテンの即時割譲を要求する。英仏は，自身の国防体制構築の時間的猶予確保のためにチェコスロヴァキアを見捨て，ズデーテン地方（２万8,680平方キロ，3,751市町村，住民365万3,292名）はドイツに即時割譲された。さらに，チェコスロヴァキアは，ベネシュの危惧した通り，ポーランドにチェシーン地方を，ハンガリーにスロヴァキア南部およびザカルパティアを軍事占領されたため

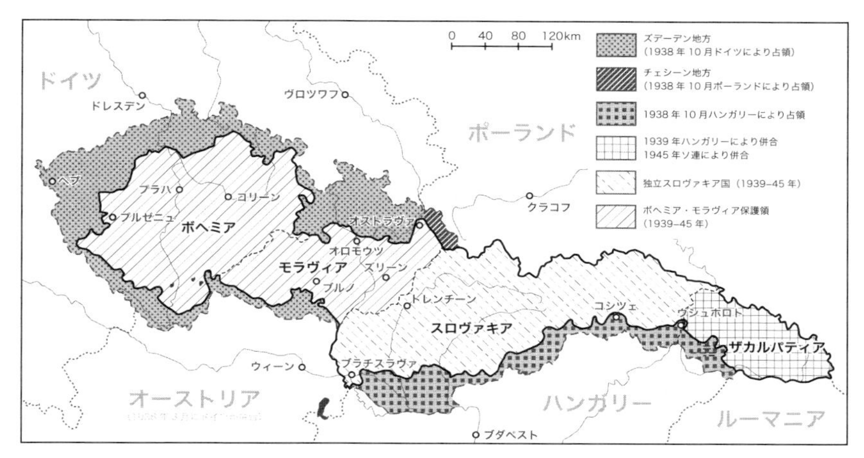

図17-2　ミュンヘン協定締結後のチェコスロヴァキア国土の占領，併合状況

出所：各種資料より筆者作成。

（図17-2参照），国土面積の29%（4万1,098平方キロ），人口の33%（487万9,000人）を失い，ベネシュの理想主義的現実主義外交は，終焉を迎えた。結局，英仏の対独宥和政策は，ヒトラーに自信を与え，欧州をさらなる惨禍へと向かわせた以外，何ら平和に寄与することはなかった。

注

1）J.J. Duffack, *Psywar 1938: Sudetská válka*, Praha: Naše Vojsko, 2010, p. 171.

2）Jaroslav Pátek, "Československo-německé kapitálové a kartelové vztahy v chemickém průmyslu meziválečného období 1918-1938," In Boris Barth, Josef Faltus and Jan Křen, *Konkurence i partnerství*, Praha: Karolinum, 1999, p. 112.

3）Eduard Stehlík, *Pevnost: pamětní spis o československém stálém opevnění*, Praha: FORTprint, 1999, p. 27.

4）Igor Lukes, *Czechoslovakia between Stalin and Hitler: the diplomacy of Edvard Beneš in the 1930s*, New York: Oxford University Press, 1996, p. 5.

5）Václav Kural, *Češi, Němci a mnichovská křižovatka*, Praha: Karolinum, 2002, p. 59.

6）谷田部順二「「チェコ＝ドイツ和解宣言」の調印に見る戦後の清算：ズデーテン・ドイツ人の「追放」をめぐって」『修道法学』第20巻第1号，広島修道大学，2011年，124ページ。

7）Kural, *Češi, Němci a mnichovská křižovatka*, p. 76.

8）Duffack, *Psywar 1938*, p. 236.

9）Ladislav Kudrna, "Padlí vojáci československé armády v době branné hotovosti státu v roce 1938," *Mnichov 1938 a česká společnost*, Praha: Ústav pro stdium totalitních režimů, 2008, p. 68.

10) 林忠行「E・ベネシュの対ソ政策」『国際政治――1920年代欧州の国勢関係』日本国際政治学会，第96号，86頁。

11) 長野明『第三帝国：奈落への13階段』文芸社，2001年，29頁。

12) 宇京頼三『仏独関係千年紀』法政大学出版局，2014年，364頁。

13) Robert J. Young, *In Command of France: French Foreign Policy and Military Planning, 1933–1940*, Massachusetts: Harvard University Press, 1978, pp. 16–23.

14) Pavel Šrámek, *Ve stínu mnichova: z historie československé armády 1932–1938*, Praha: Mladá fronta, 2008, p. 30.

15) 1919～38年に派遣され，国防省や参謀本部（1919～25年は，フランス軍人が参謀総長職），共和国防衛軍の創設に重要な役割を果たし，チェコスロヴァキアの国防戦略策定に大きな影響を与えた。

16) Miloslav John, *Září 1938*, Praha: Votobia, 2000, p. 32.

17) Lukes, *Czechoslovakia between Stalin and Hitler*. p. 5.

18) Antonín Klimek and Edvard Kubů, *Československá zahraniční politika 1918–1938*, Praha: Insitut pro středevropskou kuluturu a politiku, 1995, p. 31. Šrámek, *Ve stínu mnichova*, p. 33.

19) Edvard Beneš, *Paměti: od Mnichova k nové válce a k novému vítězství,* Praha: Naše vojsko, 1948, p. 30.

20) *Historie ministerstva financí 1918–2004*, Praha: Ministerstvo financí české republiky, August 15, 2005, p. 14.

21) http://armada.vojenstvi.cz/predvalecna/studie/19.htm, Pavel Šrámek, "Válečné plány československé armády".

22) Beneš, *Paměti*, p. 48.

23) Klaus-Jürgen Müller, "The Structure and Nature of the National Conservative Opposition in Germany up to 1940," In H.W. Koch, *Aspects of the Third Reich*, London: Macmillan, 1985, p. 159.

24) Basil Henry Liddell-Hart 著，岡本鐳輔訳『ヒトラーと国防軍（The German Generals Talk)』原書房，2010年，32–33頁。

25) I 号戦車（最厚部装甲13mm，7.92mm 機銃×２），II 号戦車（最厚部装甲14.5mm，20mm 機関砲×１，7.92mm 機銃×１），チェコスロヴァキアの LT vz. 35軽戦車（最厚部装甲25mm，37mm 砲×１，7.92mm 機銃×２）。

26) http://www.rok1938.cz/nemecka-rise/situace-v-roce-1938/wehrmacht/

27) John O. Crane and Sylvia Crane, *Czechoslovakia: Anvil of the Cold War,* New York: Praeger Publishers, 1982, p. 167.

28) Vladimír Francev, and Charles Kliment, *Československá obrněná vozidla 1918–48*, Praha: Naše vojsko, 2004, p. 195.

29) 戦車や各種野砲を生産するシュコダ・プルゼニュ社は，1936～38年の生産量の55.2%，小火器生産のチェスコスロヴェンスカー・ズブロヨフカ社は，同時期の生産量の約45

％が輸出向けであった。Karel Straka, *Československá armáda: Pilíř obrany státu z let 1932–39*, Praha: Ministerstvo obrany České republiky, 2007, p. 67.

30）Straka. *Československá armada,* p. 65.

31）Šrámek. *Ve stínu mnichova,* p. 57.

32）Randall L. Schweller, *Deadly Imbalances,* New York: Columbia University Press, 1998, p. 133.

33）算出式には，海軍および商船隊項目があり，内陸国に不利ではあるが，便宜上そのまま利用した。

34）Randall L. Schweller, *Unanswered Threats –Political Constraints on the Balance of Power-,* Princeton: Princeton University Press, 2008, p. 76.

35）Duffack, 2010. p. 241.

36）川上高司「米を巻き込む仕組みの強化を」『改革者』2014年３月，25頁。

37）Drahomír Jančík, "Německo-československá hospodářská konkurence v oblasti Balkánu ve 30. letech na příkladu Jugoslávie a Rumunska", Josef Faltus and Jan Křen. *Konkurence i partnerství.* p. 172.

38）Otto Drexler, *Počátky československé zahraniční politiky.* <http://blisty.cz/art/31348.html. 2006/11/26.>

39）Jan Flípek, *Munich 1938 Czechoslovakia at Stake*, Prague: Printing Office, 2002, p. 93.

人名索引

ア行

カ行

サ行

タ行

ナ・ハ行

マ行

ヤ・ラ・ワ行

事項索引

サ行

タ行

ナ行

ハ行

マ行

ヤ行

ラ行

ワ行

執筆者紹介（執筆順，執筆担当）

川上　高司（かわかみ・たかし，編著者，拓殖大学）まえがき，第１章
有江　浩一（ありえ・こういち，防衛研究所）第２章
本多　倫彬（ほんだ・ともあき，キヤノングローバル戦略研究所）第３章
佐藤　丙午（さとう・へいご，拓殖大学）第４章
部谷　直亮（ひだに・なおあき，ガバナンスアーキテクト機構）第５章
石井貫太郎（いしい・かんたろう，目白大学）第６章
福田　　毅（ふくだ・たけし，国立国会図書館）第７章
石津　朋之（いしづ・ともゆき，防衛研究所）第８章
名越　健郎（なごし・けんろう，拓殖大学）第９章
土屋　貴裕（つちや・たかひろ，慶應義塾大学 SFC 研究所）第10章
宮本　　悟（みやもと・さとる，聖学院大学）第11章
新井　春美（あらい・はるみ，ガバナンスアーキテクト機構）第12章
村上　拓哉（むらかみ・たくや，中東調査会）第13章
小林　　周（こばやし・あまね，慶應義塾大学大学院政策・メディア研究科）第14章
栗田　真広（くりた・まさひろ，一橋大学大学院法学研究科）第15章
村野　　将（むらの・まさし，岡崎研究所）第16章
細田　尚志（ほそだ・たかし，チェコ共和国カレルノ大学）第17章

編著者紹介

川上高司
（かわかみ たかし）

1955年生まれ。大阪大学博士（国際公共政策）。

Institute for Foregin Policy Analysis（IFPA）研究員，（財）世界平和研究所研究員，防衛庁防衛研究所主任研究官，北陸大学法学部教授を経て，現在　拓殖大学大学院教授・同大学海外事情研究所所長。

主な著書に『「無極化」時代の日米同盟』（ミネルヴァ書房，2015年），『日米同盟とは何か』（中央公論社，2011年），『現代アジア事典』（文眞堂，2009年），『アメリカ世界を読む』（創成社，2009年），『アメリカ外交の諸潮流』（日本国際問題研究所，2007年），『グローバルガバナンス』（日本経済評論社，2006年），『米軍の前方展開と日米同盟』（同文舘，2004年），『米国の対日政統合』（東洋経済新報社，1995年）等多数。

「新しい戦争」とは何か
——方法と戦略——

2016年1月20日　初版第1刷発行　〈検印省略〉

定価はカバーに
表示しています

編著者　川上高司
発行者　杉田啓三
印刷者　田中雅博

発行所　株式会社　ミネルヴァ書房

607-8494　京都市山科区日ノ岡堤谷町1
電話代表　(075) 581-5191
振替口座　01020-0-8076

創栄図書印刷・清水製本

ISBN978-4-623-07442-6
Printed in Japan